Fraunhofer-Institut für
Keramische Technologien und Systeme IKTS

Schriftenreihe
Kompetenzen in Keramik

Publication Series
Competencies in Ceramics

Herausgegeben von
Prof. Dr. rer. nat. habil. Alexander Michaelis

Band 39

Susan Conze

Precursor-basierte Darstellung von Magnéli-Phasen Ti_nO_{2n-1} für die Anwendung als Thermeoelektrikum

FRAUNHOFER VERLAG

Kontaktadresse:
Fraunhofer-Institut für
Keramische Technologien und Systeme IKTS
Winterbergstraße 28
01277 Dresden
Telefon: (0351) 2553-7700
Telefax: (0351) 2553-7600
E-Mail info@ikts.fraunhofer.de
URL www.ikts.fraunhofer.de

Bibliografische Information der Deutschen Nationalbibliothek
Die Deutsche Nationalbibliothek verzeichnet diese Publikation in der Deutschen Nationalbibliografie; detaillierte bibliografische Daten sind im Internet über http://dnb.d-nb.de abrufbar.
ISBN: 978-3-8396-1160-9

D 14

Zugl.: Dresden, TU, Diss., 2015

Druck: Fraunhofer Verlag Mediendienstleistungen

Für den Druck des Buches wurde chlor- und säurefreies Papier verwendet.

Fraunhofer-Informationszentrum Raum und Bau IRB
Postfach 80 04 69, 70504 Stuttgart
Nobelstraße 12, 70569 Stuttgart
Telefon 0711 970-2500
Telefax 0711 970-2508
E-Mail verlag@fraunhofer.de
URL http://verlag.fraunhofer.de

Precursor-basierte Darstellung von Magnéli-Phasen Ti_nO_{2n-1} für die Anwendung als Thermoelektrikum

DISSERTATION

zur Erlangung des akademischen Grades

Doctor rerum naturalium
(Dr. rer. nat.)

vorgelegt

der Fakultät Mathematik und Naturwissenschaften
der Technischen Universität Dresden

von

Susan Conze

geboren am 23. Juni 1986 in Rochlitz

eingereicht am 17.12.2015

Die Dissertation wurde in der Zeit von Oktober/2009 bis Februar/2015 am Fraunhofer Institut für keramische Technologien und Systeme in Dresden angefertigt.

Abbildungsverzeichnis

Tabellenverzeichnis

Formelzeichen und Abkürzungen

Abs.	Absolut
AE	2-**A**mino**e**thanol
BET	Methode zur Bestimmung der spezifischen Oberfläche (von den Entwicklern: Stephen **B**runauer, Paul Hugh **E**mmett und Edward **T**eller)
Bsp.	Beispiel
Bzw.	Beziehungsweise
C-Anteil	Kohlenstoffanteil
CB	**C**arbon **B**lack
CVD	Chemische Gasphasenabscheidung (***C****hemical* ***V****apor* ***D****eposition*)
D.h.	Das heißt
DTG	**D**ifferentielle **T**hermo**g**ravimetrie
EDX	Energiedispersiver Röntgenstrahl (***E****nergy* ***d****ispersive* ***X****-ray*)
EDXS	Energiedispersiver Röntgenspektroskopie (***E****nergy* ***d****ispersive* ***X****-ray* ***S****pectroscopy*)
EFTEM	**E**nergie-ge**f**ilterte **T**ransmissions**e**lektronen**m**ikroskopie
Exp.	Experimentell
FESEM	Feld-Emissions Rasterelektronenmikroskop (***F****ield* ***E****mission* ***S****canning* ***E****lectron* ***M****icroscope*)
FT-IR	**F**ourier-**T**ransformations **I**nfra**r**otspektroskopie
Ggf.	Gegebenenfalls
FAST	Feldunterstützte Sintertechnologie (***F****ield-****A****ssisted* ***S****intering* ***T****echnology*)
ICSD	Anorganische Kristallstruktur-Datenbank (***I****norganic* ***Cr****ystal* ***S****tructure* ***D****atabase*)
Iso_{geb}	Gebundenes Isopropanolat
KZ	**K**oordinations**z**ahl
MOE	**M**eth**o**xy**e**thanol
MS	**M**assen**s**pektrometer
N-Anteil	Stickstoffanteil
NMR	Kernspinresonanz-Spektroskopie (***N****uclear* ***M****agnetic* ***R****esonance*)
Nr.	Nummer
PDC	Precursor-abgeleitete Keramik (***P****recursor-****d****erived* ***C****eramic*)
PDF	Pulver-Beugungs-Datei (***P****owder* ***D****iffraction* ***F****iles*)
PP	**P**yrolyse**p**rodukt
Prec	Precursor
Prog.	Programm
RT	**R**aum**t**emperatur

STA	**S**imultane **T**hermo**a**nalyse
SPS	Spark-Plasma-Sintern (***S**park-**P**lasma-**S**intering*)
TEM	**T**ransmissions**e**lektronen**m**ikroskopie
Temp.	Temperatur
Th.	Theoretisch
TG	**T**hermo**g**ravimetrie
TTIP	**T**itan**t**etra**i**so**p**ropanolat
Usw.	Und so weiter
XRD	Röntgenbeugung (***X**-**r**ay **D**iffraction*)
Z. B.	Zum Beispiel

Einheiten

°C/K	Grad Celsius/Kelvin
lh^{-1}	Liter pro Stunde
ppm	10^{-6} (*parts per million*)
cm^{-1}	Wellenzahl
$kJmol^{-1}$	Kilo-Joule pro Mol
VK^{-1}	Volt pro Kelvin
Ωcm	Ohm-Zentimeter
$Wm^{-1}K^{-1}$	Watt pro Meter Kelvin
Atom%	Atom-Prozent
Ma-%	Masse-Prozent
Mol-%	Mol-Prozent
Å	Ångström
Θ	Theta

Variablen beziehungsweise Formelzeichen

T	Temperatur
$\vartheta_{\mathrm{Sdp.}}$, $\vartheta_{\mathrm{Smp.}}$	Siede- bzw. Schmelz-Temperatur
ρ	Dichte, spezifischer elektrischer Widerstand [1]
ρ_{th}	Theoretische Dichte
m	Masse
n	Stoffmenge
i	Anzahl an Isopropanolat-Liganden
g	Anzahl an Glycerol-Liganden
k	Koordinationszahl des Titans
z	Zähnigkeit des Glycerol-Liganden
M	Molmasse
$w_{\mathrm{Prec}}(\mathrm{C})$	Kohlenstoffanteil des Precursors
η	Ausbeute, Wirkungsgrad [1]
y	Anzahl an Kohlenstoff im Pyrolyseprodukt TiO_xC_y
m/z	Masse zu Ladungsträgerverhältnis
$\Delta_B H$	Bindungsenergie
γ_{Anatas}, γ_{Rutil}	Oberflächenenergie von Anatas und Rutil
$\|S\|$	Absoluter Seebeck-Koeffizient
S	Seebeck-Koeffizient
κ	Wärmeleitfähigkeit
κ_{l}	Wärmeleitfähigkeit des Kristallgitters
κ_{e}	Wärmeleitfähigkeit der Ladungsträger
ZT	Gütefaktor (*figure of merit*)
d_{50}	Mittlerer Korndurchmesser der Verteilung bei 50 % Durchgang

[1] Die Bedeutung ist aus dem Kontext zu entnehmen.

1 EINLEITUNG

Für einen umweltschonenden und nachhaltigen Umgang mit der uns zur Verfügung stehenden Energie ist neben der Nutzung regenerativer Energiequellen auch eine Reduzierung von Verlustenergie notwendig. Ein Ansatz, die bei energetisch aufwändigen Prozessen entstehende Abwärme teilweise in elektrische Energie zu überführen, ist die Thermoelektrik [1, 2]. Dabei wird mittels eines thermoelektrischen Generators, bestehend aus in Reihe geschalteten thermoelektrischen Materialien (Thermoelektrikum), elektrischen und thermischen Kontakten (Substrat, Lotverbindungen, elektrische Leiterbahnen und ähnliches), Wärme direkt in elektrische Energie umgewandelt. Die Eignung eines Materials als Thermoelektrikum ist von dessen Gütefaktor *figure of merit* $ZT = S^2T/\rho{\cdot}\kappa$ (S - Seebeck-Koeffizient, ρ - spezifischer elektrischer Widerstand, κ - Wärmeleitfähigkeit und T – Temperatur) abhängig. Üblicherweise korrelieren elektrischer Widerstand ρ, Wärmeleitfähigkeit κ und Seebeck-Koeffizient S miteinander. Die Herausforderung besteht in der Erhöhung von S unter konstantem oder reduziertem ρ und κ. Zur Erreichung der optimalen Materialeigenschaften werden im Wesentlichem zwei Konzepte verfolgt: Zum einen die Erforschung neuer komplexer Verbindungen und zum anderen die Bildung von nanostrukturierten Gefügen (Nanokompositen). Im aktuellen Forschungsinteresse stehen verschiedene Thermoelektrika, wie Silicide [3], Clathrate [4, 5], Skutterudite [6], Boride [7] und Oxide [8]. Für den möglichen Einsatz bei hohen Temperaturen sind toxisch unbedenkliche und gut verfügbare Oxide als vielversprechende Thermoelektrika geeignet.

Titanoxide, speziell Titandioxid (TiO_2), finden sich in vielfältiger Weise im Alltag wieder, wie beispielsweise als weiße Dispersionsfarbe oder selbstreinigende Oberflächen von Brillen, Fassaden oder hygienischen Arbeitsplätzen. Diese Einsatzvielfalt ist nicht nur durch die besonderen Eigenschaften des Materials sondern auch dessen sehr gute Verfügbarkeit und damit verbundenen niedrigen Materialkosten gegeben. Im Materialsystem Titan-Sauerstoff liegt eine Vielzahl verschiedener Titanoxidphasen mit unterschiedlichster Struktur und daraus resultierend unterschiedlichsten Eigenschaften vor. Als Arne Magnéli im Jahre 1957 die homologe Reihe der im Allgemeinen als Magnéli-Phasen bezeichneten Ti_nO_{2n-1} mit $4 \leq n \leq 10$ (entspricht einem TiO_x von $TiO_{1,75}$ bis $TiO_{1,9}$) entdeckte und näher untersuchte, war ihm bereits die Besonderheit der außergewöhnlichen Kristallstrukturen und die sich ergebende Eigenschaftsvielfalt in dieser

Materialklasse bewusst. In den folgenden Jahren wurden die Magnéli-Phasen intensiv bezüglich ihrer Kristallstruktur und physikalischen Eigenschaften erforscht [9-13]. Eine Erkenntnis der Untersuchungen war der schichtartige Aufbau der Magnéli-Phasen, welcheaus Rutil-Schichten bestehen, die getrennt durch sogenannte Scherebenen aufgebaut sind. Ti^{3+}-Atome an den Scherebenen erhöhen die Elektronendichte und führen zu einem minimalen elektrischen Widerstand von $0{,}5 \cdot 10^{-3}\ \Omega cm$ für Ti_4O_7 [14]. Aufgrund des über die Phasen einstellbaren elektrischen Widerstandes sind Titanoxide, besonders die Magnéli-Phasen, in den letzten Jahren für den Einsatz als Elektrodenmaterial in Akkumulatoren [15] und Thermoelektrika [16-18] beforscht wurden.

Die Darstellung von Magnéli-Phasen erfolgt üblicherweise über die Reduktion von Titandioxid mit beispielsweise Calciumchlorid, Magnesium, Titanmonooxid oder Wasserstoff [19]. Die notwendige homogene Reduktion für einphasige Magnéli-Phasen bedingt zeit- und kostenintensive Aufbereitungsverfahren und die Kontrolle der Reaktion. Ein möglicher Lösungsweg um Einphasigkeit zu erzielen, ist der Einsatz von Precursoren (Vorläuferverbindungen), speziell metallo-organischer Precursoren. Die Vorteile der Precursoren liegen auf der Hand: Durch die Einstellung des molekularen Designs des Precursors kann die Anordnung der Atome auf molekularer Ebene der gewünschten Phase angepasst werden. Dadurch sind geringste Diffusions- und Reaktionswege realisierbar, die den Erhalt von einphasigen Materialien und eine Senkung der Reaktionstemperatur bewirken können. Zusätzlich erfolgt die Bildung der Kristallite bei der Precursorenroute in-situ während der Wärmebehandlung und ist im Gegensatz zur konventionellen Pulvertechnologie unabhängig von Kristallit- und Partikelgrößen sowie Agglomeration des eingesetzten Ausgangspulver. Die Erzeugung von Nanokompositen wird damit möglich.

Für die vorliegende Arbeit wurden über die Precursorenroute die Darstellung von Magnéli-Phasen als Pulver sowie Formkörper und deren thermoelektrische Eigenschaften untersucht. Durch das molekulare Design des Precursors sollte die Herstellung von nanokristallinen einphasigen Magnéli-Phasen bei moderaten Reaktionsbedingungen realisiert werden. Eine Vorauswahl möglicher Precursoren erfolgte anhand der Kriterien: 1) keramischer Ausbeute, 2) Phasenzusammensetzung nach thermischen Umwandlung (Pyrolyse) und 3) Synthesehandling (Ausbeute, Skalierbarkeit, Aufwand). Mittels thermoanalytischer, röntgenografischer und chemischer Methoden wurde der Zersetzungsprozess sowie die Bildung der anorganischen Phasen während den Verarbeitungs-schritten Pyrolyse und Sintern eruiert. Das Verständnis für die Zersetzung der Precursoren und Bildung von Titanoxid schaffte die Voraussetzung für die Entwicklung einer neuen Precursor-basierten (*precursor-derived* - PDC*)* Methode zur Herstellung von Magnéli-Phasen. Die Formgebung erfolgte mittels Spark-Plasma-Sinterns, die durch hohe Aufheizraten ein geringes Kornwachstum während der Kompaktierung gewährleistet. Von dem entstehenden nanostrukturierten Gefüge wurde eine geringe Wärmeleitfähigkeit durch Streuung der Phononen an Korngrenzen erwartet und damit eine Erhöhung des Gütefaktors. Anhand verschiedener Pyrolyse- und Kompaktierungs-bedingungen werden veränderte Mikrostrukturen und Phasenzusammen-setzungen des Materials diskutiert. Zudem werden die Auswirkungen ausgewählter Herstellungsparameter auf die thermoelektrischen Eigenschaften beschrieben und weiterführende Optimierungsansätze betrachtet.

Dabei wurde das Einbringen von Stickstoff (während der Zersetzung des Precursors) und von Vanadium (über den Einsatz von Vanadylacetylacetonat bei der Precusorsynthese) sowie zum anderen die Kombination von Ti_nO_{2n-1}-Precursor und TiO_2-Nanopartikel (PDC Ti_nO_{2n-1}/TiO_2) untersucht, um eine Steigerung des *ZT*-Wertes zu erzielen.

2 GRUNDLAGEN

2.1 Titanoxidphasen (speziell Magnéli-Phasen Ti_nO_{2n-1})

Im binären Stoffsystem Titan-Sauerstoff bilden sich je nach Sauerstoffgehalt verschiedene Titan-Sauerstoff-Phasen aus, die unterteilt werden können in: Titandioxide TiO_2, Magnéli-Phasen Ti_nO_{2n-1} ($4 \leq n \leq 10$, in Form TiO_x in Anhang A Tabelle 21), Ti_3O_5, Titansesquioxid Ti_2O_3 und Titanmonoxid TiO (Abbildung 1). Der bekannteste Vertreter des Titan-Sauerstoff-Systems ist Titandioxid mit den Modifikationen Rutil, Anatas und Brookit. Weitere TiO_2-Modifikationen sind [20]:

- TiO_2 II oder Srilankit (orthorhombischer Polymorph mit Bleioxid-Struktur)
- Kubischer Fluorit-Typ Polymorph
- Pyrit-Typ Polymorph
- Monoklinischer baddeleyit-Typ Polymorph
- Kotunnit-Typ Polymorph.

Im Folgenden werden die verschiedenen Titanoxidphasen mit sinkendem Sauerstoffgehalt vom Titandioxid [20] bis zum Titanmonooxid (von links nach rechts im Ti-O Phasendiagramm) vorgestellt.

Rutil kristallisiert tetragonal in der Raumgruppe $P4_2/mmm$ (Nr. 136), in der die Titankationen ($KZ_{Ti} = 6$) oktaedrisch von 6 Sauerstoffatomen umgeben sind. Die Sauerstoffoktaeder sind kanten- und eckenverknüpft und jedes Sauerstoffatom ist trigonal-planar mit 3 Titanatomen koordiniert ($KZ_o = 3$). Dabei besitzt Rutil eine kristallografische Dichte von 4,25 gcm^{-3} sowie eine Bandlücke von ~3,0 eV bzw. 413 nm. Im Gegensatz dazu kristallisiert Anatas tetragonal in der Raumgruppe $I4_1/amd$, welche eine Dichte von 3,89 gcm^{-3} sowie eine Bandlücke von ~ 3,2 eV bzw. 387 nm aufweist. Die in der Natur vorkommenden TiO_2-Modifikationen Rutil, Anatas und (selten) Brookit (orthorhombisches Kristallsystem) weisen verschiedenartige Verknüpfungen der teilweise verzerrten TiO_6-Oktaeder auf. Die Verknüpfung zu Ketten erfolgt bei Rutil durch zwei (einander gegenüberliegend), bei Brookit durch drei und bei Anatas durch vier gemeinsame TiO_6-Kanten. [20]

Anatas und Brookit wandeln sich bei höheren Temperaturen zu dem thermodynamisch stabilen Rutil um. Allgemein werden Übergangstemperaturen von 400 – 1200 °C beim Übergang von Anatas zu

Rutil berichtet. Dies ist unterschiedlichen Bestimmungsmethoden der Übergangstemperatur, Ausgangsstoffen und Verarbeitungsmethoden geschuldet. Der Übergang von Anatas zu Rutil ist kein sofortiger sondern zeitabhängiger rekonstruktiver bzw. diskontinuierlicher Übergang, der durch Bindungsspaltung und -neuaufbau charakterisiert ist. Damit ergeben sich folgende beeinflussende Temperatur-Zeit-Faktoren für die Übergangstemperatur: Partikelgröße, Partikelgestalt, Oberflächen, Atmosphäre, Volumen, Heizrate, Haltezeit, Verunreinigungen, Messtechnik. [20]

Aufgrund der hohen Brechungsindeces von 2,54 (Anatas) bzw. 2,9 (Rutil) werden Titandioxide hauptsächlich als Weißpigment eingesetzt. Das wissenschaftliche Interesse bezieht sich auf die photokatalytische Aktivität und deren Anwendung in Technologiebereichen, wie Energie (Elektrolyse von Wasser zur Wasserstoffherstellung, Farbstoffsolarzelle), Umwelt (Luftreinigung, Wasserbehandlung), Gebäudetechnik (selbstreinigende Beschichtung) und Medizin (selbststerilisierende Beschichtung). [20]

Im Titan-Sauerstoff-Phasendiagramm in Abbildung 1 ist eine Vielzahl von Titanoxid-Phasen vorzufinden, die teilweise nur in einem sehr engen Titan:Sauerstoff-Verhältnis existieren. Mit der Verringerung des Sauerstoffs im Titandioxid erfolgt die Bildung von Sauerstoffleerstellen. Bis zu einem Sauerstoffdefizit von $TiO_{1,997}$ [21], $TiO_{1,973}$ [22] bzw. $TiO_{1,933}$ [23] liegt die Kristallstruktur vom Rutil mit Sauerstoff- und Titanleerstellen vor. In dem Phasendiagramm noch nicht enthalten ist die nichtstöchiometrische orthorhombische Titanoxidphase im Bereich von $TiO_{1,86}$ – $TiO_{1,94}$ [24].

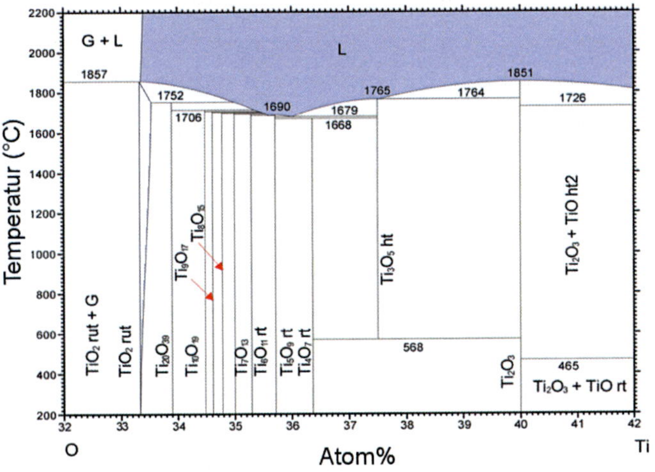

Abbildung 1: Titan-Sauerstoff-Phasendiagramm [25]

Mit der weiteren Senkung des Sauerstoffgehalts kommt es zur systematischen Entfernung von Sauerstoff aus dem TiO_2-Gitter unter Ausbildung einer Vielzahl an Titanoxidphasen mit Scherebenen an denen Ti^{3+}-Atome vorliegen. Im TiO_x-Bereich zwischen $1,98 \leq x \leq 2,0$ bilden sich Strukturen mit [132] Scherebenen aus, die jedoch einen unregelmäßigen Abstand zueinander aufweisen [9, 26]. Im Bereich zwischen $1,93 \leq x \leq 1,98$ liegt eine homologe Reihe geordneter Strukturen mit [132] Scherebenen vor. Die Scherebenen durchlaufen mit fortschreitender Senkung des Sauerstoffgehalts verschiedene Orientierungsrichtungen von [132] bis [121], wie in Abbildung 2 dargestellt ist [9, 26]. Die Titanoxide mit den Scherebenen [121] werden nach Arne Magnéli als Magnéli-Phasen Ti_nO_{2n-1} ($4 \leq n \leq 10$) bezeichnet [11]. Dabei ist zu beachten, dass Arne Magnéli die Übergangsmetall-Oxid-Systeme Mo-O, W-O, V-O und Ti-O untersuchte und herausfand, dass diese Materialsysteme eine Vielzahl von stöchiometrischen Phasen aufweisen. Der daraus formulierte Strukturmechanismus erklärt die Bildung von homologen Reihen von Phasen, wie sie bei Mo-O, W-O, V-O und Ti-O beobachtet werden, die heutzutage im Allgemeinen als Magnéli-Phasen bezeichnet werden. Informationen bezüglich der Kristallstruktur der einzelnen Magnéli-Phasen sind der Anhang A Tabelle 22 zu entnehmen. Der charakteristische Aufbau der Magnéli-Phasen Ti_nO_{2n-1} kann über einzelne Rutil-Schichten beschrieben werden, die durch Scherebenen voneinander separiert sind (Abbildung 3). Die Schichtdicke der Rutil-Schicht ist abhängig vom Sauerstoffgehalt. Je niedriger der Sauerstoffgehalt (Annäherung an Ti_4O_7) desto geringer die Ausprägung der Rutil-Schicht und damit einhergehende höhere Scherebenendichte. Bei der Ausbildung der Scherebenen kommt es zur Versetzung der TiO_6-Oktaeder unter vermehrter Kantenverknüpfung, wie es beispielsweise aus der Darstellung der Elementarzelle von Ti_8O_{15} in Abbildung 4 deutlich wird. Dies hat zur Folge, dass die Titanatome an den Scherebenen den kleinsten Abstand zueinander aufweisen. Der Strukturmechanismus für die Bildung von Magnéli-Phasen wurde über TEM-Untersuchungen näher betrachtet [9]. Aus den Beobachtungen wurde geschlussfolgert, dass theoretisch die Bildung einer Vielzahl von Titanoxidphasen Ti_nO_{2n-p} (n,p ganzzahlig) möglich ist [9], die teilweise mittels Elektronenbeugungs-, ($Ti_{17}O_{33}$ [27] und $Ti_{27}O_{52}$ [17]) oder Röntgenbeugungsuntersuchungen ($TiO_{1,96}$, $TiO_{1,945}$, $TiO_{1,93}$ [9], Abbildung 5) bereits nachgewiesen werden konnten. Die große Anzahl an Titanoxidphasen zwischen $TiO_{1,98}$ - $TiO_{1,75}$ zeigen die enorme Vielfalt des Titan-Sauerstoff-Systems in einem sehr engen Sauerstoffbereich von 33,6 - 36,4 Ma%. Eine Herstellung von einphasigen Magnéli-Phasen aufgrund der geringen Stabilitätsbereiche jener einzelnen Phasen ist nur über aufwändig kontrollierte Reaktionsführung realisierbar.

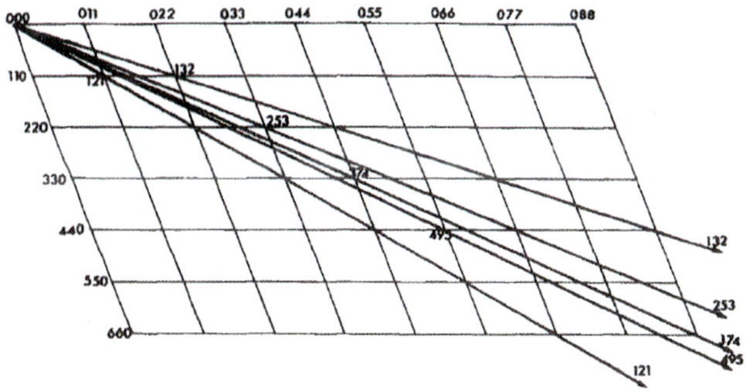

Abbildung 2: **Darstellung der Orientierungsrichtungen der entstehenden Scherebenen bei der Umwandlung von Rutil zu den Magnéli-Phasen [9]**

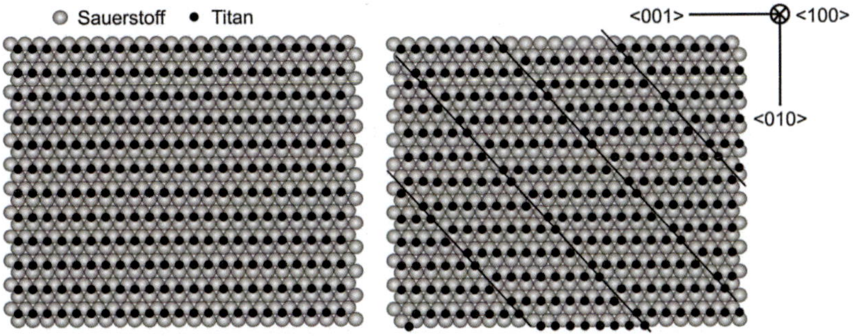

Abbildung 3: **Aufbau einer Rutil-Struktur (links) und der Magnéli-Phase Ti_8O_{15} mit [121] Scherebenen (rechts) [9]**

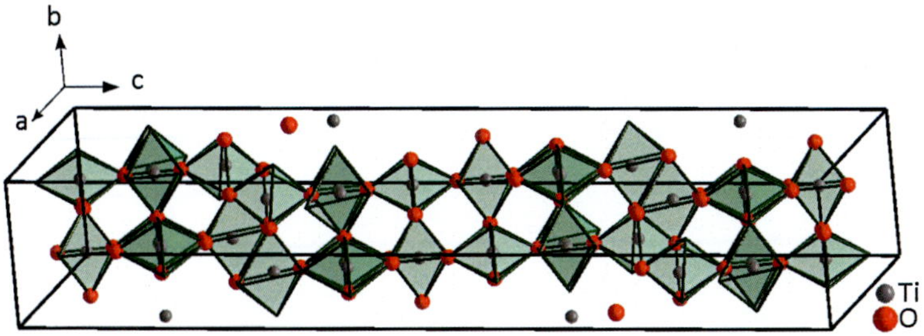

Abbildung 4: **Kristallstruktur von Ti_8O_{15} (ICSD 9041 [11])**

Bei weiterer Reduktion des Sauerstoffgehalts bis zu 60 Atom% und einem Titangehalt von 40 Atom% wird im Phasendiagramm das Titansesquioxid Ti_2O_3 aufgezeigt, welches in der Korund-Struktur kristallisiert. Eine weitere Sauerstoffreduzierung führt zum Titanmonoxid TiO. TiO liegt in der NaCl-Struktur vor und weist eine sehr große Eigenfehlordnung in Form von Kationen- und Anionen-Leerstellen auf, welches die nicht stöchiometrische TiO-Phase ($TiO_{0,64}$ – $TiO_{1,27}$) im Bereich zwischen 44 – 61 Atom% Titan kennzeichnet. Mit höherem Titananteil bilden sich Titansuboxide (Ti_2O, Ti_3O, Ti_6O), in welchen der Sauerstoff von Titanatomen umgeben in den Lücken einer hexagonal-dichten Kugelpackung vorliegt [28]. Aufgrund der vielen verschiedenen Titanoxidphasen, besonders zwischen TiO_2 und Ti_4O_7 gibt es eine Vielzahl von verwendeten jedoch unkorrekten Bezeichnungen, wie beispielsweise Titansuboxide, TiO_x, nicht-stöchiometrisches TiO_2 oder substöchiometrisches TiO_2. Dabei ist die Bezeichnung nicht-stöchiometrisches und substöchiometrisches TiO_2 nur gültig für TiO_2-Phasen mit einem Sauerstoffdefizit im TiO_2-Gitter. Die Klasse der Suboxide bezeichnet Verbindungen in denen elektropositivere Elemente elektrovalente Bindungen zum Sauerstoff und zugleich metallische Bindungen zu seinesgleichen ausbilden. Wenn die kristallografische Phasenzusammensetzung aufgrund fehlender Beugungsuntersuchungen nicht bekannt ist oder eine Vielzahl von Titanoxidphasen vorliegt, findet häufig der Begriff TiO_x-Anwendung.

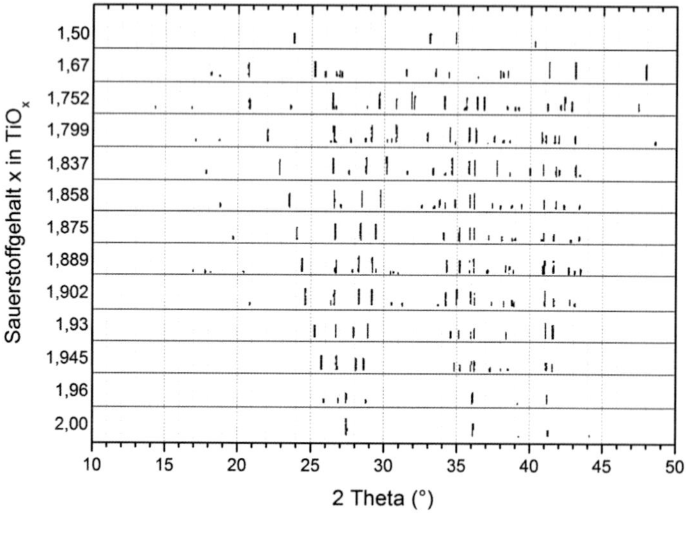

Abbildung 5: Darstellung der möglichen Reflexlagen von unterschiedlichen TiO_x-Phasen nach [11]

2.2 Darstellung von Magnéli-Phasen Ti_nO_{2n-1}

2.2.1 Darstellung über konventionelle Pulvertechnologie

Die schmalen Existenzbereiche der einzelnen Magnéli-Phasen bedingen für die Darstellung von einphasigen Ti_nO_{2n-1} aufwändige und kontrollierte Herstellungsmethoden (speziell unter kontrollierten Temperaturen und Sauerstoffpartialdrücken). Ti_nO_{2n-1}-Einkristalle können über Züchtung aus einer $Na_2B_4O_7$-Salzschmelze [10] oder über chemischen Gastransport synthetisiert werden [13, 27, 29].

Polykristalline Ti_nO_{2n-1}-Phasen können über verschiedene Reaktionen mittels konventionellen pulvertechnologischen Verfahren hergestellt werden. Diese können mit Einsatz von Fremdmetallen (kein Titan) wie beispielsweise durch Reduktion von Titandioxid mit Silizium und $CaCl_2$ [30] als Festphasenreaktion unter Inertatmosphäre dargestellt werden. Eine andere Herstellungsmöglichkeit ist die Oxidation von Titan mit $NaClO_4$, die zur Darstellung von $TiO_{1,1}$ führt [31]. Jedoch können die eingesetzten Fremdmetalle als Verunreinigung im Titanoxide ggf. verbleiben.

Um dies zu vermeiden werden konventionelle pulvertechnologische Reaktionen ohne Fremdmetall-basierten Reaktanten bevorzugt. Polykristallines mehrphasiges Ti_nO_{2n-1} wird über Reduktion von TiO_2 mit Wasserstoff [24], Titannitrid [32, 33], Titanmonoxid [17], Titansesquioxid [18], Titancarbid [33], Titan [34] oder Kohlenstoff [33, 35, 36] und Oxidation von Titanmonoxid unter kontrollierter Sauerstoffzufuhr [16] erhalten. Die großtechnische Herstellung von TiO_x wird von Altraverda (Ebonex®) und CeramTEC über die Reduktion von TiO_2 mit Wasserstoff realisiert [37]. Die Herstellung von Nanopartikeln ist beispielsweise über laserunterstützte Abtragung von einem TiO_2-Target unter reduziertem Druck mit einem Sauerstoffgehalt von 0 - 1,0 % möglich [38].

Die Herstellung von Magnéli-Phasen über die Reduktion von Titandioxid mit Kohlenstoff verläuft über eine karbothermische Reduktion. Diese Reaktion, vor allem bis hin zum Titancarbid, wurde schon vielfach in der Literatur beschrieben und untersucht [39-41]. Allgemein mögliche Reaktionen für den Massetransport und die Bildung der Reaktionsprodukte können dabei sein [41]:

- Reduktion vom Oxid mit Kohlenstoffmonooxid (CO) unter Bildung von Kohlenstoffdioxid (CO_2), dies durch Reaktion mit festen Kohlenstoff weiteres CO bereitstellt. Das Oxidpartikel ist der Vorläufer für das Reaktionsprodukt. Folglich ist die Morphologie des Reaktionsproduktes abhängig von der Morphologie des Oxides statt vom Kohlenstoff.
- Die Bildung von gasförmigen Oxidzwischenstufen, die mit Kohlenstoff (in diesem Fall der Vorläufer) oder mit CO in der Gasphase zum Reaktionsprodukt reagieren.
- Festphasenreaktion von Oxid und Kohlenstoff in dem CO als gasförmiges Reaktionsprodukt gebildet wird, jedoch kein Massetransport durch CO/CO_2 erfolgt.

Berger et. al [41] bestätigt mit seinen Untersuchungen von TiO_2 mit verschiedenen Kohlenstoff-quellen (Aktivkohle, Carbon Black CB, Graphit), dass keine hoch flüchtigen Oxidzwischen-stufen bei der karbothermischen Reduktion auftreten. Ti_nO_{2n-1} entsteht hauptsächlich über die Reduktion von Titandioxid mit CO (Gleichung (1)), welches sich anfangs über die Festphasenreaktion von TiO_2 mit C bildet, und im späteren über das Bourdouard-Gleichgewicht (Gleichung (2)) regeneriert wird [41].

$$n\,TiO_{2(s)} + CO_{(g)} \rightarrow Ti_nO_{2n-1(s)} + CO_{2(g)} \quad (1)$$

$$CO_{2(g)} + C_{(s)} \rightleftarrows 2\,CO_{(g)} \quad (2)$$

Eine kontinuierliche Reaktion von Gleichung (1) benötigt eine schnelle Regeneration von CO_2 zu CO über die Reaktion mit Kohlenstoff (Gleichung (2)). Dabei ist die Reaktivität von Kohlenstoff mit CO_2 durch die Kohlenstoffstruktur bedingt [41]. Eine kostengünstige Herstellung von polykristallinen einphasigen Ti_nO_{2n-1}-Phasen mit definierten physikalischen Eigenschaften ist erstrebenswert. Die Schwierigkeit bei konventionellen Pulvertechnologien liegt in der Feinverteilung der Reaktanten und genauesten Temperatur- und Atmosphärenführung für eine homogene Reduktion des TiO_2. Diese Problematik kann vermieden werden, indem die Herstellung von Ti_nO_{2n-1} nicht über pulvertechnologische Methoden erfolgt sondern beispielsweise über Precursoren. Auf die Vorteile dieser Methode und deren Umsetzung zur Bildung von Titanoxiden, speziell den Magnéli-Phasen wird im folgenden Kapitel 2.2.2 näher eingegangen.

2.2.2 Darstellung über Precursoren

Allgemein zur Precursorchemie

Unter Precursoren werden Vorläuferverbindungen verstanden, die durch geeignete Verfahren (z. B. Gasphasentransport, Pyrolyse) das gewünschte anorganische Material bilden. Precursoren können je nach Verarbeitungsschritt in allen Aggregatszuständen eingesetzt werden. Verfahren, in denen häufig Precursoren verwendet werden, sind beispielsweise CVD-Prozesse (Atomlagenabscheidung - ALD, Metallo-organische CVD - MOCVD, Plasmaunterstützte CVD - PECVD, Heißgas-aktivierte CVD - HFCVD, usw.), Spin-Coating, Dip-Coating und Spray-Coating-Verfahren für die Herstellung von Schichten. So werden beispielsweise Zinkoxidschichten über Diethylzink, Siliciumschichten über Silane und Borcarbidschichten über Borane und Methan erhalten. Ein anderes Einsatzgebiet von Precursoren stellt die Synthese von Nanopartikeln via Pyrolyse (speziell Flammenpyrolyse), Sol-Gel Verfahren und Hydrothermalverfahren sowie die Herstellung von Bulkmaterial via Infiltrationsprozess dar. Der Vorteil von Precursoren besteht in der Möglichkeit bereits über das molekulare Design des Precursors Vorzugskoordinationen der einzelnen Elemente einzustellen, wie sie in der Zielverbindung vorliegen sollen. Damit ist es möglich, gewünschte Phasen bei moderateren Prozessbedingungen (beispielsweise verringerte Reaktionstemperatur) zu synthetisieren als es über konventionelle Methoden möglich wäre, sowie metastabile Phasen zu erhalten. Aufgrund der verschiedenen möglichen Aggregatzustände des Precursors (besonders gasförmig und flüssig) kann eine bessere Homogenisierung der Stoffe erreicht werden als bei der Verwendung von Pulvern. Folglich ist eine genauere Steuerung von Elementzusammensetzung, besonders für Dotierungen, realisierbar. Die Kombination der verschiedenen möglichen Verarbeitungsverfahren mit der Einstellung des molekularen Designs des Precursors ermöglicht komplexeste Materialien bezüglich ihrer chemischen Zusammensetzung, inneren und äußeren Struktur herzustellen, wie beispielsweise keramische Fasern, keramische Verbundwerkstoffe (CMC – Ceramic Matrix Composites), 3D Nanostrukturen oder Multiphasensysteme (Abbildung 6).

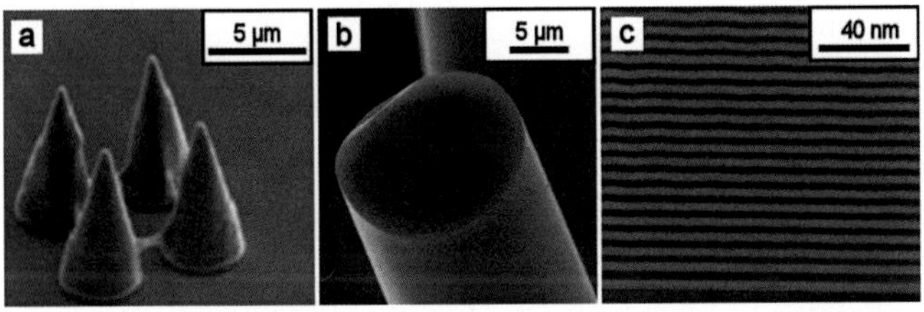

Abbildung 6: Strukturvielfalt mittels Precursoren: (a) miniaturisierte Formkörper [42], (b) Fasern [43], (c) Multischichtsystem [44]

Titanhaltige metallo-organische Precursoren

Titanhaltige metallo-organische Precursoren bestehen im einfachsten Fall aus einem Titan-Zentralatom (meist Ti^{4+}), welches vierfach bis sechsfach von Liganden koordiniert ist. Diese Liganden koordinieren über kovalente und koordinative Bindungen von Heteroatomen zum Titan. Die Anzahl der Bindungen eines Liganden an ein Zentralatom wird über die Zähnigkeit angegeben. Eine Vielzahl von metallo-organischen Titanverbindungen mit verschiedensten mehrzähnigen Liganden sind publiziert und in den Tabelle 23 und Tabelle 24 in Anhang B zusammengefasst dargestellt.

Die bekanntesten Vertreter und häufigsten Ausgangsverbindungen für titanhaltige metallo-organische Verbindungen sind Titanalkoxide $Ti(OR)_4$, in denen Titan mit der Oxidationsstufe +4 und üblicherweise mit der Koordinationszahl 6 ($KZ_{Ti} = 6$) vorliegt. Primäre Alkoxide bilden oktaedrisch koordinierte oligomere Strukturen (= mehrkernige Komplexe, wie zum Beispiel $Ti(OMe)_4$, $Ti(OEt)_4$) aus. Sterisch anspruchsvolle tertiäre Alkoxide bauen im Gegensatz dazu tetraedrisch koordinierte monomere Komplexstrukturen (Bsp. $Ti(OC_3H_7)_4$) auf. Die Zusammensetzung von oligomeren Strukturen (Dimere, Trimere, Tetramere, Hexamere, usw.) erfolgt über die Verbrückung von zwei und/oder drei Titanatome (μ^2 / μ^3) durch Sauerstoff, wie beispielsweise bei $Ti_4(OMe)_{16}$ und $Ti(OEt)_4$). Dadurch kann über die Ausbildung von kovalenten und koordinativen Bindungen die Koordinationszahl 6 realisiert werden [45-47]. In Abbildung 7 sind verschiedene strukturelle Möglichkeiten von Titanoxo- und Titanalkoxid-Verbindungen dargestellt.

Die Ausbildung von speziellen Strukturen kann über Prozessführung und Ligandenstruktur (Sterik, Koordination) gesteuert werden. Allgemein gilt, je höher die Oligomerisierung und/oder je stärker die Vernetzung der Titanalkoxide, desto stabiler sind die Verbindungen (Aggregatzustand, Siedetemperaturen: $Ti_4(OMe)_{16}$ – Feststoff, $\vartheta_{Smp.} = 200 - 210$ °C, $Ti(OC_3H_7)_4$ – Flüssigkeit, $\vartheta_{Sdp.} = 232$ °C).

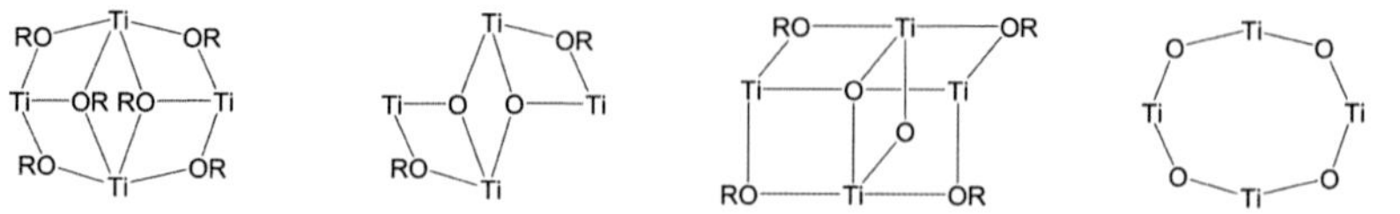

A - Ti_4O_0 **B** - Ti_4O_2 **C** - Ti_4O_2 **D** - $Ti_4(\mu O)_4$

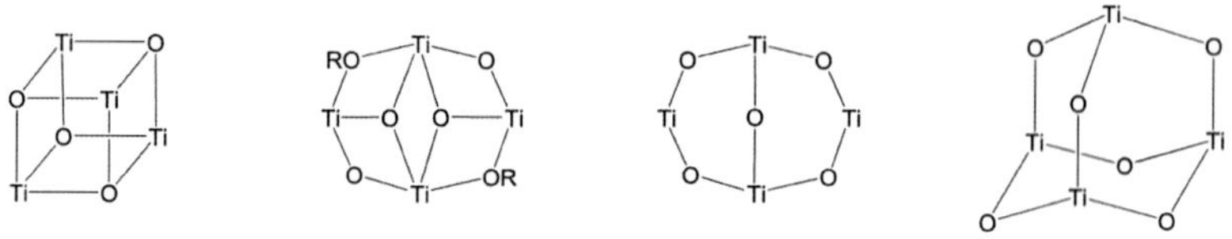

E - $Ti_4(\mu_3O)_4$ **F** - Ti_4O_4 **G** - $Ti_4(\mu O)_5$ **H** - $Ti_4(\mu O)_6$

Abbildung 7: Koordinationspolyeder von verschiedenen Ti_4 -oxo-Kernen [46, 47]

Die vorgestellten Titanalkoxide werden meist über eine Ligandenaustauschreaktion (Substitutionsreaktion) synthetisiert. Die allgemeine Reaktion ist in Gleichung (3) für ein vierfach koordiniertes Ti-Atom dargestellt. Das Gleichgewicht kann auf Seiten des gewünschten Komplexes $Ti(OR')_4$ durch die Abführung des entstehenden Alkohols (R-OH) verschoben werden. Das Entfernen des Alkohols und die Separation des Produkts von den Ausgangsstoffen und Nebenprodukten kann durch Destillation und/oder Waschprozesse erreicht werden. Bei Vorhandensein von Lösungsmittel und/oder HO-R Molekülen kann trotz dessen eine Auskristallisation beobachtet werden, die in ihrer Struktur auch Lösungsmittelmoleküle einbaut [48].

$$RO-\underset{OR}{\overset{OR}{Ti}}-OR \;+\; 4\;R'-OH \;\rightleftharpoons\; R'O-\underset{OR'}{\overset{OR'}{Ti}}-OR' \;+\; 4\;R-OH \qquad (3)$$

Für die Verwendung von Titanalkoxiden in CVD-Prozessen wird eine möglichst geringe Oligomerisierung (Monomere, Dimere) angestrebt. Dies kann über die Reduzierung von µ-Verbrückungen realisiert werden, indem mehrzähnige Liganden (Bsp. Chelatliganden) sowie sterisch anspruchsvolle Liganden (sekundäre, tertiäre sowie lange primäre Liganden) eingesetzt werden [49], die noch in die Gasphase überführbare Precursoren bilden [50]. Im Gegensatz dazu wird bei der thermischen Zersetzung von Titanalkoxiden die Erhöhung der Siedetemperatur bis über die Zersetzungstemperatur angestrebt. Dies kann über den Einsatz von mehrzähnigen Liganden erreicht werden, welche bevorzugt Sauerstoffbrücken zu mehreren Titanatomen ausbilden. Hierbei kann über eine spezielle Prozessführung eine Oligomerisierung über die Verbrückung der Ti-Atome mittels Chelatliganden erzielt werden. Jedoch zeigen einige Untersuchungen von Dimerstrukturen mit Chelat- und Alkoholatliganden bei höheren Temperaturen [50] bzw. in Lösung [51] Disproportionierungsreaktionen auf, die eine Verdampfung statt einer Zersetzung der Komplexe zur Folge hat.

Darstellung von Titanoxiden (speziell Magnéli-Phasen Ti_nO_{2n-1})

Bei der Darstellung über Precursoren gibt es verschiedene Methoden, die von gasförmigen bzw. in die Gasphase überführbaren Precursoren ausgehen oder von flüssigen bzw. festen Precursoren, die über Gasphasenreaktion, lösungsbasierte Reaktion oder Festphasenreaktion zum gewünschten Produkt führen. Der wesentliche Vorteil von Precursoren im Vergleich zu Pulvern ist die vollständige Homogenisierung der nötigen Elemente auf molekularer Ebene. Der Aufbau von Koordination und Bindungen im Precursor, die die grundlegenden Struktureinheiten des nach der Pyrolyse geformten anorganischen Materials bereits enthalten, ermöglicht die gezielte Darstellung spezifischer Phasen, die Darstellung unter moderaten Reaktionsbedingungen (z. B. Verminderung der Reaktionstemperatur) sowie die Beeinflussung der erhaltenen Pulver- bzw. Gefügestrukturen [52]. Während der Pyrolyse erfolgt die Umsetzung des metallo-organischen Precursors zum gewünschten anorganischen Produkt und die damit verbundene Bildung der Kristallite. Demzufolge ist die Darstellung von Nanopartikeln mit Kristallitgrößen von wenigen Nanometern realisierbar. Im Gegensatz dazu ist die konventionelle Pulvertechnologie stark von der Korn- bzw. Partikelgröße des Ausgangsmaterials und deren Verarbeitung abhängig.

In den folgenden Abschnitten wird auf die metallo-organischen Precursoren, speziell die Titanalkoxide $Ti(OR)_4$, eingegangen, die in der Literatur zumeist für den Einsatz als Katalysator für chemische Reaktionen oder als TiO_2-Precursor erforscht werden. Die Herstellung von TiO_2 über leichtflüchtige Precursoren für die Schichtherstellung mittels CVD-Prozess [53], über Sol-Gel Precursoren bzw. über zersetzungsfähige metallo-organische Precursoren für (Nano-)Pulverherstellung ist vielfältig beschrieben wurden [54]. Die Herstellung von Titandioxiden über Precursoren erfolgt meist im wässrigen Medium unter oxidativer Zersetzung des Precursors.

Wenige Literaturstellen [55-60] beschreiben die Darstellung von TiO_x über Precursoren. Die eingesetzten Precursoren sind metallo-organische beziehungsweise Alkoxid-Precursoren. Dabei muss unterschieden werden, ob es sich um TiO_x in Form von oberflächlich-hydrolysiertem Titanalkoxid handelt (Temperaturbehandlung unterhalb der Zersetzungstemperatur) oder TiO_x mit einem Sauerstoffgehalt kleiner 66 Atom% bzw. $x < 2$. Die hydrolysierten Titanalkoxide werden in Form dünner TiO_x-Filme für die Anwendung in der organischen Solarzelle eingesetzt [55, 59, 60]. Im Gegensatz dazu handelt es sich bei den hier diskutierten TiO_x um kristalline anorganische Phasen mit $x < 2$ (Magnéli-Phasen Ti_nO_{2n-1}, Ti_3O_5, Ti_2O_3, usw.), wie im Ti-O-Phasendiagramm gezeigt ist (Abbildung 1).

Die Darstellung von Ti_nO_{2n-1} über Precursoren untersuchten die Gruppen um Siracusano [57] und Portehault [56]. Zudem hat die Forschungsgruppe um Preiss [58] die Darstellung von Titancarbid über verschiedenste Precursoren erforscht. Dabei erfolgt mit zunehmender Temperatur die Bildung von TiO_2, verschiedenen Oxiden (Magnéli-Phasen, Ti_3O_5, Ti_2O_3) bis hin zum Titancarbid. Die verwendeten Precursoren werden in zwei Precursorsysteme unterschieden: wasserbasierte und wasserfreie Precursoren. Bei wasserbasierten Precursoren werden Oxo-Verbrückungen (μ^2 / μ^3) aufgebaut, die zu einer starken Vernetzung des Precursors verbunden mit einem hohen Sauerstoffgehalt und dessen Unlöslichkeit führen. Daraus resultiert ein zunehmender Einsatz von Reduktionsmittel in Form von wasserstoffhaltiger Inertatmosphäre [57] oder Kohlenstoff [58] bei der Pyrolyse. Dies bedeutet jedoch ein technologischer und zeitlicher Mehraufwand. Siracusano et al. [57] setzen $TiCl_4$ in Wasser mit EDTA (Chelatligand) um und fällen nach der Reaktion mit H_2O_2 amorphes TiO_x aus. Der erhaltene TiO_x-Precursor wird beim Tempern bis 1050 °C in 10 % Wasserstoff/90 % Argon-Atmosphäre zu einem Phasengemisch aus Ti_6O_{11} und Ti_9O_{17} mit einer Partikelgröße von 25 (Primärpartikel) bis 500 nm (Agglomerat) umgesetzt. Portehault et al. [56] stellen TiO_x/C-Komposite über Titanethoxid $Ti(EtO)_4$ und einen C/N-Liganden (Polyethylenimine PEI, Diethylentriamin DETA) oder C/O-Liganden (Polyethylenglycol PEG 600) her. Die anschließende thermische Zersetzung unter inerter Atmosphäre führt zur Bildung verschiedener Magnéli-Phasen (siehe Anhang B Tabelle 24). Die Ergebnisse deuten auf die Beeinflussung der Reduktion durch das molekulare Design des Precursors und den überschüssigen Kohlenstoff hin. Ein ähnlicher Syntheseansatz von Preiss et al. [58] erfolgt über die Reaktion von Titanalkoxiden mit verschiedenartigen Kohlenstoffquellen in H_2O_2-Lösung. Diese wasserbasierten Precursoren werden unter Inertatmosphäre über eine karbothermische Reduktion zu Magnéli-Phasen, Ti_3O_5, Ti_2O_3, TiO_xC_{1-x} bis hin zu Titancarbid umgesetzt. Durch die Verteilung des Reduktionsmittels Kohlenstoff im Material wird eine homogene Reduktion der Probe im ganzen Probenvolumen erreicht [56, 58] statt einer ausschließlich über die Oberfläche ablaufenden atmosphärisch-induzierten Reduktion wie bei Siracusano et al. [57]. Die vorgestellten publizierten Forschungsarbeiten zur Darstellung von Magnéli-Phasen aus Precursoren [56-58] sind in Tabelle 1 entsprechend ihrer Gemeinsamkeiten und Unterschiede zusammengefasst. Die eingesetzten komplexbildenden Liganden sind jeweils Verschiedene. Die wasserbasierten Precursoren besitzen eine Vielzahl von Oxo-Verbindungen, so dass eine stärkere Reduktion im Vergleich zu wasserfreien Precursoren nötig ist. Dies wird über eine 10 % H_2/90 % Ar-Atmosphäre während der Pyrolyse realisiert [57]. Im Gegensatz dazu werden wasserfreie Precursoren unter Inertatmosphäre pyrolysiert [56, 58]. Aufgrund des geringen Sauerstoffgehalts in den wasserfreien Precursoren enthält das Pyrolyseprodukt oft Restkohlenstoff [56, 58].

Tabelle 1: Zusammenfassung der Precursor-basierten Darstellung von Magnéli-Phasen

Referenz	**[57]**	**[58]**	**[56]**
Synthesebedingung	wasserbasiert	wasserbasiert*/ wasserfrei	wasserfrei
Ligand	EDTA	Ethylacetoacetat, Saccharose/Essigsäure	Polyethylenimin, Diethylentriamin, Polyethylenglycol 600
Pyrolyse-atmosphäre	10 % H_2/90 % Ar	Argon	Stickstoff, Argon
Phasenzusammen-setzung	Phasengemisch Ti_6O_{11}, Ti_9O_{17}	Ti_3O_5, Ti_4O_7	Ti_4O_7, Ti_8O_{15}, TiN
Kohlenstoffanteil	k. A.	31 Ma-% nach 800 °C, 16 - 27,5 Ma-% nach 1600 °C	3 - 7 Ma-%
Anwendungsgebiet	Katalysator-Trägermaterial	Titancarbid-Herstellung	Thermoelektrik

* Im Weiteren werden nur Informationen bezüglich des wasserfreien Precursors aufgelistet.

2.3 Thermoelektrik

2.3.1 Thermoelektrische Effekte und Kenngrößen

Die Thermoelektrizität beschreibt die Umwandlungsprozesse zwischen elektrischer und thermischer Energie. Bei der Beschreibung der Thermoelektrizität werden häufig die Begriffe Seebeck-Koeffizient, Thermodiffusion und Kontaktspannung für die Erklärung der ablaufenden Prozesse verwendet. Im Weiteren wird sich auf einschlägige Literatur für die Erklärung der thermoelektrischen Effekte bezogen [3, 61-63]. Dabei sollte beachtet werden, dass teilweise unkorrekte Erklärungen für die Thermospannung zu finden sind, wie in [63] ausführlich erläutert wird.

Die gemessene Thermospannung bei einer Leiterschleife im stromlosen Fall (Abbildung 8), bezeichnet als der Seebeck-Effekt, wird durch die Thermodiffusion verursacht. Diese beschreibt die Verschiebung der Ladungen aufgrund eines Temperaturgradientens in einem leitfähigen Festkörper. Dies bedeutet, dass bei einem Leiter (Material A oder B) mit den Temperaturen $T_2 > T_1$ ein Ladungsträgertransport erfolgt, bei dem die Ladungsträger bei T_2 höhere Geschwindigkeiten aufweisen als bei T_1. Aus dem schnellen Diffusionsprozess der Ladungsträger von T_2 zu T_1 resultiert die Ansammlung von Ladungsträgern bei T_1. Die unterschiedlichen Ladungsträgerkonzentrationen zwischen den Leiterstellen T_1 und T_2 führen zur Ausbildung eines Potenzials. Dem daraus resultierenden elektrischen Feld wirkt der Ladungsträgertransport und somit die Thermodiffusion von T_2 zu T_1 entgegen.

Die daraus resultierende Polung der Leiterenden wird durch den Seebeck-Koeffizienten bestimmt. Wird berücksichtigt, dass die energetische Verteilung der Ladungsträger der Fermistatistik unterliegt, so wird der Seebeck-Koeffizient S über die Mott Gleichung (4) [64]

$$S = -\frac{\pi^2 k_\mathrm{B}^2 T}{3e} \cdot \left.\frac{d(\ln \sigma(E))}{dE}\right|_{E=E_F} \tag{4}$$

mit der Boltzmann-Konstante k_B, der Elementarladung e, der elektrische Leitfähigkeit $\sigma(E)$ und der Fermienergie E_F beschrieben. $\sigma(E)$ ist proportional zur *density of state* (DOS) bei der Fermienergie. Damit ergibt sich die direkte Proportionalität des Seebeck-Koeffizienten zum Anteil an der Leitung beteiligten thermisch-angeregten Ladungsträger.

Die durch einen Temperaturgradienten an einem elektrischen Leiter ergebende positive Thermodiffusionsspannung $U_\mathrm{TD}^{\mathrm{w}\rightarrow\mathrm{k}}$ ist bei hinreichenden kleinen Temperaturdifferenzen über Gleichung (5) beschreibbar.

$$U_\mathrm{TD}^{\mathrm{w}\rightarrow\mathrm{k}} = -\int_{T_1}^{T_2} S dT + \frac{1}{e} \cdot [\mu(T_2) - \mu(T_1)] \tag{5}$$

Für die temperaturabhängigen chemischen Potenziale $\mu(T_1)$ bzw. $\mu(T_2)$ gilt für das Modell quasifreier Ladungsträger (Elektronengas-Modell für Metalle) mit $k_B T \ll \varepsilon_F$ Gleichung (6).

$$\mu \approx \varepsilon_F \left(1 - \frac{\pi^2}{12} \cdot \frac{k_B^2 T^2}{\varepsilon_F^2}\right) \tag{6}$$

Die sich einstellende Kontaktspannung an den Grenzflächen zweier verschiedener Materialien A und B ist bei einer Temperatur von 0 K für T_1 und T_2 konstant, jedoch nicht 0 V. Dies kann aus der Gleichung (7) für die Kontaktspannung $U_K^{A/B}$ abgeleitet werden.

$$U_{\mathrm{K}}^{\mathrm{A/B}} = -\frac{1}{e}\int_{\mathrm{A}}^{\mathrm{B}} d\mu = -\frac{1}{e} \cdot [\mu_{\mathrm{B}}(T) - \mu_{\mathrm{A}}(T)] \tag{7}$$

Die Differenz der beiden Kontaktstellen in der Leiterschleife würde sich somit bei 0 K vollständig kompensieren, da $U_{\mathrm{K}}^{\mathrm{A/B}}(0\,K) = U_{\mathrm{K}}^{\mathrm{B/A}}(0\,K)$ ist. Bei unterschiedlichen Temperaturen an beiden Kontaktstellen mit $T_2 > T_1$ stellt sich aufgrund der Temperaturabhängigkeit des chemischen Potenzials eine Kontaktspannungsdifferenz ΔU_K abhängig von der Temperatur ein (Gleichung(8)).

$$\Delta U_{\mathrm{K}} = U_{\mathrm{K}}^{\mathrm{B/A}}(T_2) - U_{\mathrm{K}}^{\mathrm{A/B}}(T_1) \tag{8}$$

In einer Leiterschleife wirken aufgrund eines Temperaturgradientens im gleichen Material induzierte temperaturabhängige Thermodiffusionsspannungen $U_{\mathrm{TD}}(T)$ und an den Kontaktstellen temperaturabhängige Kontaktspannungen $U_{\mathrm{K}}(T)$ (siehe Abbildung 8). Dabei setzt sich die gemessene Thermospannung aus der Summe der einzelnen Kontakt- (Gleichung (9) und (10)) und Thermodiffusionsspannungen (Gleichung (11) und (12)) zusammen.

$$U_{\mathrm{K}}^{\mathrm{A/B}} = -\frac{1}{e}\int_{\mathrm{A}}^{\mathrm{B}} d\mu = -\frac{1}{e} \cdot [\mu_{\mathrm{B}}(T_1) - \mu_{\mathrm{A}}(T_2)] \tag{9}$$

$$U_{\mathrm{K}}^{\mathrm{B/A}} = -\frac{1}{e}\int_{\mathrm{A}}^{\mathrm{B}} d\mu = -\frac{1}{e} \cdot [\mu_{\mathrm{A}}(T_2) - \mu_{\mathrm{B}}(T_1)] \tag{10}$$

$$U_{\mathrm{TD,A}}^{\mathrm{w \to k}} = -\int_{T_1}^{T_2} S_{\mathrm{A}} dT + \frac{1}{e} \cdot [\mu_{\mathrm{A}}(T_2) - \mu_{\mathrm{A}}(T_1)] \tag{11}$$

$$U_{\mathrm{TD,B}}^{\mathrm{k}\to\mathrm{w}} = +\int_{T_1}^{T_2} S_{\mathrm{B}} dT - \frac{1}{e} \cdot [\mu_{\mathrm{B}}(T_2) - \mu_{\mathrm{B}}(T_1)] \tag{12}$$

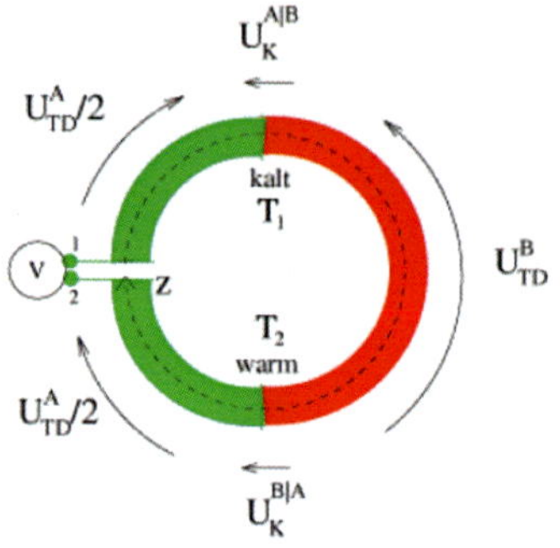

Material A und B mit den chemischen Potenzialen $\mu_B > \mu_A$, die an den Kontaktstellen A/B bei einer Temperatur T_1 und B/A bei einer Temperatur T_2 Kontaktspannungen $U_{\mathrm{K}}^{\mathrm{A/B}}$bzw. $U_{\mathrm{K}}^{\mathrm{B/A}}$ und Thermodiffusionsspannungen U_{TD} im jeweiligen Material ausbilden

Abbildung 8: Schematischer Aufbau einer Leiterschleife mit zwei verschiedenen Materialien A (grün) und B (rot) [63]

Aus Gleichung (9) - (12) kann abgeleitet werden, dass sich die Unterschiede des chemischen Potenzials aufheben und somit die gemessene Thermospannung nur noch von den Seebeck-Anteilen der Thermodiffusionsspannung bestimmt wird. Daraus ergibt sich Gleichung (13).

$$\mathrm{U_{Thermo}} = \int_{T_1}^{T_2} (S_{\mathrm{B}} - S_{\mathrm{A}}) dT = \frac{\pi^2 k_{\mathrm{B}}^2}{4e} \left(\frac{1}{\varepsilon_{F,\mathrm{A}}} - \frac{1}{\varepsilon_{F,\mathrm{B}}} \right) \cdot (T_2^2 - T_1^2) \tag{13}$$

Im Gegensatz zum erläuterten Seebeck-Effekt oder auch „Thermokraft" genannt, der in der beschriebenen Leiterschleife eine positive Thermospannung verursacht, beschreibt der zweite thermoelektrische Effekt, der Peltier-Effekt, die Wärmeabgabe bzw. Wärmeabsorption an den Kontaktflächen beim Anlegen eines elektrischen Stroms an die Leiterschleife.

Der dritte thermoelektrische Effekt, der Thomson-Effekt, beruht auf dem geänderten Wärmetransport eines stromdurchflossenen Leiters beim anlegen eines Temperaturgradientesn. Dabei erfolgt der Transport von Wärmeenergie über die Ladungsträger und ist somit direkt proportional zur angelegten Stromstärke. Die Joulesche Wärme überlagert diesen Effekt. Siewird erzeugt beim Durchgang eines elektrischen Stromes durch ein leitendes Material aufgrund von Zusammenstößen der Ladungsträger mit dem Kristallgitter erzeugt wird. Dabei sollte beachtet werden, dass der Thomson-Effekt den geänderten Wärmetransport innerhalb eines Materiales beschreibt, wohingegen Seebeck- und Peltier-Effekt, die Vorgänge zweier miteinander in kontaktstehenden unterschiedlichen Materialien kennzeichnet.

Peltier- und Seebeck-Effekt können genutzt werden um einen Temperaturgradienten mit Hilfe von elektrischer Energie aufzubauen bzw. elektrische Energie aus einem bestehenden Temperaturgradienten zu generieren. Dies wird in einem Modul verwirklicht, indem Wiederholeinheiten von zwei thermoelektrischen Materialien, jeweils n- und p-leitend elektrisch in Reihe (Aufsummierung der Thermokräfte) und thermisch parallel geschaltet werden. Der theoretische Wirkungsgrad eines thermoelektrischen Moduls Wärmeenergie in elektrische Energie umzuwandeln wird mittels des Carnot-Wirkungsgrad η_C (Carnot-Faktor) beschrieben (siehe Gleichung (14), mit der Temperatur der Warmseite T_W und der Kaltseite T_K).

$$\eta_C = \frac{T_W - T_K}{T_W} \tag{14}$$

Der Wirkungsgrad wird neben elektrischer und thermischer Anbindung zwischen Thermoelektrika und Wärmequelle von dem dimensionslosen Gütefaktor *figure of merit* ZT des thermoelektrischen Materials beschränkt. Der ZT-Wert ist definiert in Gleichung (15) mit S - Seebeck-Koeffizient, ρ - spezifischer elektrischer Widerstand, κ - Wärmeleitfähigkeit und T - Temperatur.

$$ZT = \frac{S^2}{\rho \cdot \kappa} \cdot T \tag{15}$$

Mit Hilfe des ZT-Wertes kann der maximal mögliche Wirkungsgrad η_{TEM} eines thermoelektrischen Materials abgeschätzt werden (Gleichung (16).Mit Erhöhung des ZT-Wertes ist eine Steigerung des Wirkungsgrades verbunden (siehe Abbildung 9).

$$\eta_{TEM} = \frac{\sqrt{1+ZT} - 1}{\sqrt{1+ZT} + \frac{T_K}{T_W}} \cdot \frac{T_W - T_K}{T_W} \tag{16}$$

Die Schwierigkeit den ZT-Wert zu erhöhen, ergibt sich aus der Korrelation der Wärmeleitfähigkeit mit dem elektrischen Widerstand. Die Wärmeleitfähigkeit setzt sich zusammen aus der Wärmeleitfähigkeit des Kristallgitters κ_l und der Ladungsträger κ_e (Gleichung (17)). Der Anteil κ_e ist wiederum über das Wiedemann-Franz-Gesetz (Gleichung (18)) (streng nur auf Metalle und stark dotierte Halbleiter anwendbar) mit dem elektrischen Widerstand über die Lorenzzahl L verknüpft.

$$\kappa = \kappa_l + \kappa_e \tag{17}$$

$$\kappa_e = \frac{L \cdot T}{\rho} \tag{18}$$

Zudem sind Seebeck-Koeffizient und elektrischer Widerstand über die Mott-Jones-Gleichung (4), die strikt nur für Metalle und stark dotierte Halbleiter gilt, in Korrelation zu setzen.

Aufgrund der Verknüpfung von Seebeck-Koeffizient und elektrischem Widerstand müssen diese Eigenschaften folglich immer in Abhängigkeit voneinander betrachtet werden, welches in Form des Powerfaktors PF über Gleichung (19) erfolgen kann.

$$PF = \frac{S^2}{\rho} \tag{19}$$

Im Zusammenhang mit den sich beeinflussenden Parametern ist die Maximierung des *ZT*-Wertes Gegenstand aktueller Forschung, die den Aufbau komplexer Strukturen verlangt, wie im nächsten Kapitel vorgestellt wird.

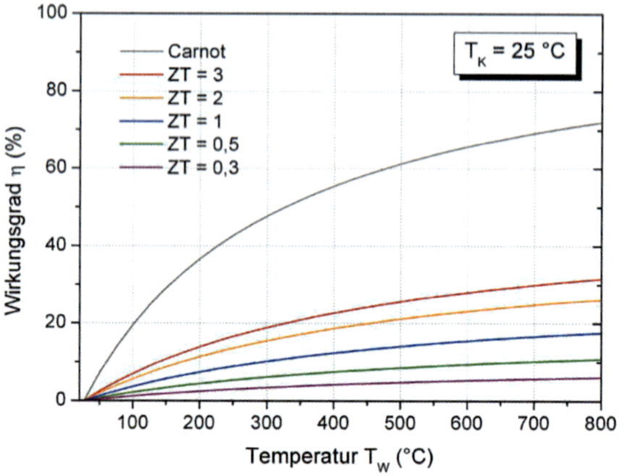

Abbildung 9: Der Wirkungsgrad η der thermoelektrischen Materialien in Abhängigkeit des *ZT*-Wertes als Funktion der Warmseitentemperatur T_w

2.3.2 Optimierungskonzepte von Thermoelektrika

Für den Einstieg in diese Thematik wird das 9. Kapitel von *Complex Metallic Alloys* vorgeschlagen [65]. In der Literatur [66-77] werden aktuell zwei Konzepte zur Erhöhung des *ZT*-Wertes verfolgt, die im Weiteren erläutert werden. Zum einen basiert der Ansatz auf hochentwickelte Bulkmaterialien (*advanced bulk material*) und zum anderen auf Nanostrukturen und Nanokompositen. Eines der Konzepte der hochentwickelten Bulkmaterialien ist die Idee eines PGEC-Materials *(phonon glass, electron single crystal*). Ziel ist es, die niedrige Wärmeleitfähigkeit amorpher Materialien mit der guten elektrischen Leitfähigkeit von Kristallen zu verbinden. Dafür werden beispielsweise Käfigstrukturen mit schweren Elementen, wie Barium, eingesetzt. Ein Beispiel für eine solche Struktur sind Clathrate, in deren offenes, tetraedrisch koordiniertes Gerüst große, schwere Atome eingebaut werden können (Abbildung 10). Skutterudite und intermetallische Halb-Heusler-Verbindungen können große Hohlräume in kubischen Kristallstrukturen aufweisen, die ebenfalls schwere Atome aufnehmen können (Abbildung 10). Durch das „Rasseln“ (*rattling*) der eingelagerten schweren Atome kommt es zur Streuung von Phononen, wodurch der Beitrag der Gitterwärmeleitfähigkeit stark reduziert wird [66]. Andere Materialien, wie Bismuttellurid, Kobaltoxide, Ruddlesden-Popper-Phasen ($SrO(SrTiO_3)_n$) und einige Zintl-Phasen, zeichnen sich durch ihr anisotropes Verhalten begründet in der schichtartigen Struktur aus. Dadurch werden verbesserte thermoelektrische Eigenschaften im Vergleich zu isotropen Materialien erzielt. Auch Kristallbaufehler (Leerstellen, Zwischengitteratome, Substitutionsatome) können die Zustandsdichte der Elektronen des Kristallgitters und dessen Phononen-Leitfähigkeit beeinflussen und eine Verbesserung der thermoelektrischen Eigenschaften bewirken.

Eine weitere vielversprechende Möglichkeit zur Optimierung von Thermoelektrika ist die Nanokomposit-Herstellung (Abbildung 11). Diese stützt sich auf die Idee, dass die Beimengung nanoskaliger Komponenten eine Steigerung des Powerfaktors über die Beschränkung freier Elektronen (*Quantum Confinement*) und Absenkung der Gitterwärmeleitfähigkeit über die Vergrößerung innerer Grenzflächen ermöglicht [78]. Unter *Quantum Confinement* sind Effekte zu verstehen, die von Strukturen im Bereich der de Broglie-Wellenlänge (~ 10 nm) hervorgerufen werden und Einfluss auf die Zustandsdichtefunktion sowie auf die Ausprägung der Bänder haben [78]. Dabei wird nach der Anzahl der Ausdehnung in verschiedene Raumrichtungen in *Quantum Dots* (0D), *Quantum Wires* (1D) und *Quantum Wells* (2D) unterschieden [79, 80]. Die Verringerung der Gitterwärmeleitfähigkeit im Subnano- und Mikrometerbereich kann über das Einbringen von Fremdphasen (passive/aktive Fremdphase[2]), einer gezielten Phasenseparation (Nanoeinschlüsse, lamellare Entmischung) und die Verwendung von Partikeln im Nanometerbereich erzielt werden. Dabei werden bevorzugt Nanopartikel und Hochenergiemühlen bei der Synthese sowie eine schnelle Kompaktierung mittels SPS bzw. FAST oder Heißpressen eingesetzt [81]. Aufgrund der Komplexität des thermoelektrischen Effekts wird hier auf eine Vielzahl von Reviews verwiesen, die sich mit

[2] Passive Fremdphase: Einbringen der Fremdphase vor dem Kompaktierungsprozess, keine Reaktion mit der Hauptphase; aktive Fremdphase: In-situ Bildung der gewünschten Fremdphase durch die Reaktion von der eingebrachten Verbindung

fundamentalen Phänomenen der Physik [67, 69, 75, 82], Beeinflussung von Elektronen- und Phonon-Transport durch Nanostrukturierung [68, 71-73, 76, 77], speziellen Materialklassen wie beispielsweise Clathraten [4], Zintl-Phasen [83], PbTe [68], Oxide [8, 84] und Borverbindungen [7] auseinandersetzen.

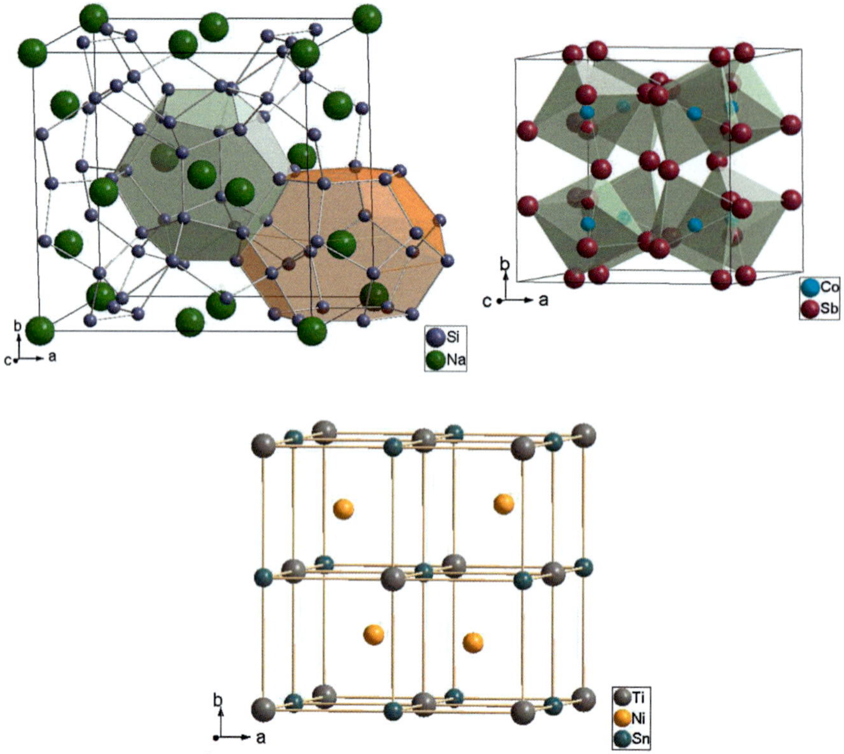

Abbildung 10: Kristallstruktur des Typ-I-Clathrats Na_8Si_{46} (oben links, ICSD 50796) [85], des Skutteruditen $CoSb_3$ (oben rechts, ICSD 97732) [86] und der Halb-Heusler-Verbindung TiNiSn (unten, ICSD 174568) [87]

Eine mögliche Kombination der Konzepte um ein Material mit einem hohen Powerfaktor und einer geringen Wärmeleitfähigkeit zu erhalten, ist Ziel der derzeitigen Forschung. Neue Ansätze zur Steigerung der thermoelektrischen Eigenschaften beruhen beispielsweise auf sowohl geordnete als auch ungeordnete Nanostrukturen (Korngröße, Korngrenzen, Poren usw.) [77], wie in Abbildung 11 schematisch dargestellt. Zudem können solche Strukturen durch die Bildung von Resonanz-Energieniveaus und Energiefiltern zu einer Steigerung des Seebeck-Koeffizienten beitragen [67].

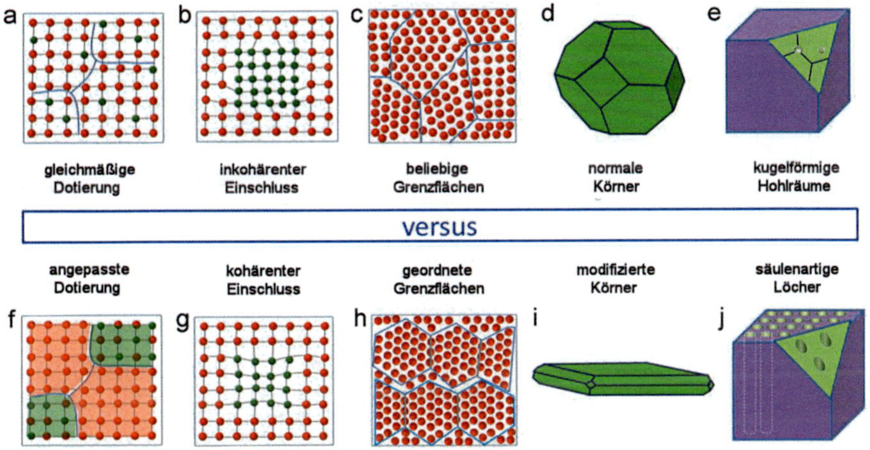

Abbildung 11: Vergleich verschiedener Nanostrukturen zwischen ungeordneten (a-e) und geordneten Nanokompositen (f-j) von Dotierungen, Nanoeinschlüssen, Korngrenzen, Korn- und Porenmorphologien [77]

2.3.3 Überblick über oxidische Thermoelektrika

Die seit den 50er Jahren bekannten thermoelektrischen Materialien erreichen *ZT*-Werte von bis zu 1,6 für Bulkmaterialien [67, 88] und stellen den heutigen Stand der Technik dar. Jedoch bestehen diese Materialien aus toxischen, schlecht verfügbaren und somit teuren Elementen. Zudem sind die Thermoelektrika ggf. stark dotiert (Seltenerden) und weisen geringere Temperaturstabilitäten im Gegensatz zu Oxiden auf, so dass ein dauerhafter Einsatz oberhalb 450 °C nicht möglich ist. Die konventionellen thermoelektrischen Generatoren aus Bi_2Te_3 bzw. PbTe sind daher nicht für die großindustrielle Anwendung der Abwärmenutzung bzw. Energierückgewinnung zu bevorzugen. Bis heute wird der Großteil des Bi_2Te_3 in Peltier-Kühlern verwendet. SiGe wird hauptsächlich in der Weltraumforschung in sogenannten Radioisotopengeneratoren eingesetzt [89]. Um die Probleme der konventionellen Materialien zu überwinden, werden neue Materialien entwickelt, die aus nicht toxischen, gut verfügbaren und billigen Materialien hergestellt werden können. Eines dieser Materialien sind die Oxide. Das Potenzial der Oxide bezüglich dieser Kriterien spiegelt sich in einem starken Forschungsinteresse [8] und der damit verbundenen steigenden Publikationszahl zum Thema oxidische Thermoelektrika der letzten Jahre wider (Abbildung 12). Jedoch erreichen Oxide üblicherweise geringere *ZT*-Werte als die bereits genannten Tellur- und Antimon-basierten Verbindungen. Im Folgenden werden einige Vertreter dieser Klasse vorgestellt (siehe Abbildung 13).

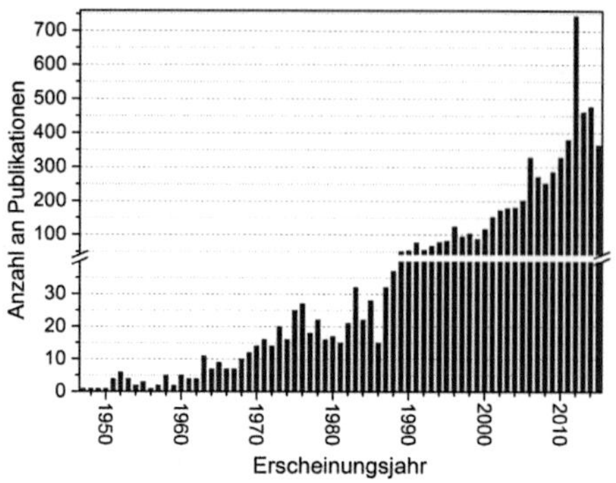

Abbildung 12: Übersicht der Anzahl an Publikationen über oxidische Thermoelektrika (Stand 24.11.2015) [90]

Die Alkali- bzw. Erdalkali-basierten p-leitenden Kobaltoxide mit einem schichtförmigen Aufbau wie $Ca_3Co_4O_9$ und Na_xCoO_2 stellen die vielversprechendsten p-leitenden Oxide dar. $Ca_3Co_4O_9$ besteht aus einer Schicht Ca_2CoO_3 (gestörter NaCl-Typ), die die mittlere freie Weglänge der Phononen verkürzt und somit die Wärmeleitfähigkeit senkt. Ca_2CoO_3 ist zwischen zwei CoO_2 Schichten (CdI_2-Typ) angeordnet, welche die elektrische Leitfähigkeit in Form von p-Leitung gewährleistet [91]. Der höchste *ZT*-Wert beträgt 0,61 bei einer Temperatur von 845 °C von Lutetium-dotiertem $Ca_3Co_4O_9$ mit Silber-Nanoeinschlüssen [92]. Na_xCoO_2 zeigt *ZT*-Werte bis zu $ZT_{800\,°C} = 0{,}95$ [93]. Weitere p-leitende Oxide wie beispielsweise dotiertes $LaCoO_3$, $LaCuO_4$ und $CuAlO_2$ erreichen *ZT*-Werte von $ZT < 0{,}16$ [94 96].

Vielversprechende n-leitende Oxide umfassen Strontiumtitanat $SrTiO_3$ (Perowskit-Typ), Calcium-manganoxid $CaMnO_3$, Zinkoxid und Titanoxide. Diese Oxide werden häufig mit Seltenerden dotiert um eine ausreichende elektrische Leitfähigkeit zu erreichen. Dotiertes Strontiumtitanat mit 20 % Niob weist einen *ZT*-Wert von $ZT_{810\,°C} = 0{,}21$ auf [97]. Die Substitution von Sr^{2+} mit Ca^{2+} und/oder Ba^{2+} zeigte im Experiment sowie in Simulationen einen negativen Einfluss auf die thermoelektrische Leistung des Titanats [98]. Eine spezielle Multilayerstruktur der Strontiumtitanate, die sogenannten Ruddlesden-Popper-Phasen ($SrO(SrTiO_3)_n$) [99] könnten, wie die schichtartigen Kobaltoxide, ein hohes Potenzial zur Senkung der Wärmeleitfähigkeit besitzen. Jedoch zeigten Untersuchungen eine Verschlechterung des Powerfaktors bei reduzierter Wärmeleitfähigkeit, so dass keine Steigerung des *ZT*-Wertes über die Ruddlesden-Popper-Struktur erzielt werden konnte [100]. Ein anderes relevantes n-leitendes Oxid $CaMnO_3$ weist einen *ZT*-Wert von $ZT_{727\,°C} = 0{,}26$ mit einer co-Dotierung mit jeweils 5 % Dysprosium und Ytterbium [101]. Das gut bekannte Stoffsystem ZnO als piezoaktives und transparent-leitfähiges Material [102] ist auch als Thermoelektrikum, speziell Gallium-Aluminium-co-dotiertes ZnO, mit einem maximalen *ZT*-Wert von $ZT_{975\,°C} = 0{,}65$ [103] von großem Interesse. Diese Werte konnten jedoch von anderen Forschungsgruppen noch nicht reproduziert bzw. annähernd erreicht werden.

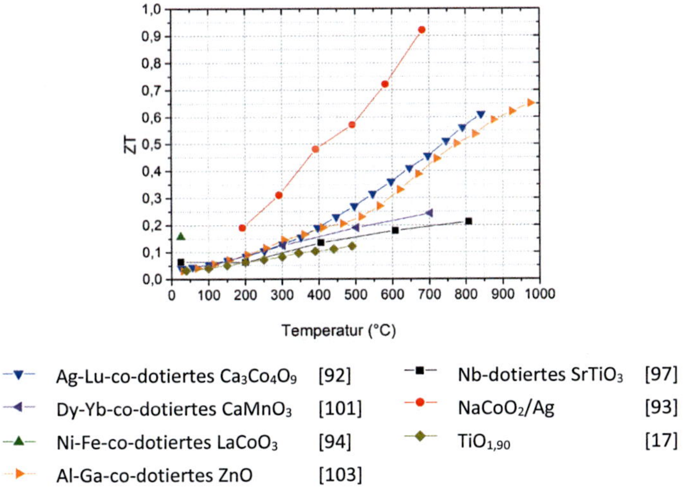

Abbildung 13: Der Gütefaktor *ZT* in Abhängigkeit der Temperatur für oxidische Thermoelektrika

2.3.4 Titanoxide (TiO_x, $1 \leq x \leq 2$)

Unter den oxidischen Thermoelektrika stellen die Titanoxide ein verfügbares, nicht toxisches und preiswertes Material mit einem hohen Schmelzpunkt dar. Eine Produktion im großtechnischen Maßstab und ein Einsatz als Hochtemperatur-Thermoelektrika (> 500 °C) scheint mit Titanoxid erreichbar zu sein.

Das natürlich vorkommende Titandioxid ist als thermoelektrisches Material aufgrund seiner schlechten elektrischen Leitfähigkeit kaum von Interesse, weist jedoch einen sehr hohen Seebeck-Koeffizienten bis zu $-400 \cdot 10^{-6}\,VK^{-1}$ [16] auf. Für die thermoelektrische Anwendung muss der elektrische Widerstand gesenkt werden, beispielsweise über die Steigerung der Ladungsträger-konzentration und -mobilität. Dies wird über die Herstellung von bestimmten TiO_x Phasen ($x < 2$) realisiert, die elektrische Widerstände von bis zu $0{,}5 \cdot 10^{-3}\,\Omega cm$ [10, 14] aufweisen. Aufgrund der Anordnung von Ti^{3+} an den Scherebenen der Magnéli-Phasen zeigen diese in Abhängigkeit des Sauerstoffdefizites bzw. Dichte der Scherebenen ein n-leitendes Verhalten [16, 17, 104]. Liborio et al. [105] simulierten die Zustandsdichte der Elektronen im Ti_4O_7 (> RT) und konnten zeigen, dass die ungepaarten Elektronen über die gesamten d-Orbitale der Titanatome verteilt sind. Das Valenz- und Leitungsband setzt sich aus den Elektronen der Titanatome zusammen. Die Bandlücke beträgt 0,4 eV bei Ti_4O_7 [105]. Aufgrund der höchsten Dichte an Scherebenen, der damit verbundenen höchsten

Dichte an Ti^{3+} und der daraus resultierend höchsten Anzahl an freien Ladungsträgern hat Ti_4O_7 in Scherebenenrichtung [121] den geringsten elektrischen Widerstand mit $0{,}5 \cdot 10^{-3}\ \Omega cm$ [14].

Verschiedenste Titan-Sauerstoff-Phasen wurden von Forschungsgruppen bezüglich ihrer thermoelektrischen Eigenschaften untersucht [16-18, 32, 34, 36, 56, 106]. Deren Ergebnisse sind in Abbildung 14 - 17 zusammengefasst und werden im Folgenden näher erläutert. Dabei kann in Abbildung 14 mit einer Zunahme des Sauerstoffgehalts ein steigender elektrischer Widerstand bei den Magnéli-Phasen beobachtet werden. Dabei zeigen die Magnéli-Phasen ein charakteristisch halbleitendes Verhalten mit der Verringerung des elektrischen Widerstandes bei steigender Temperatur. Aufgrund des großen Interesses an TiO_2 als photoaktives Material gibt es eine Vielzahl von Publikationen über Dotierungsexperimente, bei denen vorwiegend die Beeinflussung der Photoaktivität und nicht die Veränderung des elektrischen Widerstandes untersucht wurde [107].

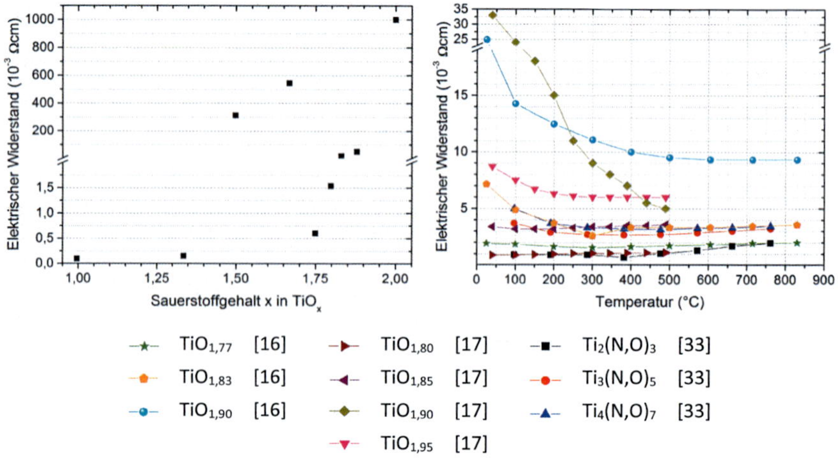

Abbildung 14: Elektrische Widerstände von TiO_x in Abhängigkeit des Sauerstoffgehalts x [14] (links) und der Temperatur (rechts)

Der n-leitende Charakter der Titanoxide ($1{,}75 \leq x < 2$) spiegelt sich in einem negativen Seebeck-Koeffizienten wider (Abbildung 15), der mit sinkendem Sauerstoffgehalt bis zum Ti_4O_7 betragsmäßig abnimmt. Dies korreliert mit dem sinkenden elektrischen Widerstand bei verringertem Sauerstoffgehalt. Bei weiterer Reduzierung des Sauerstoffgehalts unterhalb von Ti_4O_7 bzw. $TiO_{1,75}$ wird ein positiver Seebeck-Koeffizient gemessen, der auf ein p-leitendes Material schließen lässt, wie es auch in der Literatur beschrieben wird [14, 108]. Titanmonoxid TiO_x ($1 \leq x \leq 1{,}27$) erreicht einen Seebeck-Koeffizient nahe 0 VK^{-1}.

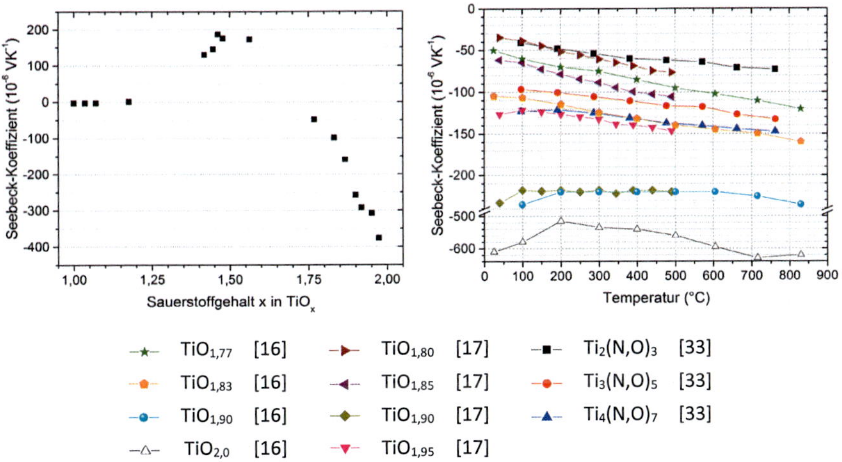

Abbildung 15: Seebeck-Koeffizienten von TiO_x in Abhängigkeit des Sauerstoffgehalts x [16] und der Temperatur

Die Wärmeleitfähigkeit der Magnéli-Phasen, die neben den elektrischen Eigenschaften einen relevanten Parameter für die Optimierung des Gütefaktors ZT darstellt, ist in Abbildung 16 in Abhängigkeit der Temperatur für verschiedene TiO_x-Phasen aufgezeigt. Bei Betrachtung der Wärmeleitfähigkeiten bei RT zeigt sich der Trend, dass vom TiO_2 bis zum Ti_4O_7 die Wärmeleitfähigkeit sinkt und bei $Ti_2(N,O)_3$, $Ti_3(N,O)_5$ wieder zunimmt. Dies deutet auf eine Korrelation der Wärmeleitfähigkeit mit dem Scherebenenabstand (bzw. Scherebenendichte) hin, die bei Ti_4O_7 am höchsten ist. Da die Abstände der Scherebenen im Bereich der mittleren freie Weglänge der Phononen sind, kommt es zur Streuung der Phononen. Diese liefern einen Beitrag zur Senkung der Wärmeleitfähigkeit[17]. Aus der Abhängigkeit der Wärmeleitfähigkeit von der Temperatur wird deutlich, dass die Wärmeleitfähigkeit für alle TiO_x mit $x < 2$ mit steigender Temperatur zunimmt (Ausnahme N-dotierte TiO_x bei ≤ 300 °C). Mit zunehmender Temperatur ist ein Absenken von κ_l und durch die indirekt Proportionalität von κ_e zum elektrischen Widerstand eine Steigerung von κ_e zu vermuten. Anschein-end dominiert im Falle des TiO_x die Erhöhung von κ_e und somit die Zunahme von κ bei steigender Temperatur. Ausnahme stellen hier Wärmeleitfähigkeiten des stickstoffdotierten TiO_x ($Ti_2(N,O)_3$, $Ti_3(N,O)_5$, $Ti_4(N,O)_7$) dar, die ab einer Temperatur oberhalb 300 °C sinkende Wärmeleitfähigkeiten aufzeigt. Dies ist erklärbar über den verbundenen Abfall von κ_e (und somit von κ) mit zunehmenden elektrischen Widerstand bei steigender Temperatur.

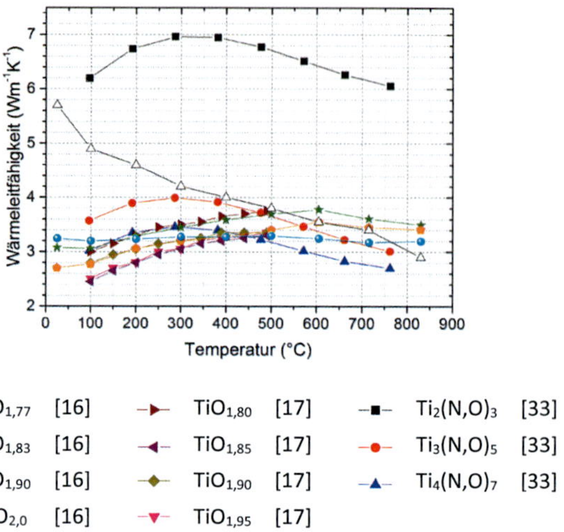

Abbildung 16: Wärmeleitfähigkeiten verschiedener TiO_x-Phasen in Abhängigkeit von der Temperatur

Aus den vorgestellten Einzelwerten des elektrischen Widerstandes, des Seebeck-Koeffizienten und der Wärmeleitfähigkeit kann der Gütefaktor *ZT* als Funktion der Temperatur ermittelt werden, wie es in Abbildung 17 dargestellt ist. Bei der Dotierung mit Stickstoff wird eine Steigerung des *ZT*-Wertes von bis zu 0,4 bei einer Temperatur von 870 °C prognostiziert[3]. Ausnahmen stellen die Phasen $TiO_{1,1}$ und $TiO_{1,94}$ dar, die *ZT*-Werte von $ZT_{800\,°C} = 1{,}64$ [31] bzw. $ZT_{70\,°C} = 0{,}195$ [24] aufweisen.

Der Einsatz von precursorabgeleiteten TiO_x als thermoelektrisches Material wurde von Portehault et al. [56] untersucht (Synthese und Phasenausbildung siehe Kapitel 2.2.2). Dabei wurden precursorabgeleitete TiO_x/C-Komposite erhalten. Die besten *ZT*-Werte von 0,09 wurden bei Proben erreicht, welche bei 1200 °C gesintert und als kristalline Hauptphase Ti_4O_7 aufwiesen. Seebeck-Koeffizient, elektrischer Widerstand, Wärmeleitfähigkeit und Gütefaktor *ZT* in Abhängigkeit der Temperatur sind in Abbildung 18 grafisch dargestellt. Wie zu erwarten war (Vergleich Abbildung 14) weist Ti_4O_7/C mit $\rho_{470\,°C} = 2{,}85 \cdot 10^{-3}$ Ωcm einen geringeren elektrischen Widerstand als Ti_8O_{15}/C auf. Bemerkenswert ist die Senkung der Wärmeleitfähigkeit bis auf 1 $Wm^{-1}K^{-1}$ unterhalb einer Temperatur von 250 °C für Ti_8O_{15}/C. Aus dem elektrischen Widerstand und dem Seebeck-Koeffizient ergibt sich ein maximaler Powerfaktor von ~2,4 $Wm^{-1}K^{-2}$ bei einer Temperatur von 470 °C, der trotz niedriger Wärmeleitfähigkeiten nur einen *ZT*-Wert von $ZT_{470\,°C} = 0{,}09$ erreicht.

[3] In dieser Publikation wurden ausschließlich Seebeck-Koeffizient und elektrischer Widerstand bei Temperaturen bis 870 °C gemessen. Da die Wärmeleitfähigkeit nur bis zu einer Temperatur von 270 °C bestimmt wurde, sind die *ZT*-Werte von 270 – 870 °C entsprechend der Wärmeleitfähigkeit extrapoliert.

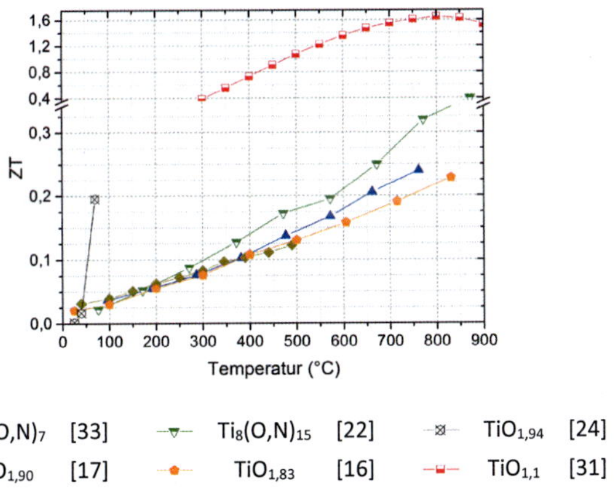

Abbildung 17: Der Gütefaktor *ZT* verschiedener TiO_x-Phasen in Abhängigkeit der Temperatur

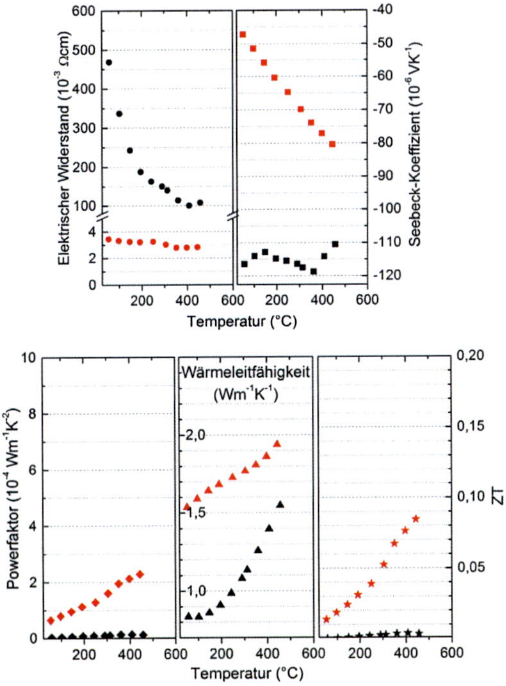

Abbildung 18: Thermoelektrische Eigenschaften von precursorabgeleiteten Ti_4O_7/C (rot) und Ti_8O_{15}/C (schwarz) [56]

Es ergeben sich für die Titanoxide entsprechend ihrer thermoelektrischen Eigenschaften maximale *ZT*-Werte von 0,12 bei 500 °C bzw. 0,21 bei 800 °C [16]. Dem gegenüber stehen die Phasen $TiO_{1,94}$ und $TiO_{1,1}$, mit *ZT*-Werten von bis 1,6 (Abbildung 17) [24, 106]. Für eine Verbesserung der elektrischen Eigenschaften (elektrischer Widerstand, Seebeck-Koeffizient) der Magnéli-Phasen zeigt sich der Einsatz und Einbau von Stickstoff als eine vielversprechende Alternative, der einen *ZT*-Wert von 0,4 bei einer Temperatur von 870 °C prognostiziert [32, 33]. Die Senkung der Wärmeleitfähigkeit konnte über die Precursor-basierte Herstellung von Ti_nO_{2n-1}/C-Kompositen realisiert werden, jedoch ist damit eine Verminderung der elektrischen Eigenschaften (betragsmäßige Verringerung des Seebeck-Koeffizienten) verbunden [56].

3 CHARAKTERISIERUNGSMETHODEN

In diesem Kapitel werden die Geräte und Einstellungsparameter bzw. Messbedingungen der verwendeten Charakterisierungsmethoden genannt und kurz erläutert. Die Grundlagen der im Folgenden vorgestellten Charakterisierungsmethoden sind einschlägigen Lehrbüchern zu entnehmen (z. B. [109-112]).

3.1 Fourier-Transformations-Infrarotspektroskopie (FT-IR)

Die infrarotspektroskopischen Untersuchungen erfolgten mittels einer ATR-Einheit (*Attenuated Total Reflection*) von der Firma LOT Oriel an einem Perkin-Elmer FT-IR-Gerät des Typs System 2000 FT-IR in einem Wellenzahlenbereich von 4800 bis 500 cm^{-1} mit jeweils 5 Scans. Um die luft- und feuchtigkeitsempfindlichen Precursoren unter Inertatmosphäre infrarotspektroskopisch untersuchen zu können, wurde eine ATR-Einheit mit gasdichter Probenanpressung und einem Diamant Typ IIa verwendet.

Die IR-Spektroskopie beruht auf der Schwingungsanregung von Bindungen in einem Molekül bzw. Kristallgitter mit Änderung der Polarisation durch Absorption von IR-Strahlung. Jedoch findet nur zwischen elektromagnetischer Strahlung und dem Molekül bzw. Kristallgitter eine Wechselwirkung statt, wenn bewegte elektrische Ladung, d. h. ein veränderbares oder ein induziertes Dipolmoment vorliegt (IR-aktiv). Die absorbierten Energien bzw. Frequenzen sind charakteristisch für bestimmte Bindungen und können somit zur Strukturaufklärung herangezogen werden.

Das Prinzip der ATR-Messung beruht auf der Totalreflexion. Dabei wird ein elektromagnetisches Feld einer totalreflektierenden Welle an der Grenzfläche (ATR-Kristall – Probe) nicht abrupt ausgelöscht und reflektiert, sondern klingt exponentiell mit der Eindringtiefe ab (evaneszentes Feld). Dies führt zur Wechselwirkung des elektromagnetischen Felds mit der Substanz im Bereich der Eindringtiefe, welche von der Probensubstanz abhängig ist. Als Faustregel gilt, dass die Eindringtiefe der eingestrahlten Wellenlänge entspricht. Aufgrund der mehrfachen Totalreflexion des einfallenden Strahls im ATR-Kristall erfolgt eine intensivere Wechselwirkung des eingestrahlten Lichtes mit der Probe, so dass eine Erhöhung der Absorptionsintensität erzielt wird.

3.2 Thermoanalyse

Die Untersuchung der Masseänderung des Precursors während der Pyrolyse erfolgte mittels Thermogravimetrie und simultaner Thermoanalyse (STA), d. h. in diesem Fall Thermogravimetrie (TG) gekoppelt mit einem Massenspektrometer (MS). Die thermogravimetrischen Messungen wurden bei Heizraten von 5 - 10 $Kmin^{-1}$ am Gerät STA 429 bzw. STA 409 der Firma Netzsch durchgeführt. Die STA-MS Messungen fanden an einem Massenspektrometer QMS 403 Aëolos statt, das mit einer NETZSCH STA409/NGB Thermowaage über ein Blendensystem angekoppelt wurde. Mit Hilfe der STA-MS können die Zersetzungsprodukte bzw. -fragmente nahezu gleichzeitig mit Aufnahme des Massenverlustes (TG) detektiert werden. Dabei ist jedoch zu beachten, dass die detektierten Fragmente im MS durch die Ionisierung im MS und/oder durch die thermische Zerstörung der Probe entstanden sind. Ausgewählte Precursoren ((O,O)-1a und (N,O)-1b) wurden mit einer Heizrate von 5 $Kmin^{-1}$ bis 500 °C und 10 $Kmin^{-1}$ bis 1000 °C mit Helium als Trägergas mittels STA-MS untersucht.

3.3 Pulverdiffraktometrie (Pulver-XRD) und Bestimmung des Gitterparameters

Die Pulverdiffraktometrie erfolgte an einem Röntgendiffraktometer D8 Advance von Bruker AXS in Bragg Brentano $\Theta/2\Theta$-Geometrie mit Cu-K_α-Strahlung (λ = 0,1542 nm) im Bereich zwischen 15 - 70° 2Θ mit einer Schrittweite von 0,005° bzw. 0,01° und 2 Sekunden Messzeit. Die qualitativen Phasenanalysen erfolgten mit dem Programm *Diffrac.Suite EVA 2* von Bruker und *Analyze* unter Verwendung der PDF-Datenbank (*Powder Diffraction Files*) und der ICSD (*Inorganic Crystal Structure Database*).

Für die Verfeinerung der Gitterparameter wurde aufgrund der Überlappung der Reflexe von Magnéli-Phasen und LaB_6 (NIST SRM 660b, a_0 = 4,15691 Å) α-Al_2O_3 (Sumitomo Chemicals, AKP-50) als interner Standard verwendet. Die Messung erfolgte am gleichen Gerät in Bragg Brentano $\Theta/2\Theta$-Geometrie mit Cu-K_α-Strahlung (λ = 0,1542 nm) im Bereich zwischen 10 - 120° 2Θ mit einer Schrittweite von 0,01° und 3 Sekunden Messzeit. Die Auswertung erfolgte auf Grundlagedes Pawley-Fit-Algorithmus [113] mit dem Programm TOPAS [114] von Bruker AXS. Die daraus erhaltenen Gitterparameter des α-Al_2O_3 sind a_0 = 4,759(1) Å, c_0 = 12,991(7) Å (siehe Anhang C Abbildung 74).

Die mittlere Kristallitgröße $\overline{D}$ wird über die Scherrer-Gleichung (20) mit dem Scherrer-Formfaktor K, der eins gesetzt wird, der Wellenlänge der genutzten Strahlung λ, dem Einfallswinkel Θ und der Halbwertsbreite des charakteristischen Reflexes $\beta_{1/2}$ abgeschätzt [115].

$$\overline{D} = \frac{K \cdot \lambda}{\beta_{1/2} \cdot cos(\theta)} \tag{20}$$

3.4 Pulvercharakterisierung

Die Partikelgrößen der verwendeten Titandioxidpulver wurden mittels statischer Laserlichtbeugung am Mastersizer 2000 der Firma Malvern bestimmt. Die Messungen wurden in wässriger Lösung unter Zugabe des Dispergierhilfsmittels Natriumhexametaphosphat (NHMP) und unter Einwirkung eines Ultraschalldesintegrators (200 W) durchgeführt, um einen optimalen Aufbruch der Agglomerate zu gewährleisten und Reagglomeration zu verhindern. Weiterhin wurden Titandioxidpulver in Chloroform mit variierender Ultraschallleistung (40 W – intern und 200 W – extern) und -dauer (1 - 9 min) untersucht, um die Partikelgrößenverteilung in einer dem Experiment nahen Umgebung zu bestimmen.

Bei der statischen Laserlichtbeugung wird die Probensuspension mit einem Laser bestrahlt und dahinter die Intensität des gestreuten Lichts in verschiedenen Positionen und Winkeln gemessen. Aus der Position der Detektoren und den bekannten Reflektions-, Transmissions- und Absorptionskoeffizienten der dispersen Phase wird über die Theorie nach Gustav Mie die Partikelgrößenverteilung berechnet.

3.5 Rasterelektronenmikroskopie (REM) und energiedispersive Röntgenspektroskopie (EDXS)

Für die Partikelbeschaffenheit, Korngrößenabschätzung von pyrolysierten Pulver sowie zusätzlichen Gefügeanalysen an gesinterten Proben wurde die Rasterelektronenmikroskopie verwendet. Die REM-Untersuchungen fanden an dem FESEM (Feld-Emissions-Rasterelektronenmikroskop – *Field Emission Scanning Electron Microscope*) Gemini 982 Ultra 55 der Firma Zeiss statt. Die gesinterten Proben wurden in Epoxidharz eingebettet und anschließend geschliffen, poliert und chemisch geätzt. Um das Aufladen der Probe zu minimieren, wurde Silberpaste bzw. ein gesputterte Goldschicht zur Kontaktierung verwendet.

Das Rasterelektronenmikroskop arbeitet mit einem fokussierten, gebündelten Elektronenstrahl, der die Oberfläche eines Objektes abrastert. Die unter der Wechselwirkung des Elektronenstrahls mit der Probe entstehende Spezies: Sekundärelektronen SE, Rückstreuelektronen BSE, Augerelektronen AE, charakteristische Röntgenstrahlung, Kathodenlumineszens und Röntgenbremsstrahlung (Abbildung 19) werden über spezielle Detektoren (Rückstrahlelektronendetektor – BSE-Detektor, Sekundärelektronendetektor – SE-Detektor und Inlens-Detektor, Elektronen-disperse-Röntgenstrahldetektor – EDX-Detektor) in ein optisches Abbild der Probe (BSE, SE, Inlens Detektor) bzw. in einem Energiespektrum für die charakteristische Röntgenstrahlung (EDX-Detektor) überführt.

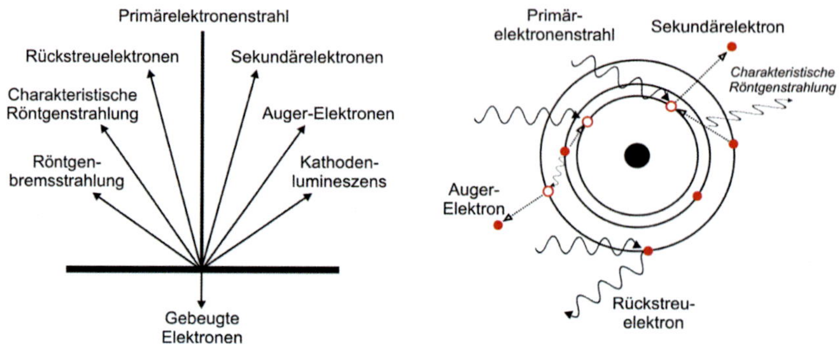

Abbildung 19: Schematische Darstellung der Wechselwirkung des Elektronenstrahls mit einer Probe

Die detektierbare Strahlung entsteht aus verschiedenen Bereichen des angeregten Probenvolumens, wie in Abbildung 20 dargestellt ist. Dabei ist das durch den Primärelektronenstrahl angeregte Probenvolumen, die sogenannte Anregungsbirne, abhängig vom Material (höhere Ordnungszahl der Atome bedeutet kleineres Anregungsvolumen) und der Spannung des Primärelektronenstrahls (mit steigender Spannung nimmt das angeregte Probenvolumen zu). Die laterale Ausdehnung des angeregten Probenvolumens kann Werte von ca. 0,1 bis 2 µm annehmen. Für die EDXS-Analyse kann pauschal eine Nachweisgrenze von < 1 Ma-% angenommen werden, die jedoch stark von chemischer Zusammensetzung der Probe, Probenpräparation, Messzeit und Gerätekomponenten abhängt.

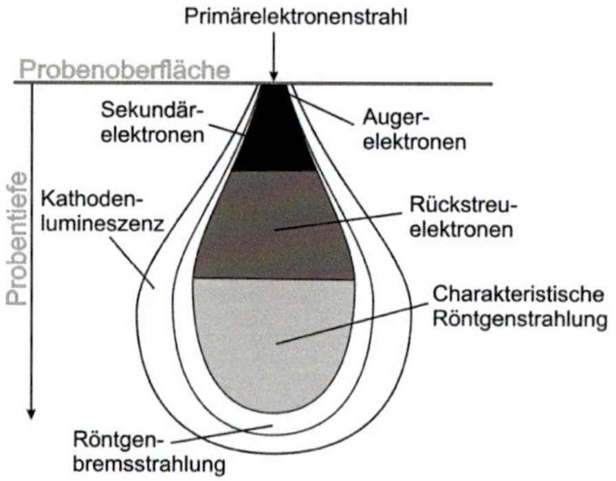

Abbildung 20: Schematische Darstellung der unterschiedlichen Emissionstiefen der detektierbaren Elektronen und Strahlung

3.6 Transmissionselektronenmikroskopie (TEM)

Um die Entstehung und Bildung der Kristallite in Abhängigkeit der Pyrolysetemperatur und deren anschließende Kompaktierung zu untersuchen, wurden TEM-Analysen durchgeführt. Die zu untersuchenden Proben (Pulver, Bulkmaterial) wurden, wenn nötig mittels Mörsern pulverisiert, in Ethanol suspendiert und auf ein Kohlenstoffgitter aufgebracht. Ausgewählte Bulkproben wurde zuerst auf < 500 µm geschliffen und anschließend eine Lochranddünnung vorgenommen. Diese beinhaltet das Schleifen mit einem runden Schleifstein (dimpeln) und einer darauffolgenden Ionenstrahldünnung durch den Beschuss der Probe mit Argon-Ionen unter schrägen Einfall. Die TEM-Untersuchungen sind am CM200FEG ST/Lorentz von der Firma Philips mit der Spannung von 200 kV vorgenommen wurden.

Im Gegensatz zur Rasterelektronenmikroskopie erfolgt in der Transmissionsmikroskopie die Detektion der transmittierten Elektronen.

3.7 Kohlenstoff- und Stickstoffbestimmung über Heißgas-extraktion

Elementaranalysen über Heißgasextraktion wurden zur Bestimmung des Kohlenstoff- und Stickstoffanteils der Precursoren sowie der pyrolysierten und gesinterten Proben durchgeführt. Unpyrolysierte Proben mit hohem Organikanteil wurden an dem Messgerät CHNS 932 von LECO gemessen. Zuvor pyrolysierte Proben mit einemerwarteten Kohlenstoffanteil < 15 Ma-% wurden mit dem C-200 CHLH von LECO analysiert.

Die Detektion von Kohlenstoff erfolgt über Infrarotabsorption des entstehenden CO_2. Der Stickstoffanteil wird in einer Wärmeleitfähigkeitsmesszelle gemessen. Die angegebenen Masse-konzentrationen entsprechen dem Mittelwert von drei Messungen. Die Nachweisgrenze ist abhängig von der untersuchten Probenmenge und ist in diesem Fall bei < 1 Ma-% anzusetzen.

3.8 Bestimmung der spezifischen Oberfläche (BET-Methode)

Die spezifische Oberfläche der Pulver wurde mittels BET-Methode (von den Entwicklern: Stephen Brunauer, Paul Hugh Emmett und Edward Teller) am Gerät Quadrasorb Si der Firma Quantachrome Instruments nach DIN ISO 9277:2003-05 [116] ermittelt.

Die BET-Methode geht von einer Mehrschichtadsorption aus, bei der weitere Schichten auf der Monoschicht sich wie Flüssigkeiten verhalten. Bei dieser Messmethode wird Stickstoff bei einer Temperatur von 77 K als Adsorptiv bei konstanter Temperatur dem Adsorbens zugeführt. Die Menge des anhaftenden Adsorbats n_a wird über den Gasdruck p des Stickstoffs im Gleichgewicht mit dem Adsorbat gemessen. Nach Erreichen des Sättigungsdampfdrucks p_0 wird der Druck wieder abgesenkt und Stickstoff von der Oberfläche desorbiert. Die aufgenommene Adsorptions-Desorptionskennlinie, die sich aus Gleichung (21) ergibt, aufgetragen über den Relativdruck $^{p}/_{p_0}$, ermöglicht die Oberflächenbestimmung des Pulvers (der Relativdruck ist proportional zur adsorbierten Gasmenge). Dabei ist C der BET-Kennwert und n_m die spezifische Monoschichtkapazität.

$$\frac{1}{n_\mathrm{m}\,C} + \frac{C-1}{n_\mathrm{m}\,C} \cdot \frac{p}{p_0} = \frac{^{p}/_{p_0}}{n_\mathrm{a}(1 - {^{p}/_{p_0}})} \tag{21}$$

Bei der Auftragung von $\frac{^{p}/_{p_0}}{n_\mathrm{a}(1 - {^{p}/_{p_0}})}$ als Ordinate gegen den Relativdruck $^{p}/_{p_0}$ als Absizze wird bei der Mehr-Punkt-Variante eine Ausgleichsgerade y = a + bx im Bereich der Relativdrücke zwischen 0,05 und 0,3 gelegt. Daraus kann die Monoschichtkapazität n_m aus dem Ordinatenabschnitt a und dem Anstieg b der Ausgleichsgerade über Gleichung (22) bestimmt werden.

$$n_\mathrm{m} = \frac{1}{a+b} \tag{22}$$

Die spezifische Oberfläche a_s der Probe ergibt sich aus der bestimmten Monoschichtkapazität n_m, dem molekularen Flächenbedarf eines Stickstoffmoleküls in einer vollständigen Monoschicht a_m von 0,162 nm² sowie der Avogadro-Konstante N_A mit $6{,}022 \cdot 10^{23}$ mol^{-1} (Gleichung (23)).

$$a_\mathrm{s} = n_\mathrm{m} \cdot a_\mathrm{m} \cdot N_\mathrm{A} \tag{23}$$

3.9 Dichtebestimmung

Die äußere Dichte wird über die Abmessung der gesinterten Proben (Höhe, Dicke) bestimmt. Bei der Messung der inneren Dichte der gesinterten Proben wird das Archimedes-Verfahren nach DIN EN 993-1:1995-04 [117] und DIN EN 993-2:1995-04 [118] genutzt. Dabei wird die Probe trocken gewogen und anschließend in eine Referenzflüssigkeit (Wasser) mit bekannter Dichte gegeben. Die innere Dichte $\rho_\mathrm{innere\ Dichte}$ lässt sich über den Auftrieb der Probe und der damit ermittelten Masse des verdrängten Wassers ermitteln (Gleichung (24)).

$$\rho_\mathrm{innere\ Dichte} = \frac{m_\mathrm{trocken}}{m_\mathrm{trocken} - m_\mathrm{Auftrieb}} \cdot \rho_\mathrm{Wasser} \tag{24}$$

Wird zusätzlich die Feuchtmasse m_feucht gemessen, also jene Masse bei der die äußeren Poren der Probe mit Wasser gefüllt sind, kann die äußere Dichte und offene Porosität bestimmt werden (Gleichung (25)). Im Weiteren wird, wenn nicht anders angegeben, die äußere Dichte angegeben.

$$\rho_{\text{äußere Dichte}} = \frac{m_{\text{trocken}}}{m_{\text{feucht}} - m_{\text{Auftrieb}}} \cdot \rho_{\text{Wasser}} \qquad (25)$$

3.10 Ramanspektroskopie

Für die qualitative lokal aufgelöste Bestimmung von Kohlenstoff im Gefüge wurden Schliffe von gesinterten Proben mittels Ramanspektroskopie untersucht. Die Ramanuntersuchungen erfolgten an einem konfokalen Microraman-Spektrometer LabRAM HR Vis der Firma HORIBA Jobin Yvon mit einem 100× Long-Distance-Planobjektive (LWD) und einem Cobalt Blues™ Laser mit einer Wellenlänge von 473 nm im Wellenzahlbreich von 100 bis 2000 cm^{-1} mit 5× Akkumulationen. Das Messinstrument wurde mit einem Silicium Standardwafer und der Bande bei einer Wellenzahl von 520,7 cm^{-1} kalibriert.

Die Ramanspektroskopie an Festkörpern basiert auf der inelastischen Streuung von elektromagnetischer Strahlung an Atomen, die eine Eigenschwingung ausführen (Raman-Streuung). Bei dem Streuvorgang kann die Energie des eingestrahlten (meist monochromatischen) Lichts geringer (Stokes-Raman-Streuung) oder höher (Anti-Stokes-Raman-Streuung) sein. Die Energiedifferenz bzw. die Frequenzdifferenz (Raman-Verschiebung) des eingestrahlten Lichts zum inelastisch gestreuten Licht entspricht den gequantelten Anregungsenergien von Schwingungen und ist im Festkörper Gitterschwingungen (Phononen), Elektronen-Loch-Anregungen oder Spinflip-Prozessen zu zuordnen. Die gemessenen Frequenzdifferenzen entsprechen charakteristischen Energien von Phononen, die abhängig von Kristallstruktur, atomarer Zusammensetzung und den Bindungszuständen sind.

3.11 Ermittlung des spezifischen elektrischen Widerstands und des Seebeck-Koeffizienten

Die Messungen des spezifischen elektrischen Widerstands und des Seebeck-Koeffizienten für die PDC Ti_nO_{2n-1}- sowie die PDC Ti_nO_{2n-1}/TiO_2-Bulkproben erfolgte simultan an dem kommerziell erhältlichen ZEM 3 System der Firma Ulvac im Temperaturbereich zwischen 25 bis maximal 800 °C. Die Probengeometrie betrug 1,5 x 2,0 x 7-10 mm.

Wie in Abbildung 21 gezeigt ist, werden bei der Messung die Proben-Stäbchen senkrecht zwischen zwei Heizer geklemmt (H_1 und H_2). Dabei befindet sich zwischen Heizer und Stäbchen jeweils eine Elektrode (E_1 und E_2). Über 2 Messelektroden (E_3 und E_4) an den Seitenflächen der Stäbchen erfolgt jeweils die Spannungs- und Temperaturmessung (T_1/U_1 bzw. T_2/U_2). Die Bestimmung des elektrischen Widerstandes findet über eine 4-Punkt Messung statt. Dabei wird ein konstanter Strom I längs des Stäbchens aufgebracht (durch E_1 und E_2) und die Spannung U_1 und U_2 an den Messelektroden E_3 und E_4 gemessen.

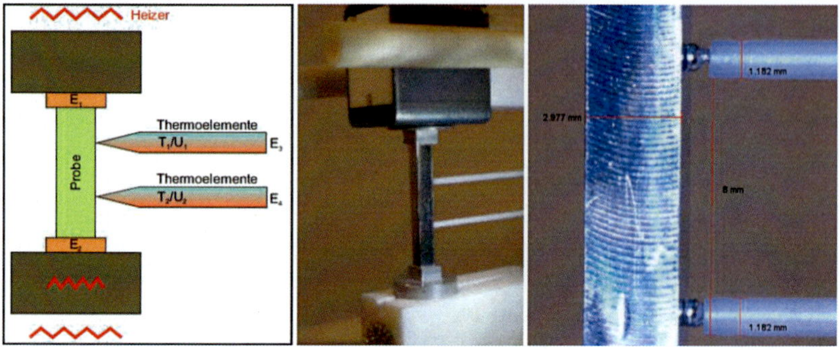

Abbildung 21: Messaufbau des ZEM 3

3.12 Wärmeleitfähigkeitsbestimmung

Für die thermoelektrische Eignung eines Materials sollte die Wärmeleitfähigkeit einen möglichst geringen Wert annehmen. Dabei wird die Wärmeleitfähigkeit aus dem Produkt der Temperaturdiffusivität α, der Dichte ρ und der Wärmekapazität c_p ermittelt (Gleichung (26)). Die verwendeten Wärmekapazitäten für Ti_4O_7 wurden der NIST-Datenbank entnommen (Anhang D) [119]. Die Wahl der verwendeten Wärmekapazitäten wurde entsprechend der Phasen-zusammensetzung der PDC Ti_nO_{2n-1} bzw. PDC Ti_nO_{2n-1}/TiO_2 getroffen. Bei Proben mit vorwiegend TiO_2 wurde die bestimmte Wärmekapazität eines TiO_2-Presslings (Kronos 1001) verwendet (Anhang D Abbildung 77). Dabei wurde die Dynamische Scanning Kalorimetrie (DSC) Methode zur Bestimmung der Wärmekapazität im Temperaturbereich von Raumtemperatur bis 1100 °C mit einer Heizrate von 20 $Kmin^{-1}$ am Gerät DSC 4004 C von der Firma Netzsch eingesetzt. Bei Proben mit Magnéli-Phasen zwischen Ti_4O_7 und TiO_2 wurde die Wärmekapazität c_p von Ti_4O_7 gewählt um keine Verbesserung der Wärmeleitfähigkeit und somit Begünstigung des Gütefaktors ZT über die geringere Wärmekapazität c_p für TiO_2 einzubringen.

$$\kappa = c_p \cdot \alpha \cdot \rho \tag{26}$$

Die Temperaturdiffusivität α wurde mit der Laserflashmethode am Gerät LFA 457 Microflash der Firma Netzsch bestimmt. Dazu wird eine Probe mit quadratischer Grundfläche (8 mm x 8 mm) und definierter Dicke (0,5 mm – 1,5 mm) präpariert. Als Heizquelle dient ein kurzer Laserpuls, welcher die Probe einseitig erwärmt. Infrarotdetektoren erfassen auf der Probenrückseite den Verlauf der Erwärmung und ermöglichen anschließend über mathematische Modelle die Bestimmung der Temperaturdiffusivität α.

4 EXPERIMENTALTEIL

Der in dieser Arbeit untersuchte Herstellungsprozess von Ti_nO_{2n-1} basiert auf der Synthese über Precursoren, die bei einer Wärmebehandlung unter inerter Atmosphäre (= Pyrolyse) TiO_x ($x \leq 2$) bilden. Dafür ist eine grundlegende Voraussetzung die Zersetzung der Precursoren während der Pyrolyse anstatt einer Verdampfung. Beginnend mit dem häufig eingesetzten Titanalkoxid Titantetraisopropanolat (TTIP) bedeutet dies im ersten Schritt eine Modifikation der Liganden, um eine thermische Zersetzung statt einer Verdampfung des Precursors zu bewirken. Diese Liganden sollten eine Vernetzung bzw. Oligomerisierung der einzelnen Titanalkoxide bewirken. Dies wird durch den Einsatz von Chelatliganden realisiert. Demgegenüber steht die Löslichkeit der herzustellenden Ti_nO_{2n-1}-Precursoren die neben einer besseren Verarbeitung die Homogenisierung mit TiO_2-Pulver (PDC Ti_nO_{2n-1}/TiO_2-Proben Kapitel 4.2) ermöglicht. Zudem kann ein löslicher Ti_nO_{2n-1}-Precursor für Schichtherstellung auf verschiedensten Substraten oder als Tinte für den Aufbau kleinster Strukturen (Drucktechnologien) eingesetzt werden. Die folgenden Precursorsynthesen finden nach einer Ligandenaustauschreaktion von den Alkoxidgruppen (Isopropanolat) des eingesetzten Titanalkoxides (Titantetraisopropanolat) durch Chelatliganden statt. Anschließend wurden Löslichkeitsuntersuchungen durchgeführt und die Phasenzusammensetzung nach der Pyrolyse untersucht, um geeignete Precursoren zu evaluieren.

Probenbezeichnung:

Die Precursoren werden in zwei Gruppen unterschieden - basierend auf C-H-O-Chelatliganden – (O,O)-Precursoren und C-H-O-N-Chelatliganden – (N,O)-Precursoren. Diese werden bezüglich des Ligandtyps mit einer laufenden Nummer und dem Verhältnis von Ligand zu Titan (Zentralatom) $n_{Ligand} : n_{Ti}$ mit a für 1:1 und b für 2:1 (Ausnahme auch 2,5:1) gekennzeichnet. Somit kann aus der Precursorbezeichnung (O,O)-1a entnommen werden, dass es sich um einen Precursor mit C-H-O-Liganden der Nummer 1 im Verhältnis $n_{Ligand} : n_{Ti}$ von 1:1 handelt.

Ligand (laufende Nummer je Precursorgruppe)

(O,O)-1a

(N,O)-2b

$n_{Ligand}:n_{Ti}$ mit a für 1:1, b für 2:1 (Ausnahme 2.5:1)

Precursorgruppe

(O,O) - C-H-O Ligand

(N,O) - C-H-O-N Ligand

Abbildung 22: Probenbezeichnung der Precursoren

Aufgrund der Probenvielfalt werden pyrolysierte und gesinterte Proben nach dem Schema x.y bezeichnet. X und y sind laufende Nummern, die den ursprünglichen Precursor (x) und verschiedene Pyrolysebehandlungen (y) kennzeichnen. Zudem wird "a" für pyrolysierte und "b" für zusätzlich gesinterte Proben beigefügt. Die vollständige Probenübersicht ist in Anhang E zu finden.

4.1 Synthese der Precursoren

Es wurden 10 Precursoren aus Titantetraisopropanolat (TTIP) und Glycerol (Gly), 2,4-Pentandion (Pen), 2-Aminoethanol/2-Methoxyethanol (AE/MOE), Methylethanolamin (MEA) oder Triethanolamin (TriEA) im Stoffmengenverhältnis n_{Ligand} :n_{Ti} von 1:1 bzw. 1:2 synthetisiert, wie in Tabelle 2 aufgelistet ist (Ausnahme: TriEA mit n_{Ligand}:n_{Ti} Verhältnis von 2,5:1). Zudem wurde ein modifizierter Syntheseansatz des (N,O)-1b-Precursors mit der Vanadium-Verbindung Vanadylacetylacetonat (Sigma Aldrich, 98 %, CAS 3153-26-2) durchgeführt.

Für die Precursorsynthesen wurden Titantetraisopropanolat (Alfa Aesar, > 97 %, CAS 546-68-9), Glycerol (CAS 56-81-5), Chloroform (VWR, Normapur dehydrated < 0,005 %, CAS 67-66-3), 2-Methoxyethanol (Sigma Aldrich, wasserfrei, 99,8 %, CAS 109-86-4), 2-Aminoethanol (Sigma Aldrich, ≥ 98 %, CAS 141-43-5), 2-(Methylamino)ethanol (Sigma Aldrich, ≥ 98 %, CAS 203-710-0), Triethanolamin (Sigma Aldrich, ≥ 99 %, CAS 102-71-6) und 2,4-Pentandion (Sigma Aldrich, ReagentPlus®, ≥ 99 %, CAS 123-54-6) verwendet. Die verwendeten Lösungsmittel Hexan und Toluol wurden über Al_2O_3 getrocknet. Synthese und Lagerung erfolgte ausschließlich unter Argon-Atmosphäre mittels Schlenktechnik und einer Glovebox. In Tabelle 2 sind die hergestellten Precursoren und deren Synthesehandling (Ausbeute, Skalierbarkeit, Aufwand) zusammengefasst.

Tabelle 2: Übersicht der hergestellten Precursoren

Ligand	Stoffmengenverhältnis $n_{Ligand} : n_{Ti}$ 2:1	Precursorbezeichnung	Synthesehandling
Glycerol	1:1	(O,O)-1a	✓
	2:1	(O,O)-1b	○
2,4-Pentandion	1:1	(O,O)-2a	✓
	2:1	(O,O)-2b	○
2-Aminoethanol	1:1	(N,O)-1a	✓
	2:1	(N,O)-1b	✓
2-Methyl-aminoethanol	1:1	(N,O)-2a	✓
	2:1	(N,O)-2b	✓
Triethanolamin	1:1	(N,O)-3a	○
	2,5:1*	(N,O)-3b	✓
2-Aminoethanol + Vanadylacetylacetonat		(N,O,V)-1	✓

* Stoffmengenverhältnis $n_{Ligand} : n_{Ti}$ von 2,5 : 1

○ Geringe Synthesequalität der Precursoren bzw. Unlöslichkeit führt zum Ausschluss dieser Precursoren bereits nach der Synthese und werden im Weiteren nicht mit aufgeführt.

(O,O)-1a-Precursor

Zu 100 ml Chloroform wurden gleichzeitig tropfenweise 35,14 g (0,1236 mol) Titantetraisopropanolat und 11,18 g (0,1214 mol) Glycerol innerhalb von 15 min zugegeben. Die Lösung wurde bei einer Temperatur von 70 °C für 1 h unter Rückfluss gerührt. Eine leicht trübe gelbliche Lösung entstand. Nach der Trocknung bei einer maximalen Temperatur von 50 °C unter reduziertem Druck wurde ein weißes Pulver erhalten. Die Ausbeute betrug 26,49 g.

(O,O)-2a-Precursor

In einem Kolben wurde 9,34 g (0,0325 mol) Titantetraisopropanolat vorgelegt und anschließend 45 ml Hexan und 3,513 g (0,0351 mol) 2,4-Pentandion tropfenweise hinzugefügt. Die Lösung wurde 1 h bei einer Temperatur von 80 °C unter Rückfluss gerührt. Nach der Trocknung bei einer maximalen Temperatur von 60 °C unter reduziertem Druck wurde ein orange-rotes Pulver erhalten. Die Ausbeute betrug 11,05 g.

(N,O)-1a-Precursor

In einem Kolben mit 9,34 g (0,0329 mol) Titantetraisopropanolat wurde 45 ml Hexan vorgelegt und 2,01 g (0,0329 mol) 2-Aminoethanol tropfenweise zugegeben. Die Lösung wurde 1 h bei einer Temperatur von 75 °C unter Rückfluss gerührt. Anschließend erfolgte unter reduziertem Druck und einer stetig ansteigenden Temperatur bis zu 120 °C die Trocknung bis ein weißer Feststoff entstand. Die Ausbeute betrug 9,26 g.

(N,O)-1b-Precursor

In einem Kolben mit 327,2 g (1,1512 mol) Titantetraisopropanolat wurden 510 ml 2-Methoxyethanol und 142,02 g (2,3251 mol) 2-Aminoethanol tropfenweise hinzugefügt. Die Lösung wurde 2 h bei RT und anschließend unter reduziertem Druck und einer stetig ansteigenden Temperatur bis zu 70 °C gerührt und getrocknet bis ein tiefrotes hochviskoses Gel entstand. Die Ausbeute betrug 372 g.

(N,O)-2a-Precursor

In einem Kolben wurde 16,05 g (0,0565 mol) Titantetraisopropanolat vorgelegt und anschließend 85 ml Toluol und 4,3 g (0,0572 mol) 2-Methylaminoethanol tropfenweise hinzugegeben. Die Lösung wurde bei einer Temperatur von 130 °C für 1 h unter Rückfluss gerührt und nachfolgend bei einer Temperatur von 45 °C unter reduziertem Druck getrocknet. Nach der Trocknung wurde ein gelbes Gel erhalten. Die Ausbeute betrug 10,25 g.

(N,O)-2b-Precursor

In einem Kolben mit 14,05 g (0,0494 mol) Titantetraisopropanolat wurden 60 ml Toluol und 7,11 g (0,09467 mol) 2-Methylaminoethanol tropfenweise hinzugefügt. Die Lösung wurde bei einer Temperatur von 130 °C für 1 h unter Rückfluss gerührt und anschließend bei einer Temperatur von 45 °C unter reduziertem Druck getrocknet. Nach der Trocknung wurde ein weiß-gelber Feststoff erhalten, der nach der Umkristallisation weiß war. Die Ausbeute betrug 16,25 g.

(N,O)-3a-Precursor

In einem Kolben wurde 8,74 g (0,03075 mol) Titantetraisopropanolat vorgelegt zu dem anschließend 10 ml 2-Methoxyethanol und 4,59 g (0,03075 mol) Triethanolamin tropfenweise hinzugefügt wurden. Die Lösung wurde bei einer Temperatur von 80 °C für 1 h unter Rückfluss gerührt und nachfolgend bei einer Temperatur von 80 °C unter reduziertem Druck getrocknet. Nach der Trocknung wurde ein gelbes Gel erhalten. Die Ausbeute betrug 8,27 g.

(N,O)-3b-Precursor

In einem Kolben mit 9,55 g (0,0336 mol) Titantetraisopropanolat wurden 10 ml 2-Methoxyethanol und 12,36 g (0,0828 mol) Triethanolamin tropfenweise hinzugefügt. Die Lösung wurde bei einer Temperatur von 130 °C für 1 h unter Rückfluss gerührt bis ein klares gelbes Gel entstand. Anschließend erfolgte die Trocknung bei einer Temperatur von 60 °C unter reduziertem Druck bis ein erstarrtes klares gelbes Gel erhalten wurde. Die Ausbeute betrug 13,64 g.

(N,O,V)-1-Precursor

In einem Kolben mit 20 g (0,0704 mol) Titantetraisopropanolat und 1 g (0,0038 mol) Vanadylacetylacetonat wurden 32 ml 2-Methoxyethanol und 9,08 g (0,1487 mol) 2-Aminoethanol tropfenweise hinzugefügt. Die Lösung wurde 1 h bei einer Temperatur von 110 °C unter Rückfluss gerührt. Nach der Trocknung bei einer maximalen Temperatur von 75 °C unter reduziertem Druck wurde ein grünliches Pulver erhalten. Die Ausbeute betrug 22,82 g.

4.2 Herstellung von PDC Ti_nO_{2n-1}/TiO_2

Für die Herstellung von PDC (precursor-derived ceramic) Ti_nO_{2n-1}/TiO_2 wurden folgende TiO_2-Pulver verwendet: Anatas-Pulver (Kronos 1001), Rutil-Pulver (Kronos 2500) und Anatas-Nanopulver (Iolitec NO-0038-HP). Zur Übersicht werden die Pulver im Folgenden anstelle ihres Herstellernamens durch die TiO_2-Modifikation und angegebene Partikelgröße bezeichnet (Tabelle 3).

Tabelle 3: Herstellerangaben der eingesetzten TiO_2-Pulver

Probenname	Anatas-20	Anatas-200	Rutil-200
Herstellername	io-li-tec NO-0038-HP	Kronos 1001	Kronos 2500
Partikelgröße (d_{50})	20 nm	200 nm	200 nm
Modifikation	Anatas	Anatas	Rutil
Beschichtung	keine	keine	Aluminium haltig, Organik (Summe < 2,5 Ma-%)

Der (O,O)-1a-Precursor wurde in verschiedenen Massegehalten von 25 - 57 Ma-% mit 8 g TiO_2-Pulver unter Inertatmosphäre in 80 ml Chloroform für 1 h bei einer Temperatur von 70 °C unter Rückfluss gerührt. Anschließend erfolgte die Abkühlung auf eine Temperatur von 40 °C und das Abziehen des Lösungsmittels unter Rühren, Ultraschallbehandlung und stufenweiser Reduzierung des Druckes (ca. 50 mbar/10 min) bis zu einem Endvakuum von $3\cdot10^{-1}$ mbar. Nach der Trocknung wurde ein feines weißes Pulver erhalten.

Der (N,O)-1b-Precursor wurde in verschiedenen Massengehalten von 40 bzw. 57 Ma-% mit 20 g TiO_2-Pulver unter Inertatmosphäre in 200 ml Chloroform für 1 h bei einer Temperatur von 70 °C unter Rückfluss gerührt. Anschließend erfolgte die Abkühlung auf eine Temperatur von 40 °C und das Abziehen des Lösungsmittels unter Rühren, Ultraschallbehandlung und stufenweiser Reduzierung des Druckes (~ 50 mbar/10 min) bis zu einem Endvakuum von $3\ 10^{-1}$ mbar. Nach der Trocknung wurde abhängig vom Precursorgehalt eine hochviskose bis pulvrige weiße Masse erhalten.

In Tabelle 4 sind die einzelnen Precursor/TiO_2-Kombinationen bezüglich des Precursorgehalts, des verwendeten TiO_2-Pulvers und die dazugehörige Mengenangabe des Precursors zusammengefasst.

Die beschriebenen Precursor/TiO_2-Mischungen wurden für die PDC Ti_nO_{2n-1}/TiO_2-Herstellung verwendet. Die Lagerung und Handhabung der Precursoren und Precursor/TiO_2-Mischungen erfolgte unter Inertatmosphäre (Glovebox, Schlenktechnik), um eine Reaktion mit Luft auszuschließen.

Tabelle 4: Zusammenfassung der untersuchten Precursor/TiO_2-Mischungen

Precursor	Masse des Precursor (g)	Precursorgehalt (Ma-%)	TiO_2-Pulver	Proben-Nr.
(O,O)-1a	10,66	57	Anatas-200	3.6 – 3.9
			Ruilt-200	3.16, 3.17
			Anatas-20	3.14, 3.15
	5,33	40	Anatas-200	3.12, 3.13
			Ruilt-200	3.20, 3.21
			Anatas-20	3.18, 3.19
	2,67	25	Anatas-200	3.10, 3.11
(N,O)-1b	26,66	57	Anatas-200	4.12
	13,35	40	Anatas-200	4.8, 4.9, 4.29, 4.31

4.3 Vergleichsexperimente TiO_2/C

Um die Darstellung von Ti_4O_7 über die konventionelle karbothermische Reduktion mit der hier vorgestellten Precursorroute zu vergleichen, wurden Vergleichsexperimente durchgeführt (Proben-Nr. 5.y, Anhang E Tabelle 33).

17 g TiO_2 (Kronos 1001) und 12,46 g Stärkebinder (Optapix CS 76 von Zschimmer & Schwarz) (entspricht einem Kohlenstoffanteil nach Pyrolyse von 15 Ma-%) wurden in einer Planetenkugelmühle homogenisiert. Analog dazu wurde eine Mischung mit 15 Ma-% Carbon Black (SuperP® von TIMCAL) angesetzt.

19,5 g TiO_2 und 1,99 g Stärkebinder (2,5 Ma-% Kohlenstoffanteil entsprechen der Differenz des Kohlenstoffanteils zwischen den Abbruchpyrolysen nach 350 °C und 1050 °C) wurden in einer Planetenkugelmühle homogenisiert. Analog dazu wurde eine Mischung mit 2,5 Ma-% Carbon Black angesetzt.

4.4 Pyrolyse

Die Zersetzung des organischen Precursors zu den gewünschten anorganischen Titanoxiden erfolgt in reiner Form oder mit TiO_2-Beimengung während der Pyrolyse in einem Rohrofen (Carbolite CTF 12/65/550) mit einer speziellen Glasapparatur, die eine Beladung in der Glovebox sowie eine vollständige Handhabung unter Luftausschluss ermöglicht. Für die Evaluierung geeigneter Ti_nO_{2n-1}-Precursoren wurden Pyrolysen mit jeweils angepasstem Temperaturregime anhand der thermoanalytischen Ergebnisse durchgeführt (Abbildung 23).

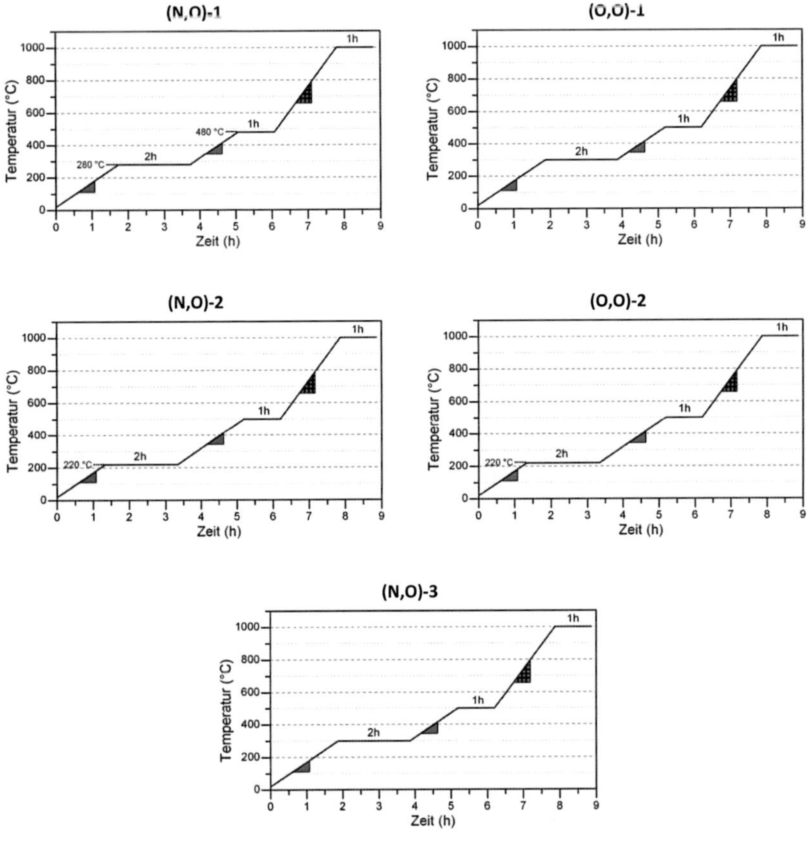

Abbildung 23: Temperaturregime für die untersuchten Precursoren mit Heizraten von 2,5 $Kmin^{-1}$ (hellgrau) und 5 $Kmin^{-1}$ (grau kariert)

Mit den ausgewählten Precursoren (O,O)-1a und (N,O)-1b wurden Abbruchpyrolysen mit zwei verschiedenen Pyrolyseregimen mit unterschiedlichen Maximal-Temperaturen in Argon (wenn nicht anders angegeben 5 lh^{-1}) durchgeführt (Abbildung 24). Die verschiedenen Pyrolysevariationen des (O,O)-1a- und (N,O)-1b-Precursors sind in Tabelle 5 bzw. Tabelle 6 zusammengefasst. Dabei wurde jeweils 1 h bei Maximal-Temperatur gehalten. Bei dem (N,O)-1b-Precursor wurde zudem der

Atmosphäreneinfluss (Typ: Argon, Varigon, Ammoniak; Flussrate: 5 - 12 lh^{-1}) sowie die Haltezeiten bei maximaler Temperatur untersucht (Tabelle 6).

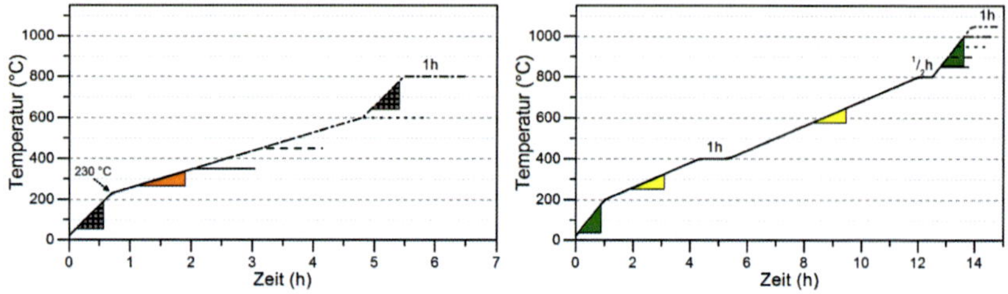

Abbildung 24: Heizprofile der Pyrolyseprogramme Pyro1 und Pyro2 (grau kariert: 5 $Kmin^{-1}$, orange: 1,5 $Kmin^{-1}$, grün: 3 $Kmin^{-1}$, gelb: 1 $Kmin^{-1}$)

Tabelle 5: Pyrolysebedingungen des (O,O)-1a-Precursors

Pyrolyseprogramm	Maximal-Temp. (°C)	Proben-Nr.
Pyro1	350	1.12
	450	1.13
	600	1.14
	800	1.1 – 1.3, 1.6 – 1.11
Pyro2	850	1.18
	900	1.15
	950	1.17
	1000	1.16
	1050	1.20

Die (O,O)-1a-basierten PDC Ti_nO_{2n-1}/TiO_2-Proben wurden mit dem Pyrolyseprogramm Pyro1 mit einer Maximal-Temperatur von 800 °C unter Argon (5 lh^{-1}) pyrolysiert. Der Einfluss höherer Pyrolysetemperaturen auf die Phasenausbildung, besonders nach dem Sintern, wurde mit (N,O)-1b-basierten PDC Ti_nO_{2n-1}/TiO_2-Proben mit dem Pyrolyseprogramm Pyro1 bis 800 °C und Pyro2 bei Maximaltemperaturen von 900 und 1050 °C untersucht.

Alle 4 Mischungen der Vergleichsexperimente TiO_2/C wurden analog der Probe Nr. 1.20a mit dem Pyrolyseprogramm Pyro2 bis 1050 °C pyrolysiert.

Tabelle 6: Pyrolysebedingungen des (N,O)-1b-Precursors

Pyrolyse-programm	Maximal-Temp. (°C)	Atmosphäre	Flussrate (lh^{-1})	Haltezeit (h)	Proben-Nr.
Pyro1	350	Ar	5	1	2.1
		Ar/H_2	5	1	2.12*
			15	1	2.10
				21	2.11
		NH_3	12	1	2.17
				12	2.16
	450	Ar	5	1	2.2
	600	Ar	5	1	2.3
		Ar/H_2	15	1	2.13*
		NH_3	12	1	2.20
				12/1	2.19*
	800	Ar	5	1	2.4
		Ar/H_2	5	1	2.14
			15	1	2.15
Pyro2	1050	Ar	5	1	2.9
		NH_3	12	1	2.21

* abweichende Heizraten/Haltezeiten von Pyro1 (siehe Pyro1):
Nr. 2.12: von 230 – 350 °C mit 0,5 $Kmin^{-1}$; Nr. 2.13: von 230 – 600 °C mit 0,5 $Kmin^{-1}$; Nr. 2.19: bei 350 °C 12 h Haltezeit

4.5 Sintern

Das Sintern reiner Precursor-basierter Proben erfolgte druck- und stromunterstützt mittels Spark-Plasma-Sintern (SPS) bzw. feldunterstütztem Sintern (FAST) an der Sinteranlage Dr. Sinter 515S der Firma Synthex Ltd. mit 8 bzw. 10 mm C-Matrizen und C-Folie. Das Sintern fand unter Vakuum mit einem Stempelpressdruck von 60 MPa statt. Der Einfluss verschiedener maximaler Sintertemperaturen (1100 - 1600 °C) mit dem Sinterprogramm Sin1 (Abbildung 25) wurde an 800 °C-pyrolysierten (O,O)-1a-Pulvern untersucht. Zudem wurden die Haltezeiten bei einer Sintertemperatur von 1500 °C von 5 min, 30 min und 4 h (Abbildung 25 Sin2) variiert. Der Einfluss von Mehrfachsintern mit unterschiedlichen Sinterheizregimen (Abbildung 26) auf die Probendichte wurde mit dem (O,O)-1a-Precursor untersucht (Sin3, Sin4). Dabei wurde zwischen den einzelnen Sinterschritten die Probe wieder pulverisiert. Die Pulver vom (N,O)-1b-Precursor wurden mit dem Sinterprogramm Syn3 kompaktiert. Die Einwaage der pyrolysierten Pulver variierte von 0,4 bis 1,1 g.

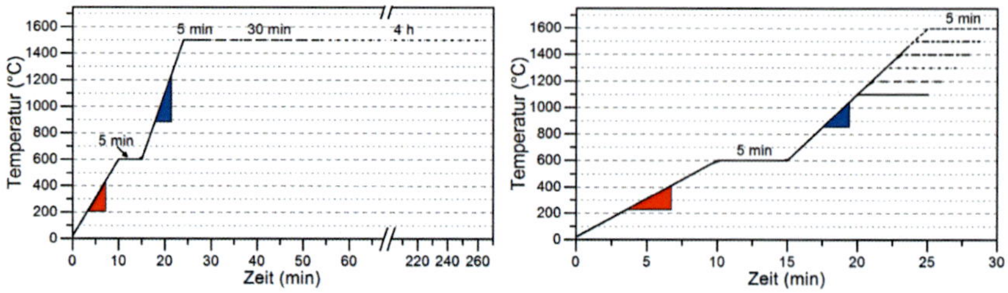

Abbildung 25: Sinterprogramme Sin1 (links) und Sin2 (rechts) mit einer Heizrate von 60 $Kmin^{-1}$ (rot) und 100 $Kmin^{-1}$ (blau)

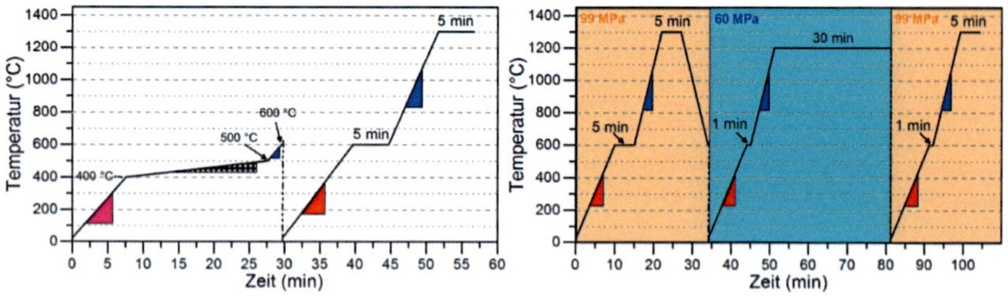

Abbildung 26: Sinterprogramme Sin3 und Sin4 mit einer Heizrate von 5 $Kmin^{-1}$ (grau kariert), 50 $Kmin^{-1}$ (Magenta), 60 $Kmin^{-1}$ (rot) und 100 $Kmin^{-1}$ (blau)

Die (O,O)-1a- und (N,O)-1b-Precursor-basierten PDC Ti_nO_{2n-1}/TiO_2-Pulver wurden an der FAST-Sinteranlage *HPD250C* von *FCT Systeme* mit 20 mm C-Matrizen und C-Folie unter Argon mit einem Pressdruck von 50 MPa und dem Sinterprogramm Sin5 (Abbildung 27) bei einer maximalen Temperatur zwischen 1100 - 1500 °C kompaktiert. Die Einwaage der Proben variierte bei verschiedenen Precursorgehalten von 2,2 - 4 g.

Um Einfluss und Unterschiede verschiedener Öfen (FAST, Heißpresse) beim Sintern zu untersuchen wurden drei Proben von TiO_2 (Kronos1001) unter den folgenden Bedingungen gesintert:

(1) Sinterprogramm Sin5 bis 1100 °C, 1300 °C und 1500 °C in der SPS *HPD250C* von *FCT Systeme* (20 mm C-Matrizen, C-Folie, Argon, Pressdruck: 50 MPa)
(2) 20 $Kmin^{-1}$ auf 1500 °C und 15 min halten in der Heißpresse (HPW 200/250-2200-180 (30 mm C-Matrize, C-Folie, Argon, Pressdruck: 50 MPa)
(3) Analog vorhergehendem Heißpressen (2) mit Bornitrid-Schlichte auf der dem Pulver zugewandte Seite der Graphitfolie um Kohlenstoffdiffusion aus der Folie zu unterbinden

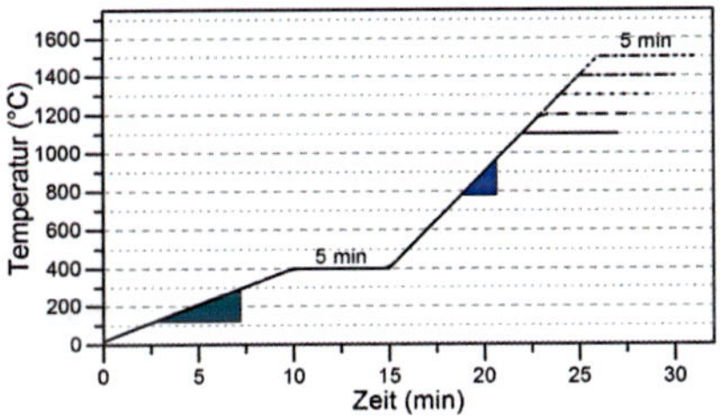

Abbildung 27: Sinterprogramm Sin5 mit einer Heizrate von 40 $Kmin^{-1}$ (dunkel cyan) und 100 $Kmin^{-1}$ (blau)

5 ERGEBNISSE UND DISKUSSION

5.1 Entwicklung von Precursoren zur Darstellung von Ti_nO_{2n-1} über Precursoren

5.1.1 Evaluierung geeigneter Ti_nO_{2n-1}-Precursoren

Die Darstellung von Ti_nO_{2n-1} über Precursoren wird über eine Ligandenaustauschreaktion des Titantetraisopropanolats (TTIP) realisiert. Ohne eine gezielte Änderung der Komplexstruktur des TTIP würde dies bei einer Temperatur von 232 °C verdampfen. Die TTIP-Struktur muss soweit verändert werden, damit der daraus hergestellte Precursor eine Zersetzungsreaktion bei Temperaturerhöhung eingeht.

Um eine Evaluierung geeigneter Precursoren durchzuführen, müssen zuerst Auswahlkriterien formuliert werden, die eine Bewertung der Precursoren ermöglicht. Ein wichtiges Kriterium für einen geeigneten Precursor ist die Darstellung von Ti_nO_{2n-1} ($4 \leq n \leq 10$). Jedoch muss die keramische Ausbeute η_k und die Eigenschaften der Precursoren bezüglich Handhabbarkeit und Weiterverarbeitung (z. B. Löslichkeit) mit betrachtet werden. Aufgrund schwierig handhabbarer Produkte, beispielsweise durch die Entstehung eines festen Gels, reduzierte sich die Precursorauswahl auf sieben Precursoren (Tabelle 2), die thermoanalytisch und röntgenografisch untersucht wurden.

In Abbildung 28 sind die Massen der sechs Precursoren über die Temperatur aufgetragen und in Tabelle 7 bezüglich der Phasenzusammensetzung und der keramischen Ausbeute zusammengefasst. Die keramischen Ausbeuten aller Precursoren unter Ausnahme vom (O,O)-1a-Precursor liegen im Bereich zwischen 20,7 und 26,2 %. Der (O,O)-1a-Precursor weist die höchste keramische Ausbeute mit 42,9 % auf. Bei genauer Betrachtung der thermogravimetrischen Ergebnisse wird deutlich, dass die Masse der Precursoren (O,O)-2a, (N,O)-1a und (N,O)-2b zwischen einer Temperatur von 50 - 130 °C bereits sinkt. Dies ist auf das Verdampfen der Lösungsmittel ((O,O)-2a: Hexan – $\vartheta_{Sdp.}$ = 69 °C, (N,O)-1a: MOE – $\vartheta_{Sdp.}$ = 124 °C, (N,O)-2b: Toluol – $\vartheta_{Sdp.}$ = 584 °C) zurückzuführen. Alle in Abbildung 28 dargestellten TG-Kurven zeigen im Bereich zwischen 150 - 400 °C eine starke

Masseänderung an. Diese ist bei dem (O,O)-1a- und (N,O)-1b-Precursor mit einer sehr hohen Masseänderungsrate (steiler Abfall der TG-Kurve) im Vergleich zu den anderen Precursoren gekennzeichnet. Es ist zu vermuten, dass die Precursoren mit einer geringeren Masseänderungsrate teilweise verdampfen. Aufgrund der niedrigen keramischen Ausbeute des (N,O)-3b-Precursors von 20,7 % ist dieser Precursor als Ti_nO_{2n-1}-Precursor nicht geeignet. Ein vielversprechender Precursor mit der hohen keramischen Ausbeute von 42,9 % stellt der (O,O)-1a-Precursor dar.

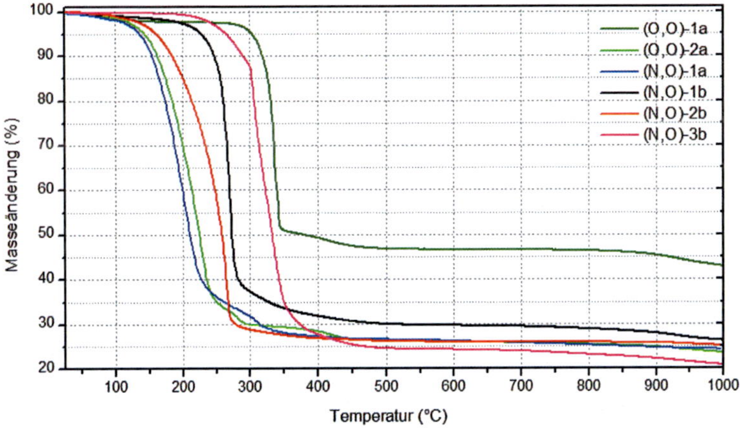

Abbildung 28: Masseänderung der verschiedenen Precursoren über die Temperatur

Die röntgenografischen Ergebnisse, die in Tabelle 7 zusammengefasst sind, bestätigen mit den dominierenden Phasen Ti_2O_3, Ti_3O_5 die Möglichkeit der in dieser Arbeit synthetisierten Precursoren TiO_x ($x < 2$) herzustellen. Der (N,O)-3b-Precursor, der neben Ti_2O_3, Ti_3O_5 sogar Ti(C,O) ausbildet, eignet sich weniger für die Darstellung von Ti_nO_{2n-1}, aber für stärker reduzierte Phasen bis hin zum Ti(C,O). Die gewünschten Magnéli-Phasen werden über das verwendete Pyrolyseprogramm nicht erhalten. Dies bedingt im Weiteren eine genauere Betrachtung der Pyrolysevorgänge (Kapitel 5.1.3) und deren Optimierung (Kapitel 5.1.4). Die (N,O)-Precursoren sollten im Vergleich zu den (O,O)-Precursoren die Darstellung von stickstoffhaltigen TiO_x ermöglichen. Dies ist von Interesse, da Magnéli-Phasen mit eingebautem Stickstoff eine Verbesserung der thermoelektrischen Performanz zeigen [32, 33]. Jedoch konnte mittels EDXS- und Elementaranalysen kein Stickstoff nachgewiesen werden.

Die untersuchten Precursoren aus Titantetraisopropanolat und verschiedenen Chelatliganden in Abhängigkeit von ihrer Struktur und chemischen Zusammensetzung stellen single-source Precursoren für die Herstellung unterschiedlicher TiO_x-Phasen dar. Aus den Evaluierungsuntersuchungen herausgestellte (O,O)-1a- und (N,O)-1b-Precursoren werden zur Darstellung von PDC Ti_nO_{2n-1} für weitere Untersuchungen ausgewählt.

Tabelle 7: Zusammenfassung der thermoanalytischen und röntgenografischen Ergebnisse der untersuchten Precursoren

Precursorbezeichnung	Ligand	Verhältnis TTIP : Ligand	keramische Ausbeute η_k* (%)	Phasenzusammensetzung
(O,O)-1a	Gly	1:1	42,9	Ti_2O_3, Ti_3O_5, TiO_2#
(O,O)-2a	Pen	1:1	23,5	Ti_2O_3, Ti_3O_5
(N,O)-1a	AE(MOE)	1:1	24,2	
(N,O)-1b		1:2	26,2	Ti_2O_3, Ti_3O_5, TiO_2#
(N,O)-2a	MEA	1:1	-	Ti_2O_3, Ti_3O_5, Ti_4O_7, TiO_2#
(N,O)-2b		1:2	25,1	
(N,O)-3b	TriEA	1:2,5	20,7	Ti_2O_3, Ti_3O_5, Ti(C,O)

* Ermittelt aus thermogravimetrischen Untersuchung bei einer Temperatur von 1000 °C

\# Oberflächennahes TiO_2 durch die Reaktion von dem im 5.0 Argon vorliegendem Wasser und Sauerstoff

5.1.2 Precursorstruktur

Im Weiteren wird exemplarisch für den (O,O)-1a-Precursor die Ermittlung einer hypothetischen Precursorstruktur diskutiert. Aufgrund der vielen Koordinationsmöglichkeiten des Precursors in Abhängigkeit der Koordinationszahl, Zähnigkeit der Liganden, Anzahl an Liganden und Oligomerisierung kann auf Basis der Untersuchungsergebnisse nur eine von vielen möglichen hypothetischen Precursorstrukturen vorgestellt werden. Zur Ermittlung einer hypothetischen Precursorstruktur werden zuerst auf Grundlage einer Berechnung hypothetische Precursor-Summenformeln ermittelt. Dabei wird der chemische Aufbau des Precursors (Oligomerisierung, Liganden, Zähnigkeit der Liganden, Koordinationszahl) und der gemessene Kohlenstoffanteil des Precursors von 38,5 Ma-% berücksichtigt. Eine Eingrenzung auf eine hypothetisch berechnete Summenformel erfolgt nach Einbezug der Pyrolyseinformationen (Kohlenstoffanteil nach der Pyrolyse, Phasenzusammensetzung und Ausbeute). Aus der FT-IR-Spektroskopie ermittelten vorliegenden Bindungen im Precursor wird unter Modifizierung der berechneten Precursor-Summenformel eine hypothetische Precursorstruktur vorgestellt.

Grundlage zur Ermittlung hypothetischer Precursor-Summenformeln

Der Precursor setzt sich zusammen aus Zentralatom(en) des Titans mit der Oxidationsstufe +4 (andere Oxidationsstufen sind rein theoretisch für Titan möglich, werden jedoch in diesem Fall ausgeschlossen) und den Liganden Glycerol bzw. Isopropanol (Abbildung 29). Die Koordinationsmöglichkeiten des Precursors in Abhängigkeit der Koordinationszahl des Titans, Zähnigkeit der Liganden und Anzahl an Liganden werden für eine Berechnung möglicher Summenformeln eingeschränkt. Es werden ganzzahlige Werte für die Koordinationszahl k von 4, 5 und 6 sowie der Zähnigkeit des Glycerols z von 1, 2 und 3 angenommen. Dies bedeutet, dass die Koordinationszahl des Titans in oligomerer Precursorstruktur einheitlich ist. Als weitere Precursorinformation geht der gemessene Kohlenstoffanteil $w_{Prec}(C)$ von 38,5 Ma-% in die Berechnungsgrundlage ein.

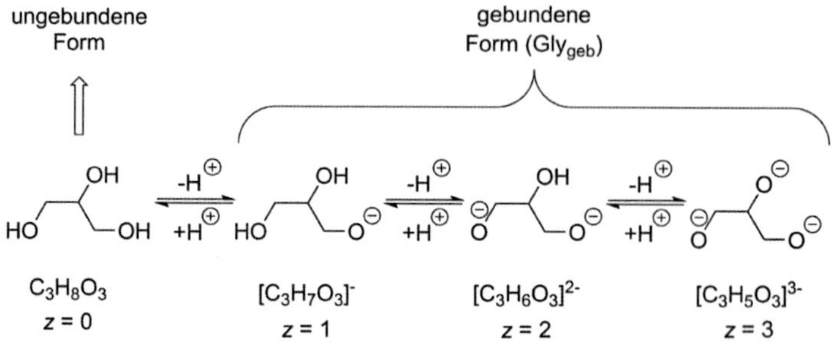

a: Glycerol

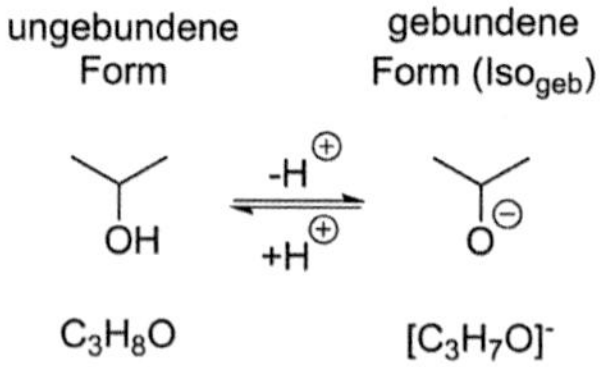

b: Isopropanol

Abbildung 29: Strukturen und Summenformeln der möglichen Liganden des (O,O)-1a-Precursors

Der Kohlenstoffanteil des Precursors $w_{\mathrm{Prec}}(\mathrm{C})$ (in Ma-%) ist das Verhältnis aus der Masse des vorliegenden Kohlenstoffs des Precursors $m(\mathrm{C_{Prec}}) = M(\mathrm{C_{Prec}}) \cdot n(\mathrm{C_{Prec}})$ zu der Gesamtmasse des Precursors $m_{\mathrm{Prec}} = M_{\mathrm{Prec}} \cdot n_{\mathrm{Prec}}$ mit $n(\mathrm{C_{Prec}}), n_{\mathrm{Prec}} = 1\,\mathrm{mol}$. Daraus ergibt sich für $w_{\mathrm{Prec}}(\mathrm{C})$ Gleichung (27).

$$w_{\mathrm{Prec}}(\mathrm{C}) = \frac{M(\mathrm{C_{Prec}}) \cdot n(\mathrm{C_{Prec}})}{M_{\mathrm{Prec}} \cdot n(\mathrm{Prec})} \cdot 100 \qquad [\text{Ma-\%}] \tag{27}$$

Die Molmasse des im Precursor vorhandenen Kohlenstoffs $M(\mathrm{C_{Prec}})$ setzt sich zusammen aus der Molmasse des Kohlenstoffs der Isopropanolat-Liganden $M(\mathrm{C_{Iso}})$ und der Glycerol-Liganden $M(\mathrm{C_{Gly}})$ (Gleichung (28) - (30)). Dabei ist $M(\mathrm{C_{Prec}})$ abhängig von der Anzahl an C-Atomen in den Liganden (je drei) und der Anzahl an Glycerol- bzw. Isopropanolat-Liganden g bzw. i pro Zentralatom. Dabei ist die Anzahl an Glycerol-Liganden g abhängig von der Zähnigkeit des gebundenen Glycerols z sowie den freien Koordinationsstellen des Titans k (Gleichung (31)). Aus Gleichung (28) - (31) kann $M(\mathrm{C_{Prec}})$ in Abhängigkeit von k, i und z über Gleichung (32) berechnet werden.

$$M(\mathrm{C_{Prec}}) = M(\mathrm{C_{Gly}}) + M(\mathrm{C_{Iso}}) \tag{28}$$

$$M(\mathrm{C_{Gly}}) = 3 \cdot g \cdot M(\mathrm{C}) \tag{29}$$

$$M(\mathrm{C_{Iso}}) = 3 \cdot i \cdot M(\mathrm{C}) \tag{30}$$

$$g = \left(\frac{k-i}{z}\right) \tag{31}$$

$$M(\mathrm{C}_{Prec}) = 3 \cdot \left(\frac{k-i}{z}\right) \cdot M(\mathrm{C}) + 3 \cdot i \cdot M(\mathrm{C}) \tag{32}$$

g = Anzahl an Glycerol-Liganden
i = Anzahl an Isopropanolat-Liganden
k = Koordinationszahl des Titans
z = Zähnigkeit des Glycerol-Liganden

Die Gesamtmolmasse des Precursors M_{Prec} setzt sich zusammen aus der Molmasse des Titans $M(Ti)$, Anzahl und Molmasse der Isopropanolat-Liganden $i \cdot M(Iso_{\mathrm{geb}})$ und der Glycerol-Liganden $g \cdot M(\mathrm{Gly_{geb}})$ (Gleichung (33)). Dabei ist die Molmasse des gebundenen Glycerols $M(\mathrm{Gly_{geb}})$ abhängig von dessen Zähnigkeit (Abbildung 29, Gleichung (34)). Einsetzen der Gleichung (34) und (31) in Gleichung (33) ergibt M_{Prec} in Abhängigkeit von k, i und z (Gleichung (35)).

$$M_{\mathrm{Prec}} = M(\mathrm{Ti}) + i \cdot M(\mathrm{Iso_{geb}}) + \mathrm{g} \cdot M(\mathrm{Gly_{geb}}) \tag{33}$$

$$M(\mathrm{Gly_{geb}}) = M(\mathrm{Gly_{ungeb}}) - M(\mathrm{H}) \cdot z \tag{34}$$

$$M_{\mathrm{Prec}} = M(\mathrm{Ti}) + i \cdot M(\mathrm{Iso_{geb}}) + (\frac{k-i}{z}) \cdot (M(\mathrm{Gly_{ungeb}}) - M(\mathrm{H}) \cdot z) \tag{35}$$

Durch einsetzen der Gleichung (32) und (35) in Gleichung (27) wird die Gleichung (36) zur Berechnung des Kohlenstoffanteils des Precursors $w_{\mathrm{Prec}}(\mathrm{C})$ in Abhängigkeit der Anzahl an Isopropanolat-Liganden i, der Zähnigkeit des Glycerols z und der Koordinationszahl des Titans k erhalten.

$$w_{\mathrm{Prec}}(\mathrm{C}) = \frac{3 \cdot \left(\frac{k-i}{z}\right) + 3 \cdot i \cdot M(\mathrm{C})}{M(\mathrm{Ti}) + M(\mathrm{Iso_{geb}}) \cdot i + \left(\frac{k-i}{z}\right) \cdot (M(\mathrm{Gly_{ungeb}}) - M(\mathrm{H}) \cdot z)} \cdot 100\% \tag{36}$$

Der gemessene Kohlenstoffanteil von 38,5 Ma-% für den (O,O)-1a-Precursor wird in die Gleichung (36) eingesetzt und nach der Anzahl der Isopropanolat-Liganden i umgestellt (Gleichung (37)).

$$i = \frac{100\% \cdot k \cdot M(\mathrm{C}) + w_{\mathrm{Prec}}(\mathrm{C}) \cdot [-g \cdot M(\mathrm{Ti}) - k \cdot M(\mathrm{Gly}) + k \cdot g \cdot M(\mathrm{H})]}{100\% \cdot 3 \cdot M(\mathrm{C}) \cdot [1-g] + w_{\mathrm{Prec}}(\mathrm{C}) \cdot [g \cdot M(\mathrm{Iso_{geb}}) - M(\mathrm{Gly_{ungeb}}) + g \cdot \mathrm{M(H)}]} \qquad (37))$$

Für die Lösung dieser Gleichung werden ganzzahlige Werte für die Koordinationszahl k von 4, 5 und 6 und der Zähnigkeit des Glycerols z von 1, 2 und 3 eingesetzt. Für g wird die Gleichung (31) verwendet. Die ermittelten Werte (i, g) und die daraus resultierenden hypothetischen Summenformeln sind in Tabelle 8 zusammengefasst.

Zum besseren Verständnis ist in Anhang F ein Rechenbeispiel mit k = 4 und z = 3 für die Berechnung von i und g aufgezeigt.

Tabelle 8: Hypothetische Summenformeln des (O,O)-1a-Precursors

Koordinationszahl k	Zähnigkeit des Glycerols z	Anzahl an Isopropanolat-Liganden i	Anzahl an Glycerol-Liganden g	Summenformel
4	1	1,2	2,8	$TiC_{12}H_{28}O_{9,6}$
	2	1,2	1,4	$TiC_{7,9}H_{17}O_{5,4}$
	3	1,3	0,9	$TiC_{6,5}H_{13,4}O_{4}$
5	1	1	5,0	$TiC_{18}H_{42}O_{15,9}$
	2	1,1	2,4	$TiC_{10,7}H_{22,6}O_{8,4}$
	3	1,1	1,6	$TiC_{8,4}H_{16,3}O_{6}$
6	1	1,1	3,9	$TiC_{15}H_{35}O_{12,8}$
	2	1,2	1,9	$TiC_{9,3}H_{19,8}O_{6,9}$
	3	1,2	1,3	$TiC_{7,4}H_{14,9}O_{5}$

Formulierung einer möglichen hypothetischen Precursorstruktur

Mit Hilfe der Precursorinformationen nach der Pyrolyse über einen Kohlenstoffanteil von 12 Ma-% und einer Phasenzusammensetzung von Ti_2O_3, Ti_3O_5 und TiO_2 ist eine Abschätzung der theoretischen Ausbeuten der hypothetischen Summenformeln möglich. Jedoch wird aufgrund der fehlenden quantitativen Phasenzusammensetzung angenommen, dass das Pyrolyseprodukt (PP) aus 12 Ma-% Kohlenstoff $w_{\mathrm{PP}}(\mathrm{C})$ (mittels AE experimentell ermittelt) und 88 Ma-% aus einer Titanoxidphase TiO_x $w_{\mathrm{PP}}(\mathrm{TiO_x})$ mit x=2, 1,5, 1,66, 1,75 besteht. Über Gleichung (38) lässt sich die Anzahl an Kohlenstoff y im Pyrolyseprodukt TiO_xC_y berechnen und folglich die Summenformeln TiO_xC_y für die möglichen vier Pyrolyseprodukte mit x=2; 1,5; 1,66; 1,75 aufstellen. Die Herleitung der Gleichung (38) ist in Anhang F beschrieben. Die theoretische Ausbeute ist das Verhältnis aus Masse des Precursors zur Masse des Pyrolyseproduktes $m_{\mathrm{Prec}}(\mathrm{TiC_{y'}H_wO_{x'}})$: $m_{\mathrm{PP}}(\mathrm{TiO_xC_y})$, welches mit $n_{\mathrm{Prec}}(\mathrm{TiC_{y'}H_wO_{x'}})$,

$n_{PP}(TiO_xC_y)$ = 1 mol dem Molmassenverhältnis entspricht (siehe Gleichung (39)). Dabei setzt sich $M_{PP}(TiO_xC_y)$ aus der Anzahl und der Molmasse der einzelnen Elemente zusammen (Gleichung (40)). Die mit Gleichung (39) berechneten theoretischen Ausbeuten für die Pyrolyseprodukte $TiO_{1,5}C_{0,82}$, $TiO_{1,66}C_{0,84}$, $TiO_{1,75}C_{0,86}$ und $TiO_2C_{0,91}$ sind in Tabelle 9 zusammengefasst. Die experimentell ermittelte Ausbeute der TiO_xO_y von 42,9 Ma-% fügt sich in den Bereich der abgeschätzten Ausbeuten für die Pyrolyseprodukte $TiO_{1,75}C_{0,86}$ und $TiO_2C_{0,91}$ des Precursors mit der Summenformel $TiC_{6,5}H_{13,4}O_4$ ein.

$$y = \frac{w_{PP}(C)}{(1 - w_{PP}(C))} \cdot \frac{x \cdot M(O) + M(Ti)}{M(C)} \quad (38)$$

$$\eta(\%) = \frac{M_{Prec}(TiC_{y'}H_wO_{x'})}{M_{PP}(TiO_xC_y)} \cdot 100\% \quad (39)$$

$$M_{PP}(TiO_xC_y) = M(Ti) + x \cdot M(O) + y \cdot M(C) \quad (40)$$

Tabelle 9: Übersicht der berechneten Ausbeuten für verschiedene Precursor-Summenformeln

	Ausbeute η (Ma-%)			
Pyrolyse-produkt / Precursor-Summenformel	$TiO_2C_{0,91}$	$TiO_{1,75}C_{0,82}$	$TiO_{1,66}C_{0,85}$	$TiO_{1,5}C_{0,82}$
$TiC_{12}H_{28}O_{9,6}$	24,2	24,1	24,0	24,0
$TiC_{7,9}H_{17}O_{5,4}$	37,0	36,7	36,7	36,5
$TiC_{6,5}H_{13,4}O_4$	44,5	44,2	44,2	44,0
$TiC_{18}H_{42}O_{15,9}$	16,2	16,1	16,0	16,0
$TiC_{10,7}H_{22,6}O_{8,4}$	27,2	27,0	26,9	26,8
$TiC_{8,4}H_{16,3}O_6$	34,8	34,6	34,5	34,4
$TiC_{15}H_{35}O_{12,8}$	19,4	19,3	19,2	19,2
$TiC_{9,3}H_{19,8}O_{6,9}$	31,3	31,1	31,1	30,9
$TiC_{7,4}H_{14,9}O_5$	39,1	38,8	38,8	38,6

Um eine Struktur aus der ermittelten Summenformel $TiC_{6,5}H_{13,4}O_4$ abzuleiten werden zu den Berechnungsgrundlagen Ergebnisse aus FT-IR-Untersuchungen herangezogen. Der (O,O)-1a-Precursor zeigt im FT-IR-Spektrum im Vergleich zu den Ausgangsstoffen (TTIP und Glycerol) (Abbildung 30 und Anhang F) keine symmetrische Valenzschwingung ν_s der O-H Bindung im charakteristischen Wellenlängenbereich zwischen 2900 - 3600 cm^{-1}. Jedoch werden charakteristische

Glycerol-Schwingungen δ(C-H) = 1044 cm^{-1} und δ(O-H) = 918 cm^{-1} beobachtet. Die Abwesenheit der ν_s(O-H) trotz bestehender δ(O-H) könnte auf die Anwesenheit von O-H-Gruppen hindeuten, die jedoch in ihrer Schwingungsfreiheit eingeschränkt sind. Bei der hypothetischen Precursorstruktur könnte die freie O-H Gruppe des Glycerol-Liganden begrenzt schwingbar sein aufgrund chemischer und sterischer Beeinträchtigung durch Koordinierung am Zentralatom, 2-zähnigen Anbindung des Glycerols und benachbarter Isopropanolat-Liganden.

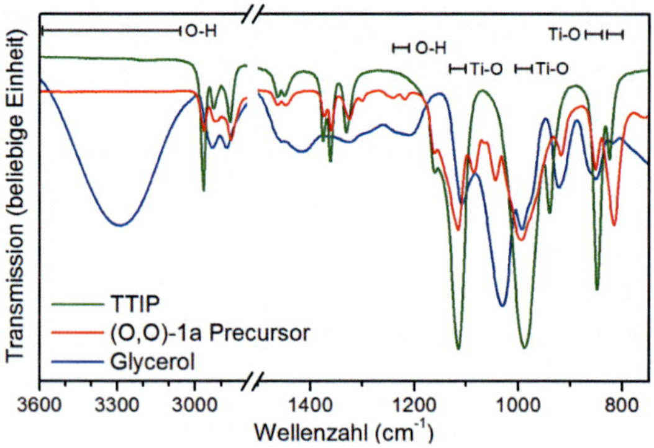

Abbildung 30: Vergleich der FT-IR-Spektren der Ausgangsstoffe und des Produktes des (O,O)-1a-Precursors

Die ^{1}H-NMR-Spektroskopie könnte detaillierte Aussagen über die einzelnen Strukturverhältnisse zulassen, jedoch zeigt das ^{1}H-NMR-Spektrum teilweise sehr breite Signale (siehe Anhang F Abbildung 78), die eine zweifelsfreie Zuordnung der ^{1}H-Kerne aufgrund ihrer chemischen Verschiebung (Abschirmung) und Kopplung nicht ermöglichen. Die Verbreiterung der Signale kann verursacht werden durch verschieden vorliegende Koordinationspolyeder (Ligandenanordnung, Bindung an Zentralatom, Oligomerisierung usw.) bzw. Verunreinigungen. Eine Aussage der Precursorstruktur über ^{13}C-NMR-Spektren war ebenfalls nicht möglich. Zudem wurde in [51] beobachtet, dass kristalline dimere Ti-Komplexe mit Chelatliganden sowie tertiären Alkoholatliganden in Lösung bei Raumtemperatur zu Titanalkoxiden und chelatisierten Ti-Komplexen disproportionieren können. Folglich lässt die Flüssig-NMR-Untersuchung keine Rückschlüsse auf die kristalline Struktur diese Ti-Komplexe zu. Ein Nachweis über die Koordinationszahl (KZ) von möglichen KZ 4 - 6 des Ti-Atoms sowie der Bildung eines monomeren oder oligomeren Koordinationspolyeders kann mit den aufgeführten spektroskopischen Untersuchungen in diesem Fall nicht getroffen werden. Andere Analysemethoden wie Röntgen-Photoelektronen-Spektroskopie (XPS) oder Röntgen-Absorptions-Spektroskopie (besonders hier erweiterte Röntgen-Absorptions-Spektroskopie EXAFS und Röntgen-Nahkanten-Absorptions-Spektroskopie XANES) könnten Hinweise auf die Precursorstruktur geben, wurde jedoch in dieser Arbeit nicht verwendet.

Die identifizierte O-H Gruppe über FT-IR-Spektroskopie bedingt die Modifizierung der Berechnungsbeschränkungen (einheitliche Zähnigkeit des Glycerols und Koordinationszahl des Titans bei oligomerer Struktur) der ermittelten Precursor-Summenformel $TiC_{6,5}H_{13,4}O_4$. Aus den ermittelten Informationen kann eine hypothetische Precursorstruktur eines kettenartigen Oligomers mit der Summenformel $Ti_{10}C_{66}H_{139}O_{41}$ bestehend aus 14 Isopropanolat- und 9 Glycerol-Liganden formuliert werden (Abbildung 31). Das Zentralatom ist dabei vierfach koordiniert bis auf eine Ausnahme. Am Kettenende ist Titan über drei Isopropanolat-Liganden und einem Glycerol-Liganden (eine kovalente Sauerstoffbindung und eine dative –OH Bindung am Ti-Atom) fünffach koordiniert. Der Kohlenstoffanteil der hypothetischen Precursorstruktur von 38,4 Ma-% stimmt mit dem gemessenen Wert von 38,5 Ma-% überein.

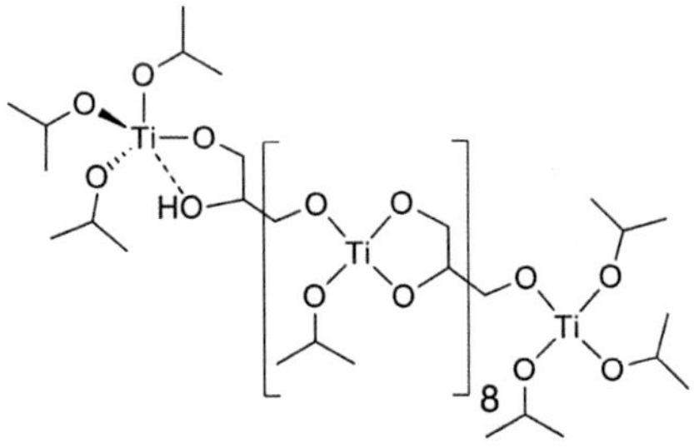

Abbildung 31: Hypothetische (O,O)-1a-Precursorstruktur

Jedoch sollte beachtet werden, dass bei der Ermittlung der hypothetischen Precursorstruktur Nebenreaktionen mit den Liganden nicht berücksichtigt wurden. Im Falle des (O,O)-1a-Precursors ist eine Veresterung des Glycerols mit Isopropanol unter Bildung von Wasser und 2-Isopropoxypropan-1,3-diol (Gleichung (41)) möglich. Dabei könnte 2-Isopropoxypropan-1,3-diol einen weiteren Liganden darstellen. Jedoch wird diese Reaktion vermutlich gehemmt durch den Abtransport von Isopropanol (Trocknung bei maximal 75 °C, reduziertem Druck) und der damit verbunden Verschiebung des Gleichgewichts seitensdes Glycerols. Zudem könnte Glycerol eine Kondensationsreaktion unter Bildung von Acetol bzw. Acrolein eingehen (Gleichung (42)) [120]. Aufgrund der nötigen Initialisierung der Reaktion durch sehr hohe Temperaturen (>> 100 °C) oder unter Einsatz von Katalysatoren (z. B. Säuren, Kupferchromit) [120] wird die Kondensations- sowie Veresterungsreaktion des Glycerols bei der vorliegenden Precursorsynthese als vernachlässigbar und unwahrscheinlich eingeschätzt.

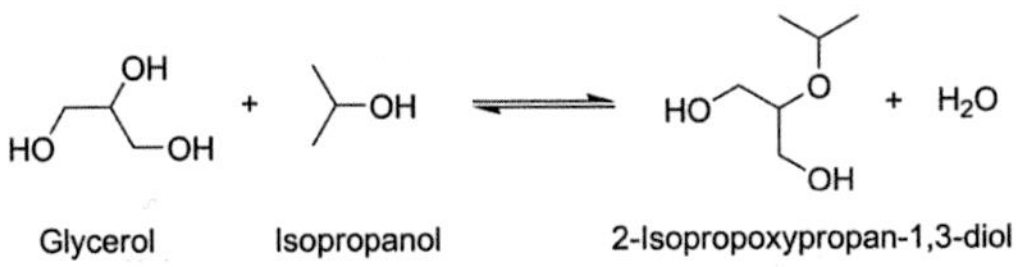

(41)

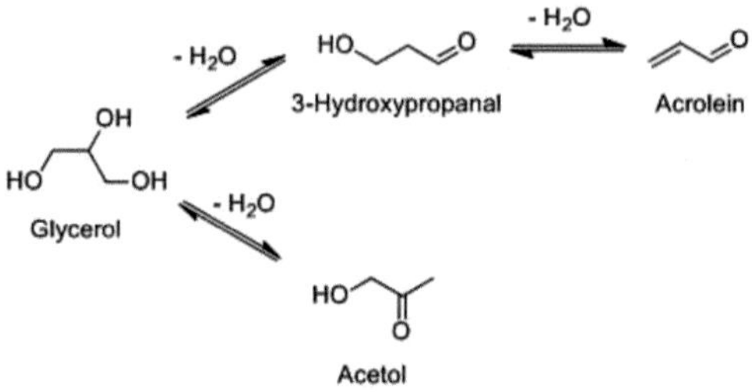

(42)

Abgrenzend zu der in der Literatur verwendeten Precursoren (Kapitel 2.2.2) für die Darstellung von Ti_nO_{2n-1} [56-58] werden in dieser Arbeit, die noch nicht untersuchten Chelatliganden Glycerol ((O,O)-1a-Precursor) und 2-Aminoethanol/2-Methoxyethnaol ((N,O)-1b-Precursor) zum Aufbau von wasserfreien Ti_nO_{2n-1}-Precursoren erforscht.

5.1.3 Untersuchung des Zersetzungsprozesses

Das Zersetzungsverhalten während der Pyrolyse wurde mittels simultaner Thermoanalyse mit angekoppeltem Massenspektrometer (STA-MS) untersucht. Anhand der thermogravimetrischen Untersuchung kann die Zersetzung des (O,O)-1a-Precursors in fünf Masseänderungsstufen (TG-Stufen) bis zu einer Temperatur von 1370 °C unterteilt werden (siehe Abbildung 32).

Die erste Stufe bei einer Temperatur von RT - 200 °C mit einer Massenänderung von -2,3 % und der Detektion von ausschließlich Alkylgruppen (CH_3) könnte auf die Freisetzung von nicht reagiertem bzw. durch eine Disproportionierungsreaktion entstandenem $Ti(OiPr)_4$ [50] oder Lösungsmittel zurückzuführen sein. Der Masseverlust von nur -2,3 % schließt eine vollständige Disproportionierung des Precursors aus.

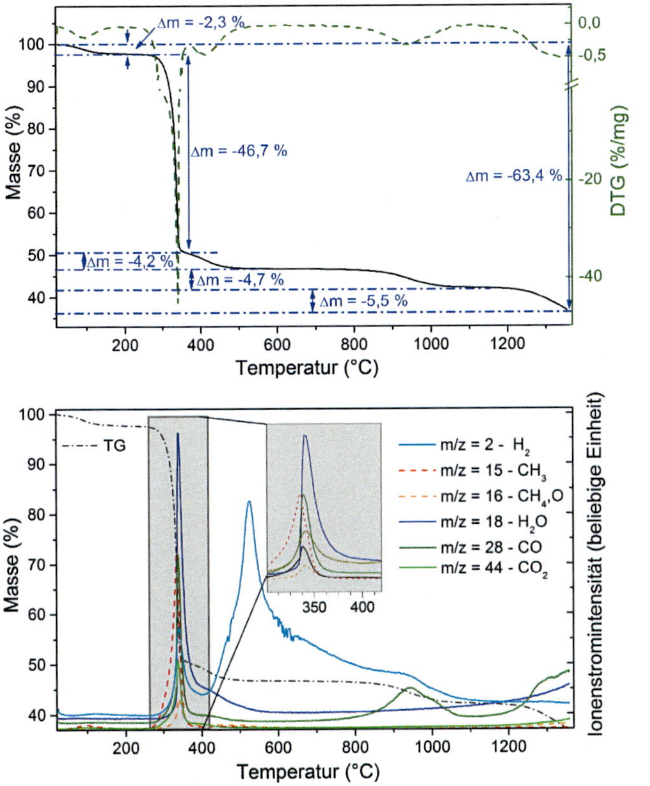

Abbildung 32: (oben) Masseänderung und (unten) die dazugehörigen detektierten Massen in Abhängigkeit der Temperatur des (O,O)-1a-Precursors

Im Bereich zwischen 220 °C bis 370 °C liegen zwei sich teilweise überlagerte Stufen vor, die durch zwei Minima der differentiellen-Thermogravimetrie-Kurve (DTG-Kurve) deutlich gekennzeichnet sind. Die zweite Stufe mit einem Masseverlust von -46,7 % zeigt eine maximale Masseänderungsrate (maximaler Anstieg/Abfall der TG-Kurve entspricht Maximum/Minimum der DTG-Kurve) bei einer Temperatur von 340 °C. Das Massenspektrometer detektierte die Massen m/z = 2 für Wasserstoff, m/z = 15 für CH_3 als Alkylgruppenfragment, m/z = 16 für Methan, m/z = 18 für Wasser, m/z = 28 für Kohlenstoffmonooxid CO und m/z = 44 für Kohlenstoffdioxid CO_2 (Abbildung 32). Bei den detektierten Massen handelt es sich um Zersetzungsprodukte des Precursors bzw. derer in dem MS gebildeten Fragmente, wie es auch in [58] bei ähnlichen Precursoren beobachtet wurde. Wasser entsteht bei der Kondensationsreaktion der Glycerol-Liganden. Die in Abbildung 33 dargestellten Kohlenstoffanteile bei verschiedenen Pyrolysetemperaturen zeigen einen ähnlichen Verlauf wie die TG-Kurve: ein starker Abfall des Kohlenstoffanteils bis zu einer Temperatur von 350 °C (von 38,5 Ma-% auf 15,1 Ma-%) sowie ein geringerer Abfall von 800 °C bis 1050 °C von 13,8 Ma-% auf 12,5 Ma-%. Aus den röntgenografischen Untersuchungen (Tabelle 10) ist bei einer Pyrolysetemperatur von 350 °C bis 800 °C Titandioxid (Anatas, Rutil) nachzuweisen. Folglich sind die verbleibenden Zersetzungsprodukte des Precursors bis 800 °C TiO_2 und Kohlenstoff. Aus der Kohlenstoffbestimmung über Heißgasextraktion geht jedoch nicht hervor, ob es sich um freien oder gebunden Kohlenstoff handelt. Zudem kann nicht ausgeschlossen werden, dass sich amorphes TiO_x ($x \leq 2$) bildet. Eine mögliche Zersetzungsreaktion des (O,O)-1a-Precursors ist in Gleichung (43) formuliert. Aufgrund fehlender Informationen weist Gleichung (43) und folgende Zersetzungsreaktionen keine Zuordnung der stöchiometrischen Faktoren auf. Der gleichmäßig starker Abfall von m/z = 15, 16 für CH_3 und CH_4 oberhalb von 340 °C zeigt das Ende der Bildung flüchtiger organischer Bestandteile an.

$$\begin{aligned} \mathrm{Ti_{10}C_{66}H_{139}O_{41}} \rightarrow\ & \mathrm{C_wH_yO_{z(g,l,s)}} + \mathrm{C_uH_{v(g)}} + \mathrm{CO_{2(g)}} + \mathrm{CO_{(g)}} + \\ & \mathrm{H_2O_{(g)}} + \mathrm{H_{2(g)}} + \mathrm{Ti_rC_sH_tO_{u(l,s)}} + \mathrm{TiO_{x(s)}} + \mathrm{TiO_{2(s)}} + \mathrm{C_{(s)}} \end{aligned} \tag{43}$$

Die dritte Stufe von 340 °C bis 500 °C mit einer Masseänderung von –4,2 % ist gekennzeichnet durch das Absinken der Fragmentsignale m/z = 15 16. Jedoch weisen die Massesignale von m/z = 18, 28 für H_2O und CO einen Wendpunkt auf, bevor sie ab einer Temperatur von ca. 500 °C zur Basislinie abfallen. Zudem zeigt die Masse m/z = 2 für H_2 eine abermals beginnende Steigung an. Dies könnte eine weitere Zersetzungsreaktion der $Ti_rC_sH_tO_u$ und $C_wH_yO_z$, analog Gleichung (43) jedoch ohne Bildung von gasförmigen C_uH_v Verbindungen darstellen (siehe Gleichung (44)). Das gebildete H_2 könnte unter Reaktion mit Sauerstoff sofort zu Wasser reagieren. Dies würde das deutliche Massesignal m/z = 18 für H_2O sowie das geringe Signal m/z = 2 für H_2 erklären. Die zweite und dritte TG-Stufe deuten auf eine mehrstufige Zersetzung der organischen Bestandteile hin, wie es bereits bei anderen TiO_2-Precursoren nachgewiesen wurde [121].

$$C_wH_yO_{z(l,s)} + Ti_rC_sH_tO_{u(l,s)} \rightarrow Ti_aC_bH_cO_{d(l,s)} + C_eH_{f(l,s)} + CO_{2(g)} + CO_{(g)} + H_2O_{(g)} + H_{2(g)} + TiO_{x(s)} + TiO_{2(s)} + C_{(s)} \quad (44)$$

Zwischen der dritten und vierten TG-Stufe im Temperaturbereich zwischen 500 - 750 °C wird keine Masseänderung in der TG angezeigt, jedoch kann mit dem Massenspektrometer die Masse m/z = 2 für Wasserstoff gemessen werden. Aufgrund der geringen Masse von Wasserstoff ist kein signifikanter Masseunterschied in der TG-Kurve sichtbar.

Mögliche Zersetzungsreaktion der verbleibenden Verbindungen $Ti_aC_bH_cO_d$ und C_eH_f sind in Gleichung (45) und (46) formuliert. Es kann nicht ausgeschlossen werden, dass der verbleibende Kohlenstoff im amorphen TiO_x bzw. TiO_2 vorliegt. Der gebildete Wasserstoff könnte unter Bildung von H_2O zur Reduktion des Titanatoms beitragen. Jedoch belegende Massesignale m/z = 18 sind nicht detektiert worden.

$$Ti_aC_bH_cO_{d(l,s)} \rightarrow TiO_{x(s)} + TiO_{2(s)} + C_{(s)} + H_{2(g)} \quad (45)$$

$$C_eH_{f(l,s)} \rightarrow C_{(s)} + H_{2(g)} \quad (46)$$

Bei einer vierten TG-Stufe im Temperaturbereich zwischen 750 - 1130 °C mit einer Masseänderung von -4,7 % (maximale Änderung bei einer Temperatur von 940 °C) wird m/z = 28, die Kohlenstoffmonoxid zugeordnet wird, detektiert. Mit dem Absenken des Kohlenstoffanteils (siehe Abbildung 33) und der CO-Entwicklung in dieser Stufe ist die einsetzende karbothermische Reduktion von TiO_x ($x \leq 2$) gekennzeichnet [56-58]. Auf Grundlage des von Berger et al. [41] beschriebenen Reaktionsmechanismus (siehe Kapitel 2.2.1) dient Kohlenstoffmonoxid als Reduktionsmittel (Gleichung (1)). Das dabei zwischenzeitlich entstehende CO_2 reagiert nach dem Bourdouard-Gleichgewicht unter Reaktion von Kohlenstoff zu Kohlenstoffmonooxid (Gleichung (2)). Jedoch wird ab einer Temperatur von 500 °C kein CO_2 mehr nachgewiesen, was im Widerspruch zu den STA-MS Untersuchen in [122] steht, bei der sowohl CO als auch CO_2 nachgewiesen wurde. Die Ergebnisse der röntgenografischen Untersuchungen (siehe Tabelle 10) ergeben die Bildung von Magnéli-Phasen in diesem Temperaturbereich (≥ 850 °C). Zwei mögliche Erklärungsansätze für die ablaufende karbothermische Reduktion sind:

- Zersetzung des Precursors ergibt einen feinst verteilten reaktiven Kohlenstoff, der geringste Diffusionswege zwischen gebildeten CO_2 und Kohlenstoff erlaubt, so dass eine sofortige Reaktion unter Bildung von CO stattfindet (siehe Gleichung (47)).
- Aufgrund der geringen Abstände der sich aus dem Precursor gebildeten Reaktionspartner Kohlenstoff und TiO_x ($x \leq 2$) ist die Festphasenreaktion (siehe Gleichung (48)) begünstigter als

bei [122], so dass die Reduktionreaktion über CO unter Bildung von CO_2 zu vernachlässigen ist.

$$\begin{gathered} TiO_{x(s)} + TiO_{2(s)} + CO_{(g)} \rightarrow Ti_nO_{2-1(s)} + CO_{2(g)} \\ CO_{2(g)} + C_{(s)} \rightarrow CO_{(g)} \end{gathered} \tag{47}$$

$$TiO_{x(s)} + TiO_{2(s)} + C_{(s)} \rightarrow Ti_nO_{2-1(s)} + CO_{(g)} \tag{48}$$

Die fünfte TG-Stufe (1130 - 1370 °C) mit einem Masseverlust von –5,5 % und der detektierten Masse m/z = 28 (Kohlenstoffmonoxid) deutet auf eine weitere Reduktionsreaktion hin. Die DTG-Kurve zeigt im Temperaturbereich von 750 - 1370 °C mit den Anfangstemperaturen von ca. 780 °C und 1170 °C und den dazugehörigen Minima bei einer Temperatur von 945 °C und 1310 °C die stärkste Masseänderung an. In der vierten und fünften TG-Stufe wird die Masse m/z = 28 für CO detektiert. Dies ist ein Indiz für eine mehrstufige Reduktionsreaktion, wie bereits Preiss et al. [58] und Berger et al. [122] diskutierten. Die Reduktion von TiO_2 und Kohlenstoff zu Titancarbid wurde in drei Reduktionsschritten unterteilt: (I) $TiO_2 \rightarrow Ti_nO_{2n-1}$, (II) $Ti_nO_{2n-1} \rightarrow TiC_xO_y$, (III) $TiC_xO_y \rightarrow TiC$ [41, 58, 122]. Daraus abgeleitet erfolgt wahrscheinlich ab einer Temperatur von 1100 °C die Reduktion von Ti_nO_{2n-1} zu Titanoxycarbiden TiC_xO_y (Gleichung (49)). Im Vergleich zu der in der Literatur [58] untersuchten titanhaltigen organischen Verbindung mit einer Anfangstemperatur für den ersten Reduktionsschritt ($TiO_2 \rightarrow Ti_nO_{2n-1}$) von 870 °C [58] zeigt der (O,O)-1a-Precursor mit 780 °C eine bei 90 °C früher beginnende Reduktion zu den gewünschten Magnéli-Phasen.

$$Ti_nO_{2-1(s)} + C_{(s)} \rightarrow TiC_xO_{y(s)} + CO_{(g)} \tag{49}$$

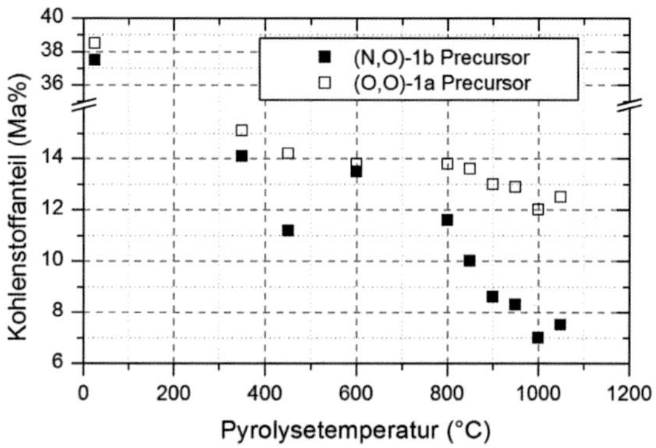

Abbildung 33: Abhängigkeit des Kohlenstoffanteils von der Pyrolysetemperatur

Die Zersetzung des (N,O)-1b-Precursors erfolgt ebenfalls in fünf Masseänderungsstufen. Die erste TG-Stufe zwischen RT - 180 °C ist gekennzeichnet von einem Masseverlust von -1,9 %, zeigt jedoch keine MS-Signale zwischen m/z = 2 und m/z = 50. Eine Begründung für die ausbleibende Fragment-Detektion im MS könnte das Abdampfen von titanhaltigen Verbindungen (Ausgangsstoff, Nebenprodukte) sein, die jedoch unzureichend zum MS transportiert wurden.

Die zweite TG-Stufe im Temperaturbereich von 180 - 310 °C zeigt eine Masseänderung von -60,8 % mit einer maximalen Masseänderungsrate bei einer Temperatur von 270 °C. Analog zum (O,O)-1a-Precursor erfolgt in diesem Temperaturbereich die Zersetzung der organischen Bestandteile, die durch die zugeordneten Fragmente CH_3, CH_4, CO, CO_2 und H_2O sowie den Fragmenten NH_2 und NH begleitet werden (Abbildung 34). Die Fragmente NH_2 (m/z = 16) und NH (m/z = 15) entstehen bei dem Zersetzen bzw. Fragmentieren (in der MS) von 2-Aminoethanol-Liganden. Die Signale für H_2 und H_2O sind jedoch leicht zu den anderen Fragmentsignalen verschoben und somit hauptsächlich zu der nächsten TG-Stufe zu zuordnen. Einhergehend mit der Zersetzung der Organik sinkt der Kohlenstoffanteil von 37,5 Ma-% bei RT auf 14,1 Ma-% bei 350 °C (Abbildung 33).

Die dritte TG-Stufe im Temperaturbereich von 310 – 630 °C mit einem Masseverlust von -7,7 % ist in zwei Prozesse zu unterteilen. Der erste Prozess bis ca. 400 °C weist die Signale für H_2, H_2O, CO und CH_4 bzw. NH_2 auf. Der gleiche Kurvenverlauf von H_2 und H_2O deutet auf die Reduktionsreaktion von Wasserstoff mit gebundenen Sauerstoff unter Bildung von H_2O hin (Gleichung (50)). Der unterschiedliche Kurvenverlauf der Massen m/z = 15 und 16 (stärker abfallendes Massesignal für m/z = 15) könnte auf eine sofortige Reaktion von Wasserstoff mit CH_3 und NH_2-Gruppen unter Bildung von CH_4 und NH_3 deuten (Gleichung (51) und (52)). Analog zum (O,O)-1a-Precursor ist im Temperaturbereich zwischen 350 – 600 °C mittels Pulver-XRD TiO_2 (Anatas) nachweisbar (Abbildung 35). Im zweiten Prozess der dritten TG-Stufe im Temperaturbereich zwischen 400 – 630 °C ist die Wasserstoffbildung ohne Wasserbildung dominierend. Dieser Prozess ist auch bei dem (O,O)-1a-Precursor zu beobachten, jedoch zu höheren Temperaturen verschoben (500 – 750 °C). Signale mit den Massen m/z = 15, 16 und 28 kennzeichnen die letzte Stufe bei dem Zersetzen der Organik(-fragmente).

$$O_{gebudnen} + H_2 \rightarrow H_2O_{(g)} \tag{50}$$

$$\cdot CH_3 + H_2 \rightarrow CH_{4(g)} \tag{51}$$

$$\cdot NH + H_2 \rightarrow NH_{2(g)} \tag{52}$$

Die vierte TG-Stufe im Temperaturbereich von 630 - 1120 °C mit einer Masseänderung von -4,4 % und einer maximalen Masseänderungsrate bei einer Temperatur von 930 °C kennzeichnet unter Freisetzung von Kohlenstoffmonoxid die beginnende karbothermische Reaktion (analog (O,O)-1a-Precursor Gleichung (48) und (49)) mit der Reaktionsstufe I: $TiO_2 \rightarrow Ti_nO_{2n-1}$ [41, 58, 122]). Damit ist ein nachweisliches Kohlenstoffverminderng von 13,5 Ma-% bei 600 °C auf 7,5 Ma-% bei 1050 °C verbunden (Abbildung 33). Jedoch ist beim (N,O)-1b-Precursor im Vergleich zum (O,O)-1a-Precuror mittels Pulver-XRD bereits ab 850 °C die Magnéli-Phase Ti_5O_9 nachweisbar (Tabelle 10).

Die fünfte TG-Stufe im Temperaturbereich von 1120 – 1370 °C mit einem Masseverlust von -2,7 % und einer maximalen Masseänderungsrate bei einer Temperatur von 1290 °C deutet unter Freisetzung von CO auf die weitere karbothermische Reduktion der Magnéli-Phasen zu TiC_xO_y hin (Reaktionsstufe II: $Ti_nO_{2n-1} \rightarrow TiC_xO_y$, laut [41, 58, 122]), wie bereits beim (O,O)-1a-Precursor diskutiert wurde.

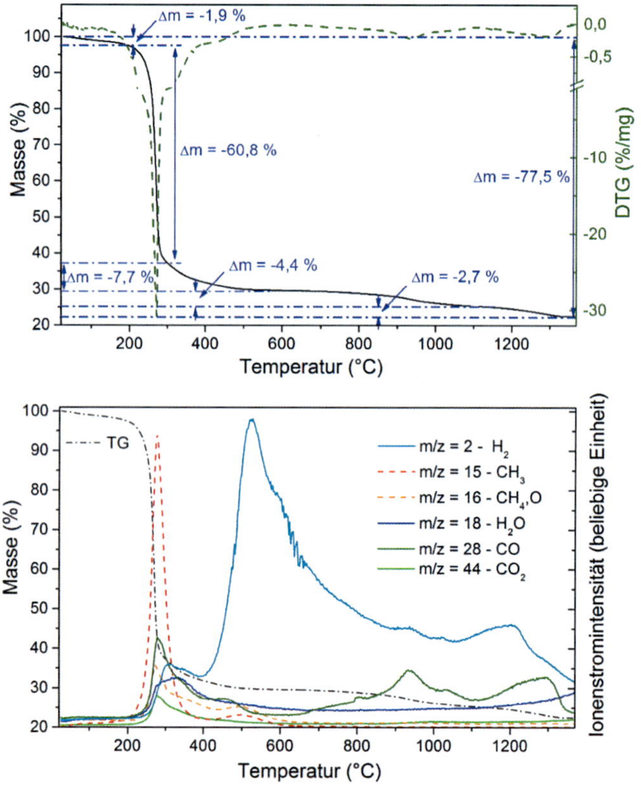

Abbildung 34: (oben) Masseänderung und (unten) die dazugehörigen detektierten Massen in Abhängigkeit der Temperatur des (N,O)-1b-Precursors

Die Zersetzung von (N,O)-1b- und (O,O)-1a-Precursor mit einer Gesamtmasseänderung von -77,5 % für (N,O)-1b und -63,4 % für (O,O)-1a erfolgt in ähnlichen Prozessen über fünf Stufen:

(1) Verdampfen von Ausgangsstoffen oder Nebenprodukten

(2) Zersetzen der Organik
(3) Abschließendes Zersetzen der Organik(-fragmente), Bildung von Wasserstoff
(4) Erste Reaktionsstufe der karbothermischen Reduktion unter Bildung von Ti_nO_{2n-1} (Bildung von CO, Reduzierung des Kohlenstoffanteils)
(5) Zweite Reaktionsstufe der karbothermischen Reduktion unter Bildung von TiC_xO_y (Bildung von CO, Reduzierung des Kohlenstoffanteils)

Die Zersetzung und Spaltung der organischen Bestandteile wird bei beiden Precursoren beobachtet, jedoch mit unterschiedlichen DTG-Minima bei Temperaturen von 270 °C für den (N,O)-1b bzw. 340 °C für den (O,O)-1a-Precursor. Diese Verschiebung könnte eine Folge der verschiedenen chemischen Stabilität resultierend aus den Unterschieden der chemischen Zusammensetzung und der Zähnigkeit der Liganden sowie den sich daraus aufbauenden Koordinationspolyedern der Precursoren sein. Der (O,O)-1a-Precursor kann aufgrund der 3-Zähnigkeit des Glycerols im Vergleich zum 2-zähnigen 2-Aminoethanol/2-Methoxyethanol stärker vernetzte Precursoren bilden. Die daraus ergebende Stabilisierung des Precursors wäre eine Erklärung für die zu höheren Temperaturen verschobene Zersetzung der Organik ($\Delta T = 70$ °C). Im Gegensatz zum (N,O)-1b-Precursor entsteht bei der Zersetzung des (O,O)-1a-Precursors Wasser, verursacht durch die Kondensationsreaktionen des Glycerols [120].

Die Bildung von Wasserstoff mit einem Maximum bei einer Temperatur von 528 °C für (O,O)-1a und 522 °C für (N,O)-1b ist nahezu identisch und folglich vermutlich precursorunabhängig. Die Wasserstoffbildung erfolgt wahrscheinlich bei der Aufspaltung der C-H Bindungen, die eine höhere Bindungsenergie $\Delta_B H_{C\text{-}H}$ von 413 $kJmol^{-1}$ als die C-C Bindungen mit $\Delta_B H_{C\text{-}C} = 348$ $kJmol^{-1}$ aufweisen [123]. Je höher die Bindungsenergie ist, desto mehr Energie wird während der Pyrolyse in Form von Wärme benötigt um jene Bindung aufzuspalten.

Zudem unterscheiden sich beide Precursoren in Bezug auf den Beginn der karbothermischen Reduktion, die durch die CO-Entstehung gekennzeichnet ist. Für den (N,O)-1b-Precursor setzt diese bei einer Temperatur von 650 °C, folglich 130 K früher als bei dem (O,O)-1a-Precursor mit 780 °C ein. Dabei ist zu beachten, dass in der Literatur nachgewiesen werden konnte, dass die Verteilung und Struktur des Kohlenstoffs die Reaktionskinetik bei der karbothermischen Reduktion beeinflusst [58]. Dabei ergab sich bei feineren und besser verteilten PDC-Kohlenstoff und TiO_2 eine Verschiebung der ersten Reduktionsstufe zu 870 °C im Vergleich zu einer TiO_2/Kohlenstoff-Pulvermischung bei 1150 °C [58]. Die Magnéli-Phasen als Reaktionsprodukte des ersten karbothermischen Reduktionsschrittes sind bei dem (O,O)-1a-Precursor ab 950 °C und bei dem (N,O)-1b-Precursor bereits ab 850 °C röntgenografisch nachweisbar (Tabelle 14). In der Literatur konnte ab 900 °C für Organogele und ab 1000 °C für Hydrogele das Vorhandensein von Magnéli-Phasen belegt werden [58]. Mit den Ergebnissen aus [58] (Verteilung und Struktur des Kohlenstoffs beeinflusst die Reaktionskinetik) ist eine feinere Verteilung des Kohlenstoffs im (N,O)-1b im Vergleich zum (O,O)-1a zu vermuten. Dies wird im Kapitel 5.1.4 näher diskutiert.

5.1.4 Herstellung PDC Ti_nO_{2n-1}-Nanopartikel

Wie aus den thermoanalytischen Ergebnissen entnommen werden kann, erfolgt die Umwandlung vom metallo-organischen Precursoren in eine anorganische Verbindung (TiO_x, Ti_nO_{2n-1}) im ersten Schritt über die Zersetzung der organischen Bestandteile des Precursors unter Bildung von Titanoxid und Kohlenstoff und im Zweiten über die Reduktion des Titanoxids unter Bildung von CO_2/CO (karbothermische Reduktion Gleichung (47) und (48)). Auf Basis der Erkenntnisse der Zersetzungsprozesse der Precursoren wird im folgenden Abschnitt die Bildung erster kristalliner Strukturen über Abbruchpyrolysen von 350 bis 1050 °C mittels TEM, Pulver-XRD und Elementar-analyse bezüglich chemischer Zusammensetzung, Phasenausbildung, Kristallstruktur und Partikel-gestalt diskutiert.

Bei beiden ausgewählten Precursoren erfolgt mit der Zersetzung der organischen Bestandteile die größte Masseänderung unterhalb von 350 °C (Kapitel 5.1.3). Die Diffraktogramme der bei 350 °C-pyrolysierten Precursoren (Abbildung 35) weisen beim (O,O)-1a-Precursor keine Reflexe auf (röntgenamorph). Wohingegen der (N,O)-1b-Precursor Reflexe des Anatas aufzeigt. Mittels TEM-Untersuchungen gelang es das Vorhandensein von kleinsten Anatas Kristalliten von 2 - 5 nm auch in der überwiegend röntgenamorphen (O,O)-1a-Probe nachzuweisen (Abbildung 36). Dabei stellte sich heraus, dass bei hochauflösenden Aufnahmen durch die Erhöhung der Strahlintensität des Elektronenstrahls mit zunehmender Vergrößerung eine Kristallisation der amorphen Bereiche bzw. ein Kristallitwachstum der Nanokristallite induziert wird (Anhang G).

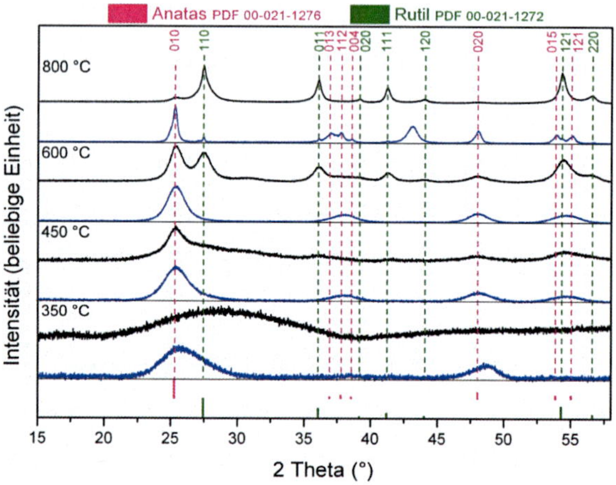

Abbildung 35: Diffraktogramme von 350 °C- bis 800 °C-pyrolysierten (N,O)-1b- (blau) und (O,O)-1a-Precursor (schwarz)

Ein röntgenografischer Nachweis (Pulver-XRD) für Kristallitbildung liegt ab 350 °C für den (N,O)-1b-Precursor und ab 450 °C für den (O,O)-1a-Precursors vor. Dieser Unterschied ist auf die bei ca. 270 °C und somit 70 K niedrigeren Zersetzungstemperatur der Organik des (N,O)-1b-Precursors im Vergleich zum (O,O)-1a-Precursor zurückzuführen (Abbildung 32 und Abbildung 34). Die Behauptung wird gestützt von Beobachtungen in der Literatur, bei denen ein frühzeitiger und intensiver Ausbrand der Organik (steiler Abfall der TG) ein Absenken der Kristallisationstemperatur von Anatas aus einer metallo-organischen Titanverbindung bewirkte [121]. Mit zunehmender Pyrolysetemperatur ist im TEM ein vermehrter Anteil an kristallinen Strukturen zu beobachten, die deutliche Reflexe in den Diffraktogrammen verursachen (Abbildung 35).

Aus den röntgenografischen Ergebnissen (Abbildung 35 und Tabelle 14) ist zu entnehmen, dass zuerst Anatas als kristalline Phase gebildet wird. Die nachweisliche Umwandlung zum thermodynamisch stabileren Rutil erfolgt beim (O,O)-1a ab 600 °C und beim (N,O)-1b erst ab 800 °C[4]. Es ist bekannt, dass die Darstellung von TiO_2 über Precursoren überwiegend zuerst über die Bildung von Anatas und der späteren Umwandlung zu Rutil bei „geeigneten Temperaturen" vonstattengeht [20]. Die sogenannte „geeignete Temperatur" [20] ist aufgrund des rekonstruktiven Übergangs (Bindungsspaltung und -neuaufbau) von Anatas zu Rutil zeitabhängig und ist folglich von zeitbestimmenden Vorgängen beeinflusst (siehe Kapitel 2.1) [20]. Diese sind in dem vorliegenden System temperatur- und precursorabhängige Kristallitgrößen und Kohlenstoffanteile.

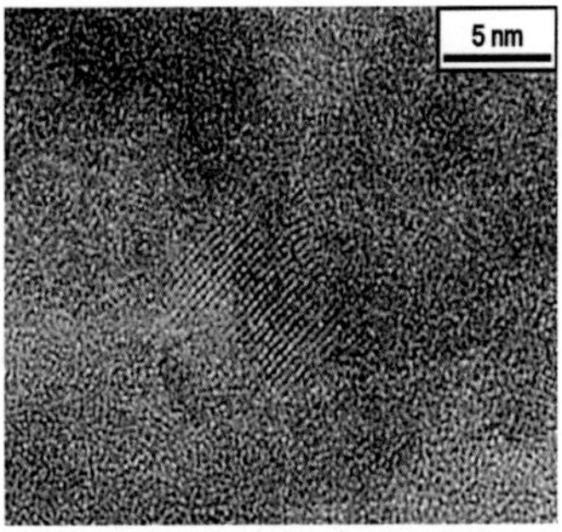

Der Kristallit ist lila eingefärbt.

Abbildung 36: TEM-Aufnahme eines bei 350 °C-pyrolysierten (O,O)-1a-Precursors (Nr. 1.12a)

Mit der Zunahme der Pyrolysetemperatur ist ein stetiges Wachstum der Kristallite von 2 nm (TEM) bei 350 °C bis 39 nm (Scherrer-Gleichung) des bei 800 °C-pyrolysierten (O,O)-1a-Nanopulvers verbunden. Nahezu gleichbleibende Kristallitgrößen von ca. 10 nm werden von 350 - 800 °C-pyrolysierten (N,O)-1b-Nanopulvern beobachtet (Anhang C Tabelle 28). Die geringen Kristallitgrößen bis zu einer Pyrolysetemperatur von 450 °C könnten durch die vorliegenden organischen Restverbindungen verursacht werden, die eine Ausbildung und Koordination von Ti-O-Oktaeder

[4] Das 800 °C-pyrolysierte (N,O)-1b-Nanopulver weist zudem eine Titanmonoxid-Phase auf, die mit steigender Pyrolysetemperatur jedoch verschwindet, was auf eine verstärkte lokale Reduktion bis 800 °C deuten lässt. Jedoch wird der aufgebaute Sauerstoffgradient mit zunehmender Pyrolysetemperatur abgebaut.

verhindern und die Kristallitbildung hemmen. Verbleibende Alkylgruppen von Sol-Gel hergestellten TiO_2 aus TTIP zeigten bereits diesen Effekt [58, 124]. Bei höherer Pyrolysetemperatur im Bereich der Umwandlung von Anatas zu Rutil stützt sich eine mögliche Erklärung des verschiedenen Kristallwachstums auf die unterschiedliche Oberflächenenergie von $\gamma_{Anatas} = 0{,}4\ J/m^2$ für Anatas und $\gamma_{Rutil} = 2{,}2\ J/m^2$ für Rutil [125]. Damit ist ein bevorzugtes Kristallwachstum von Rutil durch ein stärkeres Reduzieren der Oberflächenenergie (System strebt geringsten Energiezustand an) im Vergleich zum Anatas zu erklären. Dies begründet die geringe Kristallitgröße der aus Anatas bestehenden Pulver (1,12a – 1,14a bzw. 2,1a – 2,4a) und den starken Anstieg der Kristallitgröße nach Umwandlung von Anatas zu Rutil (Nr. 1.14a - 600 °C: 9 nm (Anatas) / 16 nm (Rutil), Nr. 1.11a - 800 °C: 39 nm (Rutil)).

Aufgrund der ähnlichen Kristallitgröße des Anatas bei beiden Precursoren von < 10 nm sind die unterschiedlichen Umwandlungstemperaturen von Anatas zu Rutil nicht über die Kristallitgröße zu erklären. Der hohe Anteil an Kohlenstoff von 15,1 - 13,8 Ma-% für die bei 350 - 800 °C-pyrolysierten (O,O)-1a-Precursoren bzw. 14,1 - 11,6 Ma-% für die (N,O)-1b-Precursoren (in Anhang C Tabelle 28; Abbildung 33) könnte die unterschiedliche Phasenumwandlungstemperatur verursachen. Bekannt ist, dass Kohlenstoffverunreinigungen das Kristallitwachstum hemmen können [58, 126-128] und damit verbunden eine Verzögerung der Phasenumwandlung bewirken [129]. Eine Erklärung dafür könnten längere Diffusionswege zwischen zwei durch Kohlenstoff getrennte TiO_2/TiO_x-Kristallite sein. Zudem kann die Löslichkeit von Titan in Kohlenstoff den nötigen Stofftransport beeinträchtigen. Somit erfolgt trotz Steigerung der Pyrolysetemperatur ein vermindertes Kristallitwachstum. Untersuchungen von Zhang et al. [130] zeigten, dass die thermisch induzierte Phasenumwandlung vom Anatas zum Rutil erst ab einer Kristallitgröße von größer 14 nm begünstigt ist. Aus der geringeren Phasenumwandlungstemperatur (600 °C) trotz höheren Kohlenstoffanteils (13,8 Ma-%) des (O,O)-1a-Precursors im Vergleich zum (N,O)-1b-Precursor (Phasenumwandlung ab 800 °C, C-Anteil: 11,6 Ma-%) ist zu schlussfolgern, dass die durch Kohlenstoff verzögerte Phasenumwandlung und folglich das gehemmte Kristallitwachstum von der Kohlenstoffmenge und -verteilung abhängig ist. Dementsprechend lässt eine gröbere Verteilung des Kohlenstoffs, d. h. geringe Reaktionsfläche zwischen C und TiO_x, eine geringere Beeinträchtigung des Kristallitwachstums und somit der Phasenumwandlung erwarten. Infolgedessen kann eine gröbere Verteilung des Kohlenstoffs im (O,O)-1a-Nanopulver vermutet werden. Jedoch ist aufgrund von zu wenigen TEM-Aufnahmen von vergleichbaren (O,O)-1a- und (N,O)-1b-Nanopulvern keine zweifelsfreie Aussage über eine ggf. unterschiedliche Kohlenstoffverteilung möglich. Die Kohlenstoffverteilung ist wahrscheinlich abhängig von der Precursorstruktur und dem Zersetzungsmechanismus der unterschiedlichen Organik der Precursoren ((O,O)-1a: Glycerol, Isopropanol; (N,O)-1b: 2-Aminoethanol, 2-Methoxy-ethanol, Isopropanol). Da weder die Precursorstruktur noch der Zersetzungsmechanismus genau bekannt sind, kann die Kohlenstoffverteilung nicht weiter diskutiert werden.

In den FESEM-Aufnahmen der (O,O)-1a-Nanopulver ist teilweise eine äußere Schicht aus bereits angesinterten Körnern auf der Partikeloberfläche zu sehen, die sogenannte äußere Grobkornschicht (Abbildung 37). Diese Grobkornschicht weist Körner mit Korngrößen von 100 bis 500 nm auf im

Vergleich zu dem darunter befindlichem Bereich, der sogenannte innere Feinkornbereich, mit Korngrößen << 100 nm (Abbildung 37 c/f). Der Böschungsschnitt der Pulver ermöglicht Aufnahmen durch den Querschnitt der Partikel und liefert damit den Beweis, dass der Feinkornbereich von einer äußeren Grobkornschicht umgeben ist (Abbildung 37 d-f). Das Ausbilden von zwei Korngrößenfraktionen kann erst ab einer Pyrolysetemperatur von 600 °C mittels FESEM beobachtet werden.

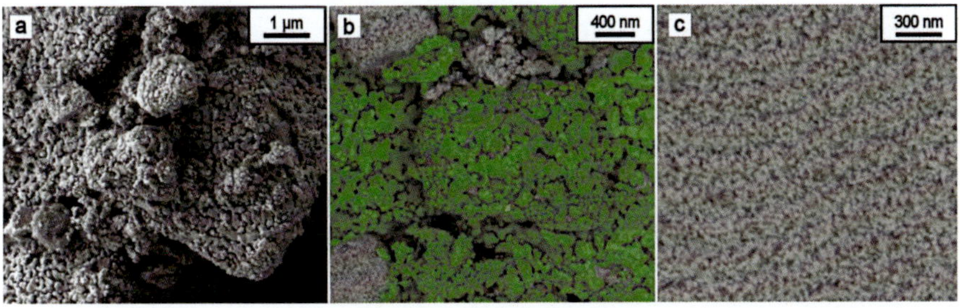

a-c: Pulveraufnahme des 800 °C-pyrolysierten (O,O)-1a-Nanopulvers. (a/b) Äußere Grobkornschicht (eingefärbt) und (c) innerer Feinkornbereich

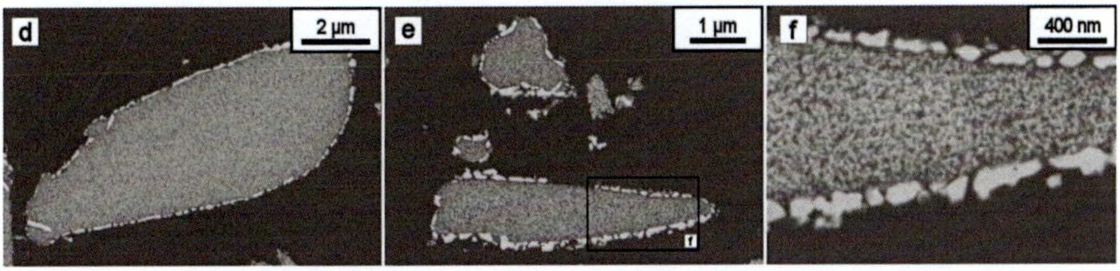

d-f: Böschungsschnitt des 800 °C-pyrolysierten (O,O)-1a-Nanopulvers

Abbildung 37: FESEM-Aufnahmen der zwei Korngrößenfraktionen der PDC-Nanopulver

In der äußeren Grobkornschicht ist einer Vergröberung mit steigender Pyrolysetemperatur von 100 nm bis ca. 1 µm großen Körnern bei einem 1050 °C-pyrolysierten (O,O)-1a-Pulver (Nr. 1.20a) nachzuweisen (Abbildung 38, Nr. 1.2). Das Vorliegen von zwei Korngrößenfraktionen bestätigen auch TEM-Untersuchungen, welche die Präsenz von größeren Kristalliten mit Korngrößen zwischen 100 nm bis ca. 1 µm sowie von kleinen Kristalliten mit Korngrößen zwischen 10 bis 100 nm umgeben von einer amorphen Matrix nachweisen.

Durch Energie-gefilterte TEM-Aufnahmen (EFTEM, Abbildung 39) konnte gezeigt werden, dass in den 1050 °C-pyrolysierten Proben ein deutlich erhöhter Kohlenstoffanteil (Abbildung 39 Mitte) im Bereich der amorphen Strukturen und ein hoher Anteil an Titan in den kristallinen Bereichen (Abbildung 39 rechts) vorliegt. Dies ist ein Nachweis, dass der vorhandene Kohlenstoff in den Pulvern eine Kohlenstoffmatrix bildet, indem TiO_x-Nanokristallite eingeschlossen sind. Da in der Kohlenstoffmatrix, die als Feinkornbereich im FESEM identifizierbar ist, das Kristallitwachstum gehemmt wird [126, 127], liegen in diesem Bereich nur kleine Körner vor. Außerhalb der Kohlenstoffmatrix sind größere Titanoxidkörner vorzufinden, die aus dem FESEM-Untersuchungen zu der äußeren Grobkornschicht zugordnet werden. Das Hemmen des Kristallitwachstums und Ausbilden von zwei Korngrößenfraktionen aufgrund von Kohlenstoff ist bereits analog bei precursorabgeleiteten SiCN-Keramiken beobachtet worden [126, 127].

Abbildung 38: FESEM- und TEM-Aufnahmen der zwei Korngrößenfraktionen (links, Mitte: Grobkornbereich; rechts: Feinkornbereich) am Beispiel des bei 1050 °C- pyrolysierten (O,O)-1a-Nanopulvers (Nr. 1.20a)

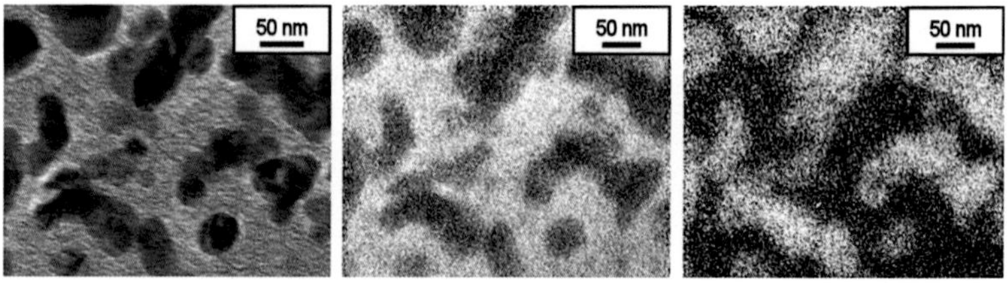

Abbildung 39: Lokalisierung des Kohlenstoffs im Nanopulver (Nr. 1.20a): TEM-Aufnahme des zu untersuchenden Bereiches (links), EFTEM-Aufnahme des Kohlenstoffs (Mitte) und EFTEM-Aufnahme des Titans (rechts)

Das Beeinträchtigen des Kristallitwachstums durch Kohlenstoff kann auch zur Erklärung der Ausbildung der äußeren Grobkornschicht auf den Partikeln (Abbildung 37) herangezogen werden. Die kleinste Kontaktfläche von Kohlenstoffmatrix und TiO_x-Korn ist an der Partikeloberfläche vorzufinden, woraus eine geringere Hemmung des Kristallitwachstums, d. h. eine vermehrte Ausbildung von größeren Körnern an der Oberfläche, resultiert. Zudem findet an der Partikeloberfläche eine verminderte Kohlenstoffentstehung sowie eine Begünstigung der karbothermischen Reduktion (Gleichung (48)) durch den besseren Abtransport von gasförmigen Produkten statt. Folglich verursacht ein geringerer Kohlenstoffanteil an der Partikeloberfläche ein geringeres Hemmen des Kristallitwachstums und somit die Bildung größerer Körner (äußere Grobkornschicht) im Vergleich zum Partikelinneren (innere Feinkornbereich).

In Abbildung 40 sind exemplarisch FESEM-Aufnahmen von 800 °C- und 1050 °C-pyrolysierten (O,O)-1a- und (N,O)-1b-Nanopulvern gegenübergestellt. Dabei wird deutlich, dass die Körner an der Partikeloberfläche beim (O,O)-1a-Pulver mit steigender Temperatur bis auf 1 µm wachsen (Abbildung

40 a/c, zum Verdeutlichen des Grobkornbereichs wurde dieser grün eingefärbt), wohingegen im Partikelinneren keine größeren Körner und somit kein wesentliches Kornwachstum nachzuweisen ist. Im Unterschied dazu ist beim (N,O)-1b-Precursor allgemein eine geringe Tendenz zur Ausbildung der äußeren Grobkornschicht zu erkennen (Abbildung 40 b/d). Dies könnte mit der bereits formulierten Vermutung der feineren Kohlenstoffverteilung im (N,O)-1b im Vergleich zum (O,O)-1a-Nanopulver begründet werden. Eine feinere Kohlenstoffverteilung entspricht kleineren Kohlenstoffkörnern und kürzeren Diffusionswegen zwischen den Reaktionspartnern (TiO_2 und C). Dies könnte die geringere Phasenumwandlungstemperatur von TiO_2 zu Ti_nO_{2n-1} beim (N,O)-1b-Precursor von 850 °C im Vergleich zu 950 °C beim (O,O)-1a-Precursor erklären. Eine feinere Verteilung des Kohlenstoffs und das damit verbundene stärkere Beeinträchtigen des Kristallitwachstums (auch an der Partikeloberfläche) erklärt die fehlende Grobkornschicht beim (N,O)-1b-Precursor. Mit steigender Pyrolysetemperatur sind beim (N,O)-1b-Precursor keine zwei Korngrößenfraktionen zu beobachten. (Abbildung 40 b/d).

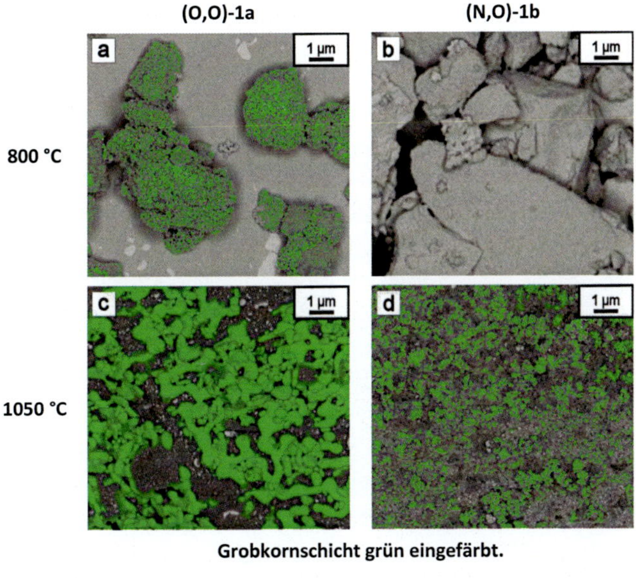

Abbildung 40: Ausbildung der zwei Korngrößenfraktionen in Abhängigkeit von den Precursoren und der Pyrolysetemperatur (a: Nr. 1.11a, b: Nr. 2.4a, c: Nr. 1.20a, d: Nr. 2.9a)

Die beobachteten zwei Korngrößenfraktionen sollten im Diffraktogramm eine Überlagerung der Reflexe von Grob- und Feinkornbereich mit einer unterschiedlichen Halbwertsbreite für gleiche Reflexe einer Phase (abhängig von der Kristallitgröße) nach sich ziehen. Demzufolge sind die abgeschätzten Kristallitgrößen über die Scherrer Gleichung stark verfälscht (Anhang C Tabelle 28).

Wie aus den Untersuchungen hervorgeht, zersetzen sich die Precursoren bis zu einer Pyrolysetemperatur von 800 °C unter Bildung von TiO_2 (Abbildung 35) und Kohlenstoff (Abbildung 33). Ab einer Pyrolysetemperatur von 850 °C dominiert die karbothermische Reduktion, die zur Bildung von Magnéli-Phasen ab 950 °C bei dem (O,O)-1a-Precursor (Ti_4O_7) und bereits ab 850 °C bei dem (N,O)-1b-Precursor (Ti_5O_9) führt (Tabelle 10). Die ab 900 °C identifizierten Reflexe des Rutils werden auf die Reaktionsführung während der Pyrolyse zurückgeführt. Da der Precursor vermutlich mit dem Sauerstoff bzw. Wasser des eingeleiteten 5.0 Argons (laut Herstellerangaben: < 5 ppm O_2, < 3 ppm H_2O) bei höheren Temperaturen oberflächlich zu TiO_2 (Rutil) oxidiert wird. An der Oberfläche beobachtete weise Partikel bei dieser Probe bestätigen die Vermutung. Aufgrund der geringen Diffusions- und Reaktionswege infolge der Feinkörnigkeit und der hohen Sauerstoffdiffusion im Ti-O System [131, 132] (Begünstigung durch Vielzahl vorliegender Korngrenzen [133]) konnte in den untersuchten Temperaturintervallen von 50 °C ab 850 °C kein kontinuierlicher Sauerstoffausbau unter Bildung der Ti_nO_{2n-1}-Phasen bis hin zu Ti_4O_7 bei 1050 °C beobachtet werden.

Die Untersuchung der Phasenzusammensetzung in Abhängigkeit der Pyrolysetemperatur (Tabelle 10) ergab beim (O,O)-1a-Precursor den Beginn der Phasenumwandlung von Anatas zu Rutil ab 600 °C und darauffolgend die Bildung der Magnéli-Phase mit Ti_4O_7 ab 950 °C. Im Vergleich dazu ist bei dem (N,O)-1b-Precursor eine Umwandlung von Anatas zu Rutil ab 800 °C, jedoch bereits ab 850 °C neben Anatas und Rutil die Magnéli-Phase Ti_5O_9 nachzuweisen. Mit steigender Pyrolysetemperatur ist ein Reduzieren des Sauerstoffgehalts bis zu Ti_3O_5 / Ti_4O_7 bei 1050 °C zu beobachten. Die nachweislich mittels Pulver-XRD einsetzende precursorabhängige Bildung der Magnéli-Phase kann über die unterschiedliche Kohlenstoffverteilung in den Nanopulvern erklärt werden. In der Literatur konnte bewiesen werden, dass die Reaktionskinetik bei der karbothermischen Reduktion durch Verteilung und Struktur des Kohlenstoffs beeinflusst werden kann [58]. Dabei verschob sich die erste Reduktionsstufe ($TiO_2 \rightarrow Ti_nO_{2n-1}$) bei feiner verteilten precursorabgeleiteten Kohlenstoff und TiO_2 zu niedrigeren Temperaturen (870 °C, im Vergleich zu einer TiO_2/Kohlenstoff-Pulvermischung bei 1150 °C) [58]. Die hier untersuchten Precursoren weisen eine stärkere Temperaturabsenkung der einsetzenden Reduktionsreaktion von ca. 780 °C für (O,O)-1a-Precursor und ca. 650 °C für (N,O)-1b-Precursor auf. Die Magnéli-Phasen beim (N,O)-1b-Precursor sind bereits ab 850 °C und somit 100 K niedriger im Vergleich zum (O,O)-1a-Precursor röntgenografisch nachzuweisen. Der Unterschied zur Literatur [58] besteht in der Art der Kohlenstoffquelle. Die Kohlenstoffquellen in dieser Arbeit stellen die Liganden (Isopropanol/2-Aminoethanol/ 2-Methoxyethanol bzw. Glycerol) der Titan-Komplexe dar statt Hydrogele bzw. Organogele wie in [58], die vermutlich ein eigenes Netzwerk um die Titanalkoxide aufbauen. Der aus Hydrogel und Organogel resultierende Kohlenstoff ist vermutlich gröber verteilt als der hier aus Liganden erhaltene Kohlenstoff. Eine feinere Verteilung des Kohlenstoffs über die Liganden der untersuchten Precursoren könnte aufgrund einem Verringern der Reaktionswege zwischen Ti-O und C die Absenkung der beginnenden Reduktionstemperatur erklären.

Tabelle 10: Überblick der Phasenzusammensetzung in Abhängigkeit der Pyrolysetemperatur von (O,O)-1a- und (N,O)-1b-pyrolysierten Nanopulvern

Precursor	Pyrolysetemp. (°C)	350	450	600	800	850	900	950	1000	1050
(O,O)-1a	Proben-Nr.	1.12a	1.13a	1.14a	1.11a	1.18a	1.15a	1.17	1.16a	1.20a
	Hauptphasen	-	Anatas	Anatas, Rutil	Rutil	Rutil	#	Ti_4O_7	Ti_4O_7	Ti_4O_7
	Nebenphasen				Anatas			Rutil*	Rutil*	
(N,O)-1b	Proben-Nr.	2.1a	2.2a	2.3a	2.4a	2.5a	2.6a	2.7a	2.8a	2.9a
	Hauptphasen	Anatas	Anatas	Anatas	Anatas, $(TiO_{,716})_{3,76}$	Anatas, Ti_5O_9	Ti_4O_7	Ti_4O_7	Ti_3O_5, Ti_4O_7, Ti_6O_{11}	Ti_3O_5, Ti_4O_7
	Nebenphasen				Rutil	Rutil	Ti_5O_9	Ti_3O_5	Rutil*	

* Oberflächennahes TiO_2 durch die Reaktion von dem im 5.0 Argon vorliegendem Wasser und Sauerstoff

keine Reflexe zweifelsfrei zuordenbar im Bereich zwischen $TiO_2 - Ti_{10}O_{19}$.[11, 24]

Daraus ergibt sich, dass der Beginn der karbothermischen Reduktion abhängig von der Kohlenstoffverteilung ist. Dies bedeutet, dass unter vergleichbaren Reaktionsbedingungen (gleiche Maximal-Temperatur und Haltezeit) über die konventionelle Pulverroute von TiO_2 mit Kohlenstoff oder einem Kohlenstoffprecursor nicht die gleichen Magnéli-Phasen erhalten werden können. Diese These soll über Vergleichsexperimente mit TiO_2 und Kohlenstoff bzw. Stärkebinder als Kohlenstoffquelle untersucht und diskutiert werden. Dabei ist zu beachten, dass bei der Precursorroute der Precursor sowohl TiO_2 als auch C-Quelle darstellt, jedoch nur ein Teil des Precursorkohlenstoffs nach der Pyrolyse zur Reduktion dient (hoher Restkohlenstoffanteil Abbildung 33). Zudem sind die Reaktionswege zwischen Kohlenstoff und TiO_2 bei der Precursorroute kleiner als bei der konventionellen Mischung von Kohlenstoff und TiO_2. Darauffolgend wurden zwei Thesen mit je 2 Vergleichsexperimenten untersucht:

I. Der Kohlenstoffanteil des Precursors nach Zerstörung des Organikanteils (bei einer Pyrolysetemperatur von 350 °C) trägt vollständig zur Reduktion von TiO_2 zum Ti_4O_7 bei. Dies entspricht den Vergleichsexperimenten mit einem Kohlenstoffanteil von 15 Ma-% (Nr. 5.2 und 5.4).

II. Der Kohlenstoff des Precursors, der nach der Zerstörung der Organik (Pyrolysetemperatur von 350 °C) bis zum Erhalt der Ti_4O_7-Phase bei einer Pyrolysetemperatur von 1050 °C verbraucht wurde, bestimmt allein die Reduktion von TiO_2. Dies entspricht den Vergleichsexperimenten mit einem Kohlenstoffanteil von 2,5 Ma-% (Nr. 5.1 und 5.3).

Dabei ist davon auszugehen, dass der Kohlenstoff des Stärkebinders im Gegensatz zum Carbon Black (CB) besser verteilt im TiO_2-Pulver vorliegt. Die röntgenografischen Ergebnisse sind in Abbildung 41 dargestellt. Dabei zeigt sich keine nennenswerte Reduktion des TiO_2 bei einem Kohlenstoffanteil von 2,5 Ma-%. Jedoch ist beim Stärkebinder im Gegensatz zur TiO_2/CB-Mischung noch keine Phasenumwandlung von Anatas zu Rutil zu beobachten. Dieses bestätigt die Vermutung, dass der Kohlenstoff der TiO_2/Stärkebinder-Mischung besser verteilt ist und somit die Phasenumwandlung Anatas zu Rutil stärker gehemmt ist als bei TiO_2/CB.

Beim Einsatz von 15 Ma-% Kohlenstoff sind in den Diffraktogrammen für beide C-Quellen zusätzliche Reflexe zu beobachten, die TiO_x-Phasen im Bereich von $2 < x < 1{,}9$ zugeordnet werden können. Jedoch zeigen die Vergleichsexperimente trotz identischer Reaktionsbedingungen keine Bildung von Magnéli-Phasen im Gegensatz zum (O,O)-1a-Precursor, der ausschließlich Ti_4O_7 unter diesen Reaktionsbedingungen bildet.

Damit konnte bewiesen werden, dass im Vergleich zur konventionellen Pulverroute über die Precursorenroute Ti_nO_{2n-1}-Phasen unter moderaten Reaktionsbedingungen (geringe Haltezeit und Reaktionstemperatur) bereits dargestellt werden können. Dabei setzt die karbothermische Reduktion bereits ab 650 °C für (N,O)-1b bzw. 780 °C für (O,O)-1a statt ab 1150 °C für TiO_2/C [58] ein. Dies zeigt die Bedeutung des molekularen Designs des Precursors, der die Kohlenstoff- und TiO_2-Bildung sowie die Kohlenstoffverteilung beeinflusst. Dies bestimmt wiederum die Phasenumwandlung Anatas zu Rutil sowie die Bildungstemperatur der Magnéli-Phasen. Die Bildung von Ti_nO_{2n-1} verläuft bei den untersuchten Precursoren immer über den Zwischenschritt der Bildung von TiO_2 bzw. TiO_x und nicht über eine direkte Bildung von Ti_nO_{2n-1} aus dem Precursor.

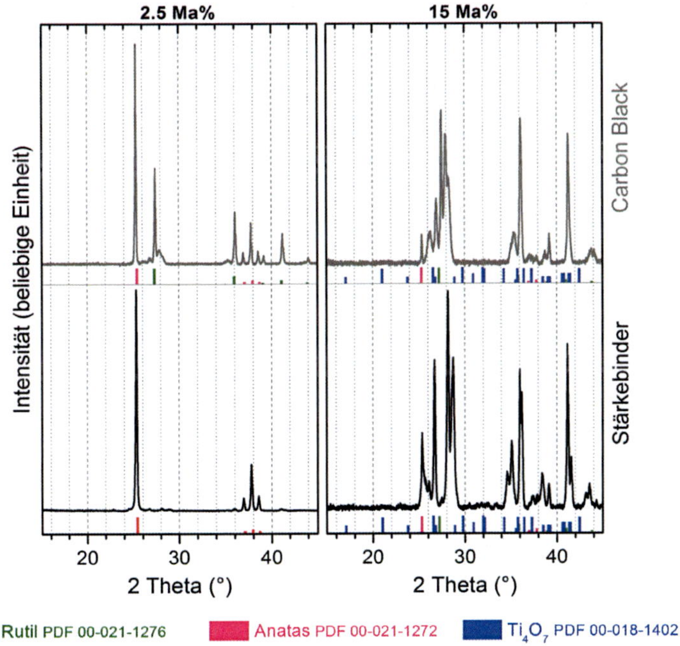

Abbildung 41: Diffraktogramme von den Vergleichsexperimenten (TiO_2/Carbon Black, TiO_2/Stärkebinder, Nr. 5.1 – 5.4) mit Kohlenstoffanteilen analog der PDC Ti_4O_7-Darstellung aus dem (O,O)-1a-Precursor

Die erhaltenen Ti_nO_{2n-1}-Nanopartikel enthalten nach der Pyrolyse einen Kohlenstoffanteil zwischen 7 und 15,1 Ma-%. Der Kohlenstoff beeinflusst die physikalischen Eigenschaften des resultierenden Bulkmaterials und erschwert den Vergleich zu konventionell hergestellten TiO_x (Kapitel 2.2), welches meist einen geringeren bis gar keinen Kohlenstoffanteil in Abhängigkeit der Reaktanten und Reaktionsführung aufweist. Um diesen zu senken und kohlenstoffarme precursorabgeleitete Ti_nO_{2n-1}-Nanopartikel herzustellen, wurde am Beispiel des (N,O)-1b-Precursors die Auswirkung von Varigon- und Ammoniakatmosphäre während der Pyrolyse analysiert. In Tabelle 11 sind die verschiedenen Pyrolysebedingungen und die dazugehörigen bestimmten Stickstoff- und Kohlenstoffanteile des pyrolysierten PDC Ti_nO_{2n-1}-Pulvers angegeben. Dabei wird eine Reduktion über die Reaktion von Wasserstoff im Varigon (5 % H_2) bzw. Ammoniak realisiert. Ammoniak zersetzt sich thermischoberhalb 1000 °C zu Wasserstoff und Stickstoff [134].Beim Einsatz von Ammoniak kann Stickstoff bis zu 7,5 Ma-% (Nr. 2.20a) in das entstehende Titanoxid eingebaut werden. Der Einbau von Stickstoff ist aufgrund von bereits dokumentierter Verbesserung der thermoelektrischen Performanz [18, 32] interessant (thermoelektrische Untersuchungen an den stickstoffhaltigen PDC TiO_x werden in Kapitel 2.3.4 diskutiert). Eine vollständiges Nitridieren von TiO_2 zum TiN in Ammoniak erfolgt über die

Reaktionen in Gleichung (53) und (54) unter Bildung von TiO_x bei einer Temperatur von 900 °C für 4 - 5 h [135, 136].

$$2\mathrm{TiO_2} + (2-\mathrm{x})\mathrm{H_2} \rightarrow \mathrm{TiO_x} + (2-\mathrm{x})\mathrm{H_2O} \tag{53}$$

$$a\mathrm{TiO_x} + b\mathrm{NH_3} \rightarrow c\mathrm{TiN} + d\mathrm{H_2O} \tag{54}$$

Tabelle 11: Einfluss verschiedener Pyrolyseatmosphären auf Kohlenstoff- und Stickstoffanteil von pyrolysierten (N,O)-1b-basierten TiO_x

Pyrolyse-temperatur (°C)	Atmosphäre	Gasfluss (lh^{-1})	Heizrate ($Kmin^{-1}$)	Haltezeit (h)	C-Anteil* (Ma-%)	N-Anteil* (Ma-%)	Proben-Nr.
800	Ar	5	5 / 1,5	1	11,6		2.4a
	Ar/5 % H_2	5			10,4		2.14a
		15			10,1		2.15a
	NH_3	12			1,2	7,5	2.20a
600	Ar	5	5 / 1,5	1	13,5		2.3a
	NH_3	12			5,6	3,1	2.18a
				12 / 1#	3,5	3,0	2.19a
350	Ar	5	5 / 1,5	1	14,1		2.1a
	Ar/5 % H_2	15			14,0		2.10a
				21	12,5		2.11a
		5	5 / 0,5	1	17,4		2.12a
	NH_3	12	5 / 1,5		9,9	2,8	2.17a
				12	7,4	2,8	2.16a

* Werte nach der Pyrolyse bestimmt

\# Bei einer Temperatur von 350 °C wurde 12 h und bei der maximalen Temperatur von 600 °C 1 h die Temperatur gehalten.

Bei den Untersuchungen zum Einfluss des Gasstroms auf den Kohlenstoffanteil zeigt sich bei den 800 °C-pyrolysierten Proben mit zunehmenden Gasstrom (5 - 15 lh^{-1}) ein geringerer Abfall des Kohlenstoffanteils von 10,4 Ma-% (5 lh^{-1}) auf 10,1 Ma-% (15 lh^{-1}). Demzufolge wird der Einfluss des Gasstroms auf den Kohlenstoffanteil des PDC Ti_nO_{2n-1} als nicht signifikant eingestuft. Wie bereits diskutiert, kann mit steigender Pyrolysetemperatur ein Absenken des Kohlenstoffanteils nachgewiesen werden, jedoch kann dieser Effekt mit reduzierenden Atmosphären wie Varigon und Ammoniak verstärkt werden. Dabei wurde beispielsweise bei der unter Argon bei 800 °C-pyrolysierten Probe (Nr. 2.4a) 11,6 Ma-% C-Anteil bestimmt, der über den Einsatz von Varigon (Nr. 2.14a) auf 10,4 Ma-% und Ammoniak (Nr. 2.20a) auf 1,2 Ma-% gesenkt werden kann. Eine deutliche Kohlenstoffverminderung wird bei dem Einsatz von Ammoniak erreicht. Ein möglicher Erklärungsansatz ist, dass Ammoniak im Vergleich zu Argon oder Varigon Einfluss auf die Zersetzung der Organik unter erhöhten Abtransport von Kohlenstoffverbindungen nimmt. Dies wird bekräftigt von den geringen Kohlenstoffanteilen von 9,9 Ma-% in Ammoniak bereits nach der Zerstörung der Organik bei 350 °C im Vergleich zu den in Argon und Varigon-durchgeführten Pyrolysen mit 14,1 und 14,0 Ma-% Kohlenstoff.

Um die Carbonisierung des Precursors während der Zersetzung zu reduzieren, wurde bei der stärksten Masseänderung des Precursors bei einer Temperatur von 350 °C die Wirkung einer längeren Haltezeit (12 h NH_3, 21 h Varigon) auf den Restkohlenstoffanteil untersucht. Bei der Verwendung von Varigon zeigte sich bei einer Pyrolysetemperatur von 350 °C mit der Erhöhung der Haltezeit eine Senkung des C-Anteils von 14,0 Ma-% (Nr. 2.10a) auf 12,5 Ma-% (Nr. 2.11a). Dieser Effekt konnte bei den Untersuchungen mit Ammoniak gleichfalls nachgewiesen werden (Reduzierung der Kohlenstoffanteile von 9,9 auf 7,4 Ma-% (350 °C) bzw. 5,6 auf 3,5 Ma-% (600 °C)). Die Partikeloberfläche hat sich nur geringfügig bei unterschiedlichen Pyrolyseatmosphären verändert.

PDC Ti_4O_7/C-Komposit

Das hergestellte precursor-abgeleitete Ti_4O_7 aus dem (O,O)-1a-Precursor nach einer Pyrolysetemperatur von 1050 °C (Nr. 1.20a) kristallisiert in einem triklinen $P\bar{1}$ Kristallsystem. Das Ermitteln der Gitterparamater erfolgt mit dem Programm TOPAS über einen Pawley-Fit-Algorithmus (siehe Abschnitt 3.3, Abbildung 42). Die daraus bestimmten Gitterparameter sind in Tabelle 12 angegeben. Im Vergleich zu den Literaturwerten [137] sind geringe Abweichungen der Gitterparameter zu verzeichnen (Tabelle 12). Der vorliegende Kohlenstoffrest mit einem Gehalt von 12,5 Ma-% im PDC Ti_4O_7/C-Komposit könnte unter Bildung eines substituierten $Ti_4O_{7-x}C_x$ das Abweichen der Gitterparameter zu den Angaben eines Ti_4O_7-Einkristall in der Literatur erklären.

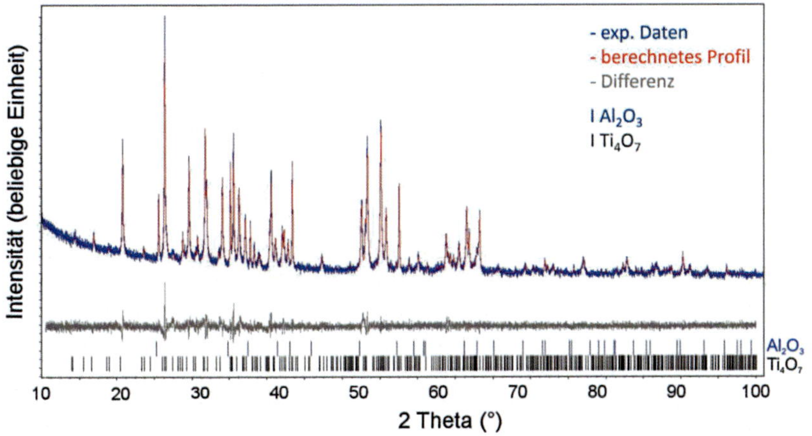

Abbildung 42: Pulver-Diffraktogramm des einphasigen PDC Ti_4O_7/C-Komposits (Nr. 1.20a)

Tabelle 12: Gitterparameter von einphasigen PDC Ti_4O_7/C-Komposit (Nr. 1.20a)

	Ti_4O_7	
	Exp. Daten	[137]
***a₀* (Å)**	5,596(2)	5,597(1)
***b₀* (Å)**	7,123(2)	7,125(1)
***c₀* (Å)**	20,422(6)	20,429(5)
***α* (°)**	67,73(2)	67,70(1)
***β* (°)**	57,13(2)	57,16(1)
***γ* (°)**	108,78(2)	108,76(1)

Wie bereits diskutiert, zeigt auch das PDC Ti_4O_7/C-Komposit in den TEM-Aufnahmen zwei Korngrößenfraktionen mit Korngrößen von 10 bis 800 nm (Abbildung 43). Die Fraktion mit den Korngrößen zwischen 10 - 100 nm (Feinkornbereich) liegt in einer Kohlenstoffmatrix vor, in dem die Titanoxidkörner eingebettet sind (Abbildung 39). Im Gegensatz dazu sind Körner mit einer Größe zwischen 100 - 1000 nm (Grobkornbereich) freiliegend vorzufinden. Diese Grobkornschicht wird in den FESEM-Aufnahmen zu der äußeren Schicht auf den Partikeln zugeordnet (Abbildung 37 d-f). Die spezifische Oberfläche des PDC Ti_4O_7/C-Komposit beträgt 156 m^2g^{-1}.

Abbildung 43: TEM-Aufnahmen von einem einphasigen Ti_4O_7/C-Komposit

In diesem Kapitel wurde gezeigt, dass die Herstellung von Magnéli-Phasen Ti_nO_{2n-1} (n = 4 - 6) über single-source Precursoren ohne reduktive Atmosphäre bis hin zu einphasigem Ti_4O_7-Nanopulver möglich ist. Dabei bilden sich aus dem Precursor nicht direkt Magnéli-Phasen, sondern über die Zwischenstufe von TiO_2 und Kohlenstoff. Die Bildung von Magnéli-Phasen ist ab einer Temperatur von 850 °C über Pulver-XRD nachweisbar. Dies korreliert mit den Erkenntnissen aus den thermogravimetrischen Untersuchungen (Kapitel 5.1.3). Es konnte gezeigt werden, dass der hier gewählte Ansatz über die Precursoren eine Darstellung der Magnéli-Phasen bei niedrigeren Temperaturen und kürzeren Reaktionszeiten ermöglicht als im Vergleich mit einer TiO_2/Kohlenstoff-Mischung. Ursachen für das Herabsetzen der Reaktionszeit und -temperatur kann die homogene Verteilung der Komponenten, die geringen Kristallitgrößen und damit entsprechend geringe

Diffusions- bzw. Reaktionswege sein. Die niedrigere Temperatur des ersten karbothermischen Reduktionsschrittes (780 °C für (O,O)-1a, 650 °C für (N,O)-1b) im Vergleich zu publizierten Temperaturen (1150 °C für TiO_2/C [58]) ist auf die feinere Verteilung des Kohlenstoff sowie höhere Kontaktfläche zwischen TiO_2 und Kohlenstoff im (O,O)-1a bzw. (N,O)-1b-Precursor zurückzuführen. Der Kohlenstoff liegt in Form einer Kohlenstoffmatrix mit eingebetteten TiO_x-Nanopartikeln vor. Der (O,O)-1a-Precursor weist deutlich zwei Korngrößenfraktionen unterteilt in einen äußeren Grobkornbereich und inneren Feinkornbereich auf. Diese Beobachtung wird auf die Kristallitwachstumshemmende Wirkung des Kohlenstoffs und dessen unterschiedlichen Vorhandenseins an Partikeloberfläche und Partikelinneren zurückgeführt. Daraus ergeben sich für den (O,O)-1a-Precursor an der Partikeloberfläche Korngrößen um ein vielfaches größer als im Partikelinneren. Die Ausprägung der zwei Korngrößenfraktionen ist abhängig von dem Precursor und der Pyrolysetemperatur. Die stärkere Ausprägung der zwei Korngrößenfraktionen im (O,O)-1a-Nanopulver als im (N,O)-1b-Nanopulver wird vermutlich durch eine unterschiedliche Kohlenstoffverteilung verursacht. Die Abweichungen in den Gitterparametern des PDC Ti_4O_7/C-Komposits deuten auf einen möglichen Einbau von Kohlenstoff ins Kristallgitter hin. Um den Restkohlenstoff und ggf. dessen Beeinflussung auf die physikalischen Eigenschaften zu reduzieren, kann durch Variation von Pyrolyseparametern (Atmosphäre, Haltezeit, Maximal-Temperatur) eine Kohlenstoffregulierung zwischen 1,2 bis 15,1 Ma-% realisiert werden. Im Vergleich zu den publizierten precursorabgeleiteten Ti_nO_{2n-1} [56-58] (siehe Kapitel 2.2.2) weisen die in dieser Arbeit erhaltenen Pulver teilweise auch einphasiges Ti_nO_{2n-1} auf. Jedoch unterscheiden sich die vorliegenden Kohlenstoffanteile von 3 Ma-% [56] oder 31 Ma-% [58] bei vergleichbaren Herstellungstemperaturen von den hier erhaltenen PDC Ti_nO_{2n-1}/C-Kompositen mit einem Kohlenstoffanteil von 7,5 bis 15 Ma-% (Tabelle 13). Mit einer keramischen Ausbeute von 43 Ma-% weist der (O,O)-1a-Precuror die höchste Ausbeute für einphasiges PDC Ti_nO_{2n-1} im Vergleich zur Literatur [56-58] auf.

Tabelle 13: Phasenzusammensetzung, Kohlenstoffanteil und keramische Ausbeute von PDC TiO_x

	[57]	[58]*	[56]	Diese Arbeit#
Phasen-zusammen-setzung	Phasengemisch Ti_6O_{11}, Ti_9O_{17}	Ti_3O_5, Ti_4O_7 (1000 °C)	Ti_4O_7, Ti_8O_{15}	Ti_4O_7 (Ti_3O_5, Ti_5O_9, Ti_6O_{11})
Kohlenstoff-anteil	k. A.	31 Ma-% nach 800 °C/1 h, 16 – 27,5 Ma-% nach 1600 °C/1 h	ca. 3 Ma-% nach 1000 °C/4 h in N_2	7,5 – 15 Ma-% nach 350 - 1050 °C/ 1 h in Ar~
keramische Ausbeute η_k (bei 1000 °C)	70 Ma-% (1050 °C)	ca. 40 Ma-%	ca. 25 Ma-%	43 Ma-%

* Angaben ausschließlich vom wasserbasierten Precursor

\# Angaben vom (O,O)-1a-Precursor

~ 1,2 Ma-% nach 800 °C/1 h in NH_3

5.1.5 Herstellung von PDC Ti_nO_{2n-1}-Bulkmaterial

Für einige Anwendung, wie beispielsweise als Thermoelektrikum [16-18] oder als Elektrodenmaterial [15], wird Ti_nO_{2n-1} als Bulkmaterial benötigt. Um Ti_nO_{2n-1}-Bulkmaterial über die Precursorroute herzustellen, wurden die erhaltenen PDC Ti_nO_{2n-1}-Nanopartikel nach der Pyrolyse mit einer SPS- bzw. FAST-Anlage kompaktiert. Aufgrund der schnellen Aufheizraten bis 100 $Kmin^{-1}$, werden die Reaktionszeit vermindert und schneller höhere Temperaturen erreicht. Damit wird der Verdichtungsprozess(Gitterdiffusion) gegenüber der Kornvergröberung (Oberflächendiffusion) begünstigt und Nanostrukturen bleiben im Bulkmaterial erhalten, die sich positiv auf die thermoelektrischen Eigenschaften auswirken können (Kapitel 0).

Phänomene des reaktiven Sinterprozesses

Aufgrund der höheren Temperaturen (1100 - 1600 °C) während des Sinterns im Vergleich zur Pyrolyse (350 - 1050 °C) ist eine weiterführende Reaktion in Form des Zersetzens der Precursorbestandteile (Thermoanalyse: 2./3. TG-Stufe 220 - 500 °C für (O,O)-1a bzw. 180 – 630 °C für (N,O)-1b) bzw. der Reduktionsreaktion unter Bildung von CO (Thermoanalyse: 4./5. TG-Stufe 750 - 1370 °C für (O,O)-1a bzw. 630 – 1370 °C für (N,O)-1b) anzunehmen (Kapitel 5.1.3). Dies wird bestätigt durch die gemessene Druckänderung während des Sinterns unter Vakuum. Bei einem 350 °C-pyrolysierten Pulver ist ab einer Temperatur von 350 °C der Anstieg des Druckes zu beobachten, der durch eine Gasentwicklung während des Sinterns (Abbildung 44) verursacht wird. Wie es aus der Thermogravimetrie zu erwarten ist, zersetzt sich das pyrolysierte Pulver während der SPS-Behandlung weiter. Mit dem Einsatz unterschiedlich pyrolysierter PDC Ti_nO_{2n-1}-Nanopulver sind bereits bei der SPS-Behandlung Unterschiede in Bezug auf Verdichtungskurve und Druckänderung nachzuweisen (Anhang H: Abbildung 81 und Abbildung 82). Bei höheren Temperaturen können zwei weitere Druckmaxima bei einer gemessenen Temperatur von 770 und 1310 °C nachgewiesen werden. Diese Druckmaxima können der Reduktionsreaktion unter Bildung von Kohlenstoffmonoxid zugewiesen werden (Thermoanalyse: 4./5. TG-Stufe). Aufgrund der sehr schnellen Heizraten und der Temperaturmessung an der Matrize anstatt direkt an der Probe, kommt es im Vergleich zu den thermoanalytischen Ergebnissen zur Abweichung der gemessenen Temperatur von der realen Temperatur im Kern der Probe und folglich zur Temperaturverschiebung.

Unabhängig von dem zu kompaktierenden Material liegt in der SPS-Anlage eine reduzierende Atmosphäre (geringer Sauerstoffpartialdruck) aufgrund der Kohlenstoffmatrize und der Ofenauskleidung sowie durch die eingestellten Atmosphären (Vakuum, Stickstoff, Argon) vor. Dabei ist durch den geringen Sauerstoffpartialdruck während des Sinterns eine Reduktion des TiO_x in der SPS möglich. Untersuchungen an anderen Stoffsystemen konnten Verunreinigung infolge von CO-haltiger Atmosphäre in SPS-Versuchen nachweisen [138]. In [139] wurde ein kontrollierter Sauerstoffpartialdruck bei der Darstellung von Ti_nO_{2n-1} aus TiO_2 ausgenutzt.

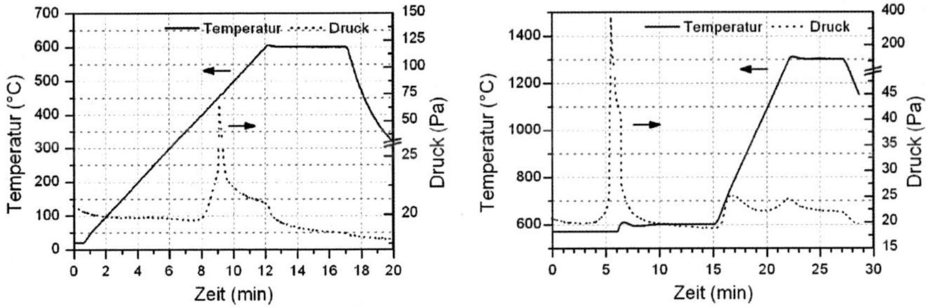

Temperaturmessung mit einem Thermoelement

Temperaturmessung oberhalb 600 °C mit einem Pyrometer

Abbildung 44: Druckveränderung während SPS (links) bis 600 °C (Nr,1,25b) und (rechts) bis 1300 °C (Nr. 1.26b) von einem bei 350 °C-pyrolysierten (O,O)-1a-Pulver

Um die atmosphärischen und strominduzierten Einflüsse auf das Material zu untersuchen, wurden Sinterexperimente von TiO_2 (Anatas) bei verschiedenen Temperaturen in der SPS und der Heißpresse untersucht. Die dazugehörigen Diffraktogramme sind in Abbildung 45 dargestellt. Bei 1100 °C ist eine vollständige Umwandlung zum Rutil zu beobachten. Mit steigender Temperatur werden jedoch zusätzliche Reflexe im Diffraktogramm erkennbar, die die Reduktion von TiO_2 über TiO_x zu Ti_nO_{2n-1}-Phasen kennzeichnet. Bei einer Sintertemperatur von 1500 °C kann die Umwandlung von TiO_2 zu den Magnéli-Phasen (hauptsächlich Ti_8O_{15}) nachgewiesen werden. Die beobachtete Bildung von Ti_nO_{2n-1}-Phase aus reinem TiO_2 über SPS dient als ein Nachweis für die reduzierende Wirkung während der SPS-Behandlung. Im Vergleich dazu zeigt sich die Reduktion von TiO_2 ebenso in den Heißpress-versuchen. Die Reduktion in der Heißpresse konnte mit einer BN-Schlichte auf den Stempelflächen stark vermindert werden. Somit trägt während der SPS-Behandlung nicht nur die weiterführende Reaktion der PDC-Nanopulver (TiO_2 und C), sondern auch die durch die CO-haltige Atmosphäre in der SPS-Anlage induzierte Reduktionsreaktion zur Bildung von Ti_nO_{2n-1}-Phasen bei (Abbildung 45).

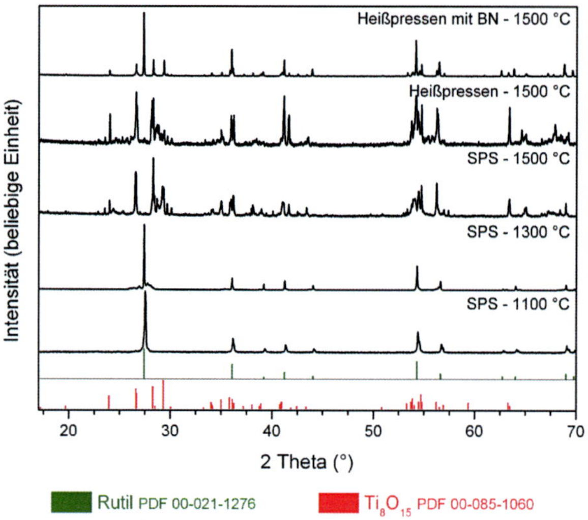

Abbildung 45: Nachweis von ofeninduzierter Reduktion anhand der Diffraktogramme von unterschiedlich gesinterten TiO_2

Die nach dem Sintern resultierenden Proben weisen eine charakteristische Gefügestruktur auf, die in Abbildung 46 exemplarisch für alle folgenden PDC TiO_x dargestellt ist. Das Gefüge kann generell in zwei Bereiche unterteilt werden: (helle) netzartige Bereiche (Abbildung 46b) mit einer gröberen Kornstruktur, in diesem Fall Korngrößen von ~2 µm, und dunkle feinkörnige großflächige Bereiche mit Nanopartikel < 100 nm (Abbildung 46c). Dieses charakteristische Gefüge für die PDC TiO_x-Bulkmaterialien entsteht durch die vorliegenden zwei Korngrößenfraktionen im (O,O)-1a-Nanopulver. Die Grobkorn- und Feinkornbereiche verhalten sich während des Sinterns unterschiedlich. Im kohlenstoffärmeren Grobkornbereich ist das Sintern und Kornwachstum begünstigt. Im Vergleich dazu hemmt im kohlenstoffreichen Feinkornbereich der Kohlenstoff das Kristallitwachstum. Somit bildet sich während des Sinterns aus der Grobkornschicht der Nanopulver die Netzstruktur und der Feinkornbereich bleibt erhalten. Die (N,O)-1b-Gefüge weisen im Vergleich zum (O,O)-1a-Proben größere Feinkornbereiche bei gleichen Bedingungen auf. Diese Beobachtung korreliert mit der geringeren Ausprägung der zwei Korngrößenfraktionen und einer homogeneren Verteilung des Kohlenstoffs (stärkere Hemmung des Kristallitwachstums) im (N,O)-1b-Pulver.

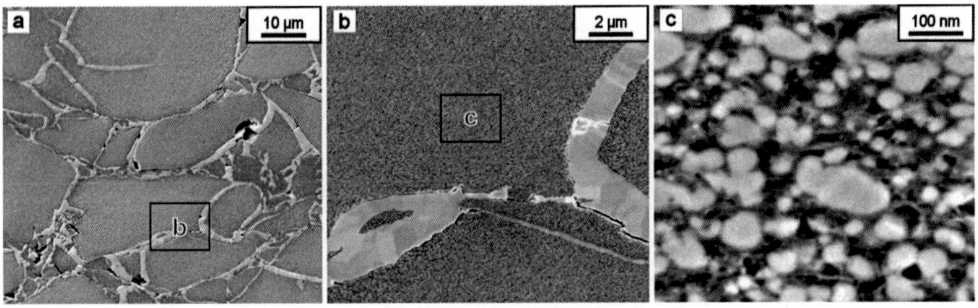

Abbildung 46: Mikrostrukturierung eines PDC TiO_x-Bulkmaterials (Nr. 1.1b) mit unterschiedlichen Gefügebereichen: Netzstrukturen (a/b) und dunkle großflächige Feinkornbereiche (b/c)

EDXS-Untersuchungen der unterschiedlichen Bereiche (Netzstruktur, Feinkornbereich) im Gefüge ermöglichen eine ortsaufgelöste Bestimmung des Kohlenstoffs. Wie in Abbildung 47 dargestellt, weisen die netzartigen Strukturen geringere Kohlenstoffanteile im Vergleich zu den Feinkornbereichen auf. Dies ist ein weiterer Beleg für die Behauptung, dass die Netzstruktur sich aus der äußeren Grobkornschicht der PDC-Nanopulver bildet und jene kohlenstoffärmer im Vergleich zum nahezu unveränderten kohlenstoffreichen Feinkornbereich sind.

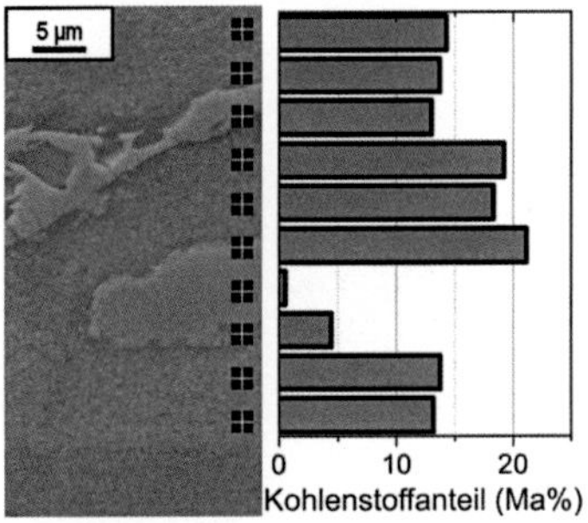

Abbildung 47: Ortaufgelöste Kohlenstoffbestimmung mittels EDX-Spektroskopie (Nr. 1.15b)

TEM-Pulveruntersuchungen verschiedener PDC Ti_nO_{2n-1}-Bulkproben zeigen, dass der Kohlenstoff überwiegend in amorpher Form vorliegt (Abbildung 48 links). In einer Probe konnte neben amorphem Kohlenstoff eine Art geordnete Kohlenstoffstruktur beobachtet werden (Abbildung 48 rechts, Pfeile). Eine mögliche Erklärung ist die Bildung von graphenartigen Kohlenstoff, wie es für PDC SiC und Si_3N_4 bekannt ist [140, 141]. Dieser müsste sich über zusätzliche Reflexe im Pulver-XRD bzw. Banden im Ramanspektrum nachweisen lassen, dies jedoch nicht der Fall ist. Die geringe Ausprägung der Kohlenstoffstruktur im PDC Ti_nO_{2n-1} lässt ggf. keinen Nachweis über Pulver-XRD und Ramanspektroskopie zu.

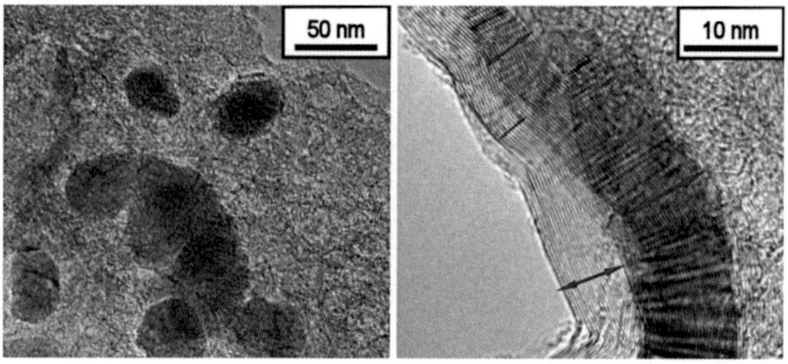

Abbildung 48: Restkohlenstoff im Bulkmaterial als amorpher (links) und geordneter Kohlenstoff (rechts, blaue Pfeile)

Die Kohlenstoffbestimmungen vor und nach der SPS-Behandlung bestätigen eine fortschreitende Reduktionsreaktion verbunden mit einer Senkung des Kohlenstoffanteils um 4 - 5 % während des Sinterns. Die dabei entstehenden Reaktionsgase verursachen gemeinsam mit dem vorliegenden Kohlenstoff die vergleichsweise geringen Dichten der PDC TiO_x-Bulkmaterialien von 2,5 - 3,03 gcm^{-3} für (O,O)-1a und 2,64 - 3,26 gcm^{-3} für (N,O)-1b-Proben im Vergleich zu den theoretischen Dichten der Magnéli-Phasen von 4,28 - 4,33 gcm^{-3} (Anhang A Tabelle 22).

Im Folgenden werden die Einflussgrößen Sinter- und Pyrolysetemperatur sowie die Pyrolyseatmosphäre auf Gefüge- und Phasenausbildung für die (O,O)-1a- und (N,O)-1b-Bulkproben untersucht.

Einflussgrößen für die Gefüge- und Phasenausbildung

Aus den Beobachtungen des reaktiven Sinterprozesses kann geschlussfolgert werden, dass Unterschiede in der Pyrolyse sowie Veränderungen der Sinterbedingung zu einer Änderung des Gefüges und der Phasenzusammensetzung führt. Die Abhängigkeiten von der maximalen Sintertemperatur und -dauer wird exemplarisch am Beispiel des bei 800 °C-pyrolysierten (O,O)-1a-Precursors im Folgenden näher untersucht und erläutert. Die Abhängigkeit der Gefüge- und Phasenausbildung der Bulkmaterialien von dem eingesetzten Nanopulver (Precursortyp, Pyrolysetemperatur, Pyrolyseatmosphäre) wird an (O,O)-1a- bzw. (N,O)-1b-basierten Bulkproben diskutiert.

Sintertemperatur und -dauer

In Abbildung 49 sind die Diffraktogramme von bei 800 °C-pyrolysierten (O,O)-1a-Nanopulver, die bei verschiedenen Temperaturen (1100 - 1600 °C, Nr.: 1.1 – 1.3, 1.6 – 1.8) gesintert wurden, dargestellt. Die nachgewiesenen Phasenzusammensetzungen[5] beginnend bei 1100 °C mit Rutil und $TiO_{1,96}$ über die Magnéli-Phasen bis hin zum Ti_3O_5 bei einer Sintertemperatur von 1600 °C bestätigen, dass die PDC-Nanopulver eine weiterführende temperaturabhängige Reduktion während des Sinterns durchlaufen. Die Reduktionsreaktion erfolgt durch die CO-haltige Ofenatmosphäre und den vor-

[5] Aufgrund der Vielzahl verschiedener Ti_nO_{2n-1} Phasen (triklin) in einer Probe erfolgte keine quantitative Auswertung der Phasenanteile.

liegenden freien Kohlenstoff im PDC TiO_x-Pulver. Dabei sinkt der Kohlenstoffanteil während des Sinterprozesses von 13,8 Ma-% auf 13,3 Ma-% bei 1300 °C und auf 11,5 Ma-% bei 1600 °C. Es verbleibt ein großer Teil des Kohlenstoffs im Bulk. Bei einer Sintertemperatur von 1100 °C können neben den Reflexen des Rutils im 2Θ-Bereich zwischen 25 - 30° auch andere Reflexe beobachtet werden. Diese Reflexe konnten mit Hilfe der ICSD nicht zugeordnet werden, jedoch verweisen einige Publikationen teils ohne Erklärungsansatz auf solche Reflexe [9, 11, 32, 104]. Die beobachteten unbekannten Reflexe deuten auf eine bereits beginnende Verzerrung der Gitterparameter des Rutils hin [9, 11]. Eine Vielzahl von Röntgen- und Elektronen-Beugungsuntersuchungen [9, 11, 27] konnten die sukzessive Sauerstoffreduzierung von TiO_2 und die damit verbundene Ausbildung beliebiger TiO_x-Phasen mit jeweils spezifischer Kristallstruktur aufzeigen. Im Vergleich mit der Literatur [11] konnten Übereinstimmungen der Reflexe zu den Phasen $TiO_{1,96}$ (1100 °C) bzw. $TiO_{1,90}$ (= $Ti_{10}O_{19}$), $TiO_{1,93}$ und $TiO_{1,945}$ (1200 °C) zugeordnet werden. Die Vielzahl der verschiedenen Phasen in einer Probe verdeutlicht die Schwierigkeit der Herstellung einphasiger Proben aus der homologen Reihe der Magnéli-Phasen. Es ist gelungen bei einer Pyrolysetemperatur von 800 °C und einer Sintertemperatur von 1400 °C nahezu einphasiges Ti_6O_{11} zu synthetisieren.

Mit zunehmender Sintertemperatur ist neben der weiterführenden Reduktion des TiO_x das fortschreitende Kristallitwachstum der TiO_x-Körner zu erwarten. Die typische Netzstruktur der PDC TiO_x-Gefüge nimmt mit steigender Sintertemperatur flächenmäßig zu, wie in Abbildung 50 exemplarisch an (O,O)-1a-Bulkproben dargestellt ist. Beim Vergleich der Korngrößen in Abhängigkeit der Sintertemperatur wird erkennbar, dass der netzartige Bereich mit steigender Sintertemperatur einem stärkeren Kornwachstum (Korngrößen >> 10µm) im Gegensatz zum Feinkornbereich (Korngrößen ≤ 200 nm) unterliegt. Dies ist zum einen mit dem gehemmten Kornwachstum und Sintern im Feinkornbereich aufgrund des vorliegenden Kohlenstoffs (Abbildung 47), und zum anderen mit dem einsetzenden Sintern der Körner (Kornvergröberung) in der kohlenstoffarmen Netzstruktur begründbar.

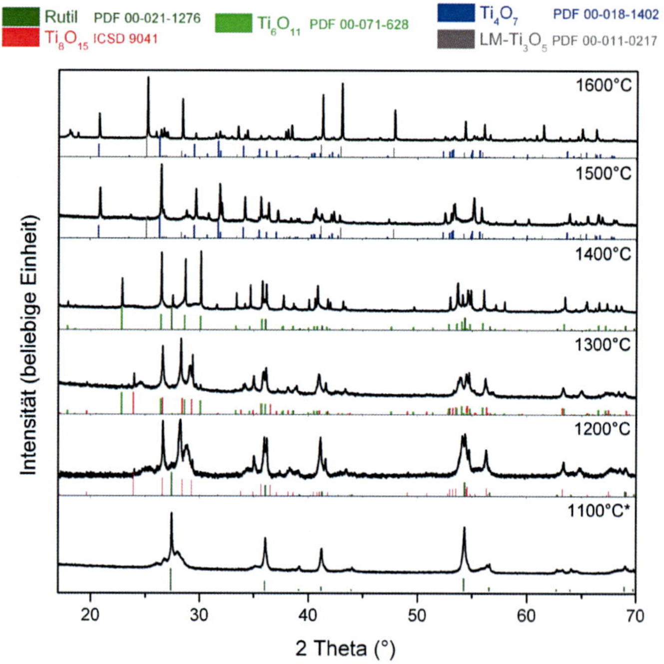

Sinter-temperatur (°C)	1100	1200	1300	1400	1500	1600
Proben-Nr.	1.1b	1.2b	1.3b	1.6b	1.7b	1.8b
Phasen-zusammen-setzung	Rutil, $TiO_{1,96}$*	$Ti_{10}O_{19}$, $TiO_{1,945}$*, $TiO_{1,93}$*, Ti_8O_{15}, Rutil	$Ti_{10}O_{19}$, Ti_8O_{15}, Ti_7O_{15}, Ti_6O_{11}	Ti_6O_{11}, Rutil#	Ti_4O_7, LM-Ti_3O_5	LM-Ti_3O_5, Ti_4O_7

* Ermittelt anhand [11]

\# Vermutlich oberflächennahes TiO_2, das durch die Reaktion von dem in 5.0-Argon vorliegendem Wasser und Sauerstoff entstand

Abbildung 49: Änderung der Phasenzusammensetzung mit der maximalen Sintertemperatur

Die Ausdehnung der Netzstruktur sowie das Kornwachstum im Selbigen sind verknüpft mit dem Schrumpfen des Feinkornbereichs (Ostwald-Reifung). Im verbleibenden Feinkornbereich ist nur eine geringe Kornvergröberung bis 1500 °C zu verzeichnen. Mit zunehmender Sintertemperatur auf 1600 °C setzt auch im Feinkornbereich eine Kornvergröberung ein. Dies und das Schrumpfen des Feinkornbereichs hat eine Anreicherung von Kohlenstoff, erkennbar als schwarze Bereiche im Gefüge (Abbildung 50 Nr. 1,8b - Nachweis über EDXS-Untersuchungen), zur Folge.

Sinter-temperatur (°C)	**1100**	**1500**	**1600**
Proben-Nr.	1.1b	1.7b	1.8b

Gefüge

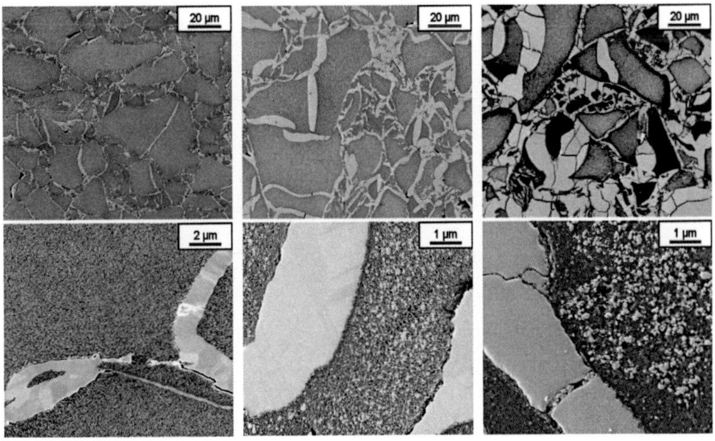

Korngrößen (nm)			
Feinkorn-bereich	≤ 50 nm	30 - 200 nm	50 - 200 nm
Netzstruktur	≤ 1 µm	≤ 10 µm	>> 10 µm

Abbildung 50: Gefügeausbildung in Abhängigkeit der Sintertemperatur

Durch den vorliegenden Kohlenstoff im PDC Ti_nO_{2n-1}-Pulver sowie durch die CO-haltige Atmosphäre in der SPS ist eine fortschreitende Reduktion nicht nur mit der Erhöhung der Sintertemperatur sondern auch mit der Erhöhung der Sinterdauer zu erwarten. Die Erhöhung der Haltezeit von 5 min auf 30 min und 4 h bei einer Sintertemperatur von 1500 °C verursacht eine verstärkte Reduktion unter Bildung der Phasen Ti_4O_7 und LM-Ti_3O_5 (5 min, Nr. 1.7b), LM-Ti_3O_5 und LM-Ti_3O_5 (30 min, Nr. 1.9b) bis hin zu Ti_3O_5 und Ti_2O_3 (4 h, Nr. 1.10b) (siehe Anhang H: Abbildung 83)[6]. Damit ist auch eine Reduzierung des Kohlenstoffanteils verbunden. Wie zu erwarten war ist mit zunehmender Sinterdauer eine Vergröberung des Gefüge zu beobachten (Abbildung 51). Dabei kann ein sukzessives Kornwachstum der Netzstruktur unter Verminderung des Feinkornbereichs und gleichzeitigem Zusammenschluss des übrigen Kohlenstoffs (dunkler Bereich) beobachten werden. Bei einer Sinterdauer von 4 h wird der verbleibende Kohlenstoff von einer stark vergröberten Netzstruktur umschlossen.

[6] Unter Anpassung der Sintertemperatur, -dauer und -atmosphäre ist eine karbothermische Reduktion bei ausreichendem Kohlenstoffanteil (> 75 Mol-% bzw. > 31 Ma-%) über Titanoxycarbid (ab 1200 °C für PDC TiOC [58]) bis hin zum Titancarbid (ab 1300 °C) möglich [142, 143].

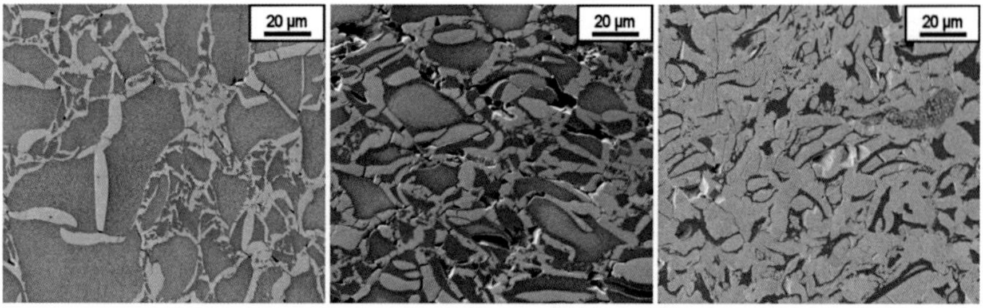

Abbildung 51: Gefügeausbildung in Abhängigkeit der Sinterdauer (Sintertemperatur: 1500 °C) mit einer Haltezeit von 5 min (links, Nr. 1.7b), 30 min (Mitte, Nr. 1.9b) und 4 h (rechts, Nr. 1.10b)

Pyrolysetemperatur

Aufgrund der Abhängigkeit der Phasenzusammensetzung und Partikelbeschaffenheit der PDC Ti_nO_{2n-1}-Nanopulver von Pyrolysetemperatur und Precursortyp (Kapitel 5.1.4) ist eine Beeinflussung der Bulkmaterialien gleichermaßen zu vermuten, wie im Folgenden vorgestellt und diskutiert wird.

In Tabelle 14 sind die über Pulver-XRD bestimmten Phasen von unterschiedlich pyrolysierten (O,O)-1a- und (N,O)-1b-Bulkproben zusammengefasst. Unterhalb einer Pyrolysetemperatur von 900 °C können bei den (O,O)-1a-Proben Phasen wie beispielsweise Ti_8O_{15} und Ti_9O_{17} zugeordnet werden. Zudem liegen Reflexe vor, die mit Hilfe der ICSD nicht identifiziert werden können. Die Zuordnung dieser Reflexe erfolgte unter Zuhilfenahme von publizierten Diffraktogrammen [11] für $TiO_{1,93}$, $TiO_{1,945}$ und $TiO_{1,96}$. Abweichungen zu den Reflexen in der Literatur könnten unter anderem durch die Herstellung von Phasen im chemischen Ungleichgewicht über die schnelle Temperaturbehandlung von bis zu 100 $Kmin^{-1}$ (Heizrate + Kühlrate) während des Sinterns, da dies zu einer Vielzahl an Kristallbaufehlern beitragen kann, begründet sein. Mit einer Pyrolysetemperatur von 900 °C und einer Sintertemperatur bei 1300 °C kann ein nahezu reines Ti_8O_{15} mit Verunreinigung der Phase Ti_7O_{13} erhalten werden. Die Ergebnisse der Gitterparameterbestimmung (Pawley-Fit-Algorithmus mit TOPAS, Profilanpassung in Anhang C Abbildung 75) ergaben: $a_0 = 5{,}529(3)$ Å, $b_0 = 7{,}135(3)$ Å, $c_0 = 44{,}09(2)$ Å, $\alpha = 66{,}54(3)°$, $\beta = 57{,}15(3)°$, $\gamma = 108{,}50(4)°$. Diese Werte weichen von den publizierten Werten: $a_0 = 5{,}526(1)$ Å, $b_0 = 7{,}133(1)$ Å, $c_0 = 44{,}059(6)$ Å, $\alpha = 66{,}54(1)°$, $\beta = 57{,}18(1)°$, $\gamma = 108{,}51(1)°$ [13] ab (Anhang C Tabelle 26). Wie bereits bei den PDC Ti_4O_7/C-Komposit vermutet, könnte durch den teilweisen Einbau von Kohlenstoff im Gitter und der resultierenden Bildung eines $Ti_8O_{15-y}C_y$ die Abweichung der Gitterparamater zur Literatur erklärt werden. Die FESEM-Aufnahmen des PDC Ti_8O_{15}(Ti_7O_{13})/C-Komposits in Abbildung 52 zeigen Netzstrukturen mit Körnern von 500 bis 2000 nm und Feinkornbereiche mit Körnern von 20 bis 100 nm. Der vorliegende Kohlenstoff ist hauptsächlich amorph, kann jedoch auch in geordneter Struktur im TEM beobachtet werden (Abbildung 48, rechts).

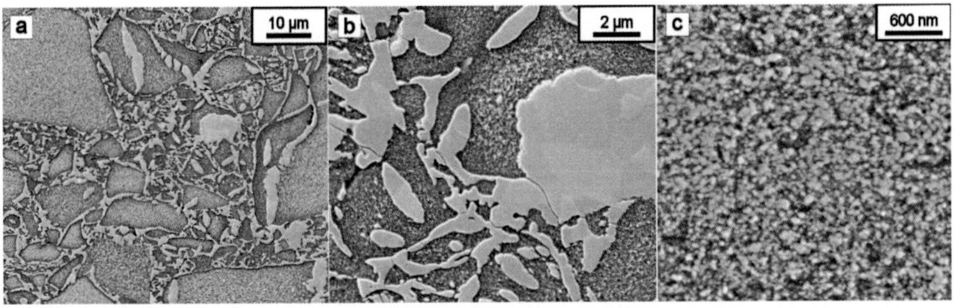

Abbildung 52: FESEM-Aufnahmen des PDC Ti_8O_{15}/C-Komposits (Nr. 1.15b, Pyrolysetemperatur: 800 °C, Sintertemperatur: 1300 °C) mit (a, b) Netzstrukturen und (a,c) Feinkornbereichen

Ab einer Pyrolysetemperatur von 900 °C sind mit zunehmender Temperatur Ti_nO_{2n-1}-Phasen mit kontinuierlich verminderten O:Ti-Verhältnis zu beobachten (siehe auch Anhang I Abbildung 84). Bei einer Pyrolysetemperatur von 1050 °C treten die kristallinen Phasen Ti_4O_7 und Ti_3O_5 auf. Im Gegensatz dazu ist bei den (N,O)-1b-Proben keine eindeutige Verminderung des O:Ti-Verhältnisses mit steigender Pyrolysetemperatur (bis 800 °C) zu verzeichnen. Es treten Phasen von Ti_6O_{11} (neben Ti_7O_{13} und Ti_8O_{15}) hauptsächlich in 350 °C- und 600 °C-pyrolysierten Bulkproben auf, jedoch nicht mehr in 800 °C-pyrolysierten Proben (Ti_8O_{15} und Ti_9O_{17}). Für dieses Phänomen kann jedoch keine Begründung gegeben werden. Der Einbau von Stickstoff über den N-haltigen Liganden des (N,O)-1b-Precursors konnte mittels Stickstoff-Elementaranalyse nicht nachgewiesen werden (Stickstoffanteil unter Messgrenze von < 1 Ma-%). Die unterschiedliche Phasenzusammensetzung der Precursoren könnte auf die verschiedene Verteilung und die verschiedenen Anteile von Kohlenstoff zurückzuführen sein.

Tabelle 14: Phasenzusammensetzung in Abhängigkeit der Pyrolysetemperatur von 1300 °C-gesinterten (O,O)-1a- und (N,O)-1b-Precursoren

Precursor	(O,O)-1a			(N,O)-1b		
Pyrolyse-temperatur (°C)	**Proben-Nr.**	**Haupt-phase(n)**	**Neben-phase(n)**	**Proben-Nr.**	**Haupt-phase(n)**	**Neben-phase(n)**
350	1.12b	Ti_8O_{15}, Ti_9O_{17}, $Ti_{10}O_{19}$	Ti_7O_{13}	2.1b	Ti_6O_{11}, Ti_7O_{13}, Ti_8O_{15}	
450	1.13b	$TiO_{1,93}$, $TiO_{1,945}$	TiO_2, $TiO_{1,945}$, $TiO_{1,93}$	2.2b	Ti_8O_{15}	Ti_7O_{13}, Ti_6O_{11}
600	1.14b	Ti_8O_{15}, $TiO_{1,93}$	Ti_6O_{11}, Ti_7O_{13}	2.3b	Ti_6O_{11}, Ti_7O_{13}, Ti_8O_{15}	Ti_5O_9
800	1.11b	Ti_8O_{15}, Ti_9O_{17}		2.4b	Ti_8O_{15}, Ti_9O_{17}	
850	1.18b	Ti_9O_{17}, $Ti_{10}O_{19}$, $TiO_{1,93}$		-	-	-
900	1.15b	Ti_8O_{15}	Ti_7O_{13}	-	-	-
950	1.17b	Ti_5O_9	Ti_4O_7, Ti_6O_{11}	-	-	-
1000	1.16b	Ti_4O_7	Ti_5O_9	-	-	-
1050	1.20b	Ti_4O_7	Ti_3O_5	2.9b	Ti_4O_7, Ti_3O_5	

In Abbildung 53 sind Gefügeaufnahmen von ausgewählten (O,O)-1a-Proben mit verschiedenen Pyrolysetemperaturen dargestellt. Die beiden typischen precursorabgeleiteten TiO_x-Bulkstrukturen (Netzstruktur, Feinkornbereich) treten in unterschiedlichem Umfang bei jeder untersuchten Pyrolysetemperatur aus. Die Netzstrukturen und Feinkornbereiche bilden sich aus der Grobkornschicht und dem Feinkornbereich des eingesetzten PDC-Nanopulvers. Begründet in der Abhängigkeit der Ausprägung der zwei Korngrößenfraktionen und der Korngröße (besonders im Grobkornbereich) des eingesetzten PDC-Nanopulvers von der Pyrolysetemperatur ist bei den Bulkproben mit zunehmender Pyrolysetemperatur eine stärkere Ausprägung der Netzstruktur zu verzeichnen. Folglich setzt bei dem überwiegend amorphen bei 350 °C-pyrolysierten Pulver erst während der Kompaktierung die Kristallitbildung und gleichfalls das Kristallwachstum ein. Dabei bilden vermutlich die bereits nach der Pyrolyse vorhandenen wenigen Kristallite während des Sinterns die Netzstruktur aus und die amorphen Bereiche formen den Feinkornbereich mit homogenen kleinen Kristalliten. Im Gegensatz dazu weist das 800 °C-pyrolysierte Nanopulver eine deutliche Grobkornschicht auf, die zu einer stärkeren Ausprägung der Netzstruktur im Bulk führt (Abbildung 53 c/d). Die bei 800 °C-pyrolysierte Bulkprobe besitzt einen großflächigeren Feinkornbereich mit einer homogenen Korngröße von < 100 nm (Abbildung 53 c/d) im Vergleich zu der bei 350 °C-pyrolysierten Bulkprobe mit Korngrößen von < 100 nm bis zu ca. 1 µm im Feinkornbereich (Abbildung 53 a/b).

In dem vorhergehenden Kapitel 5.1.4 wurde dargelegt, dass sich Phasenzusammensetzung und Kornstruktur von (O,O)-1a- und (N,O)-1b-precursorabgeleiteten Nanopartikeln unterscheiden, was sich gleichfalls auf die Gefüge und Phasenausbildung der Bulkmaterialien auswirkt (Vergleich Abbildung 40 a/b bzw. c/d). Die geringere Ausprägung der äußeren Grobkornschicht bei dem (N,O)-1b-Nanopulvern verursacht generell eine schwach ausgeprägte Netzstruktur im Bulkmaterial. Mit der zudem feinen Verteilung des Kohlenstoffs liegt ein homogenes Kornwachstum während der Pyrolyse und dem Sintern vor. Zusammenfassend ist das Ausbilden der typischen PDC TiO_x-Mikrostruktur mit Netzstruktur und Feinkornbereich abhängig vom Precursortyp (Ausprägung von zwei Korngrößenfraktionen des Nanopulvers) und der Pyrolysetemperatur.

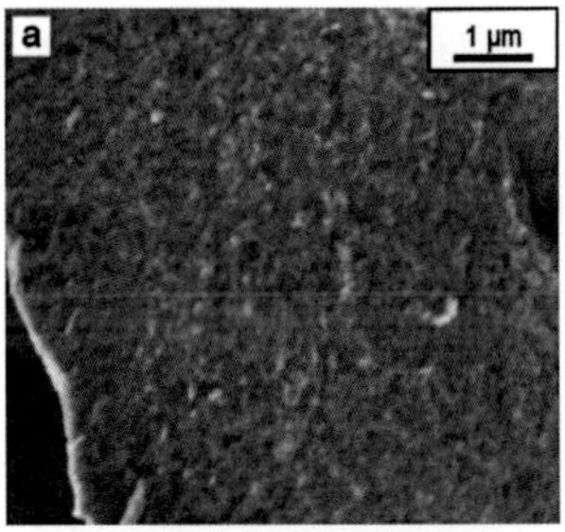

a: Homogenes Nanopulver
Pyrolysetemperatur 350 °C (Nr. 1.12a)

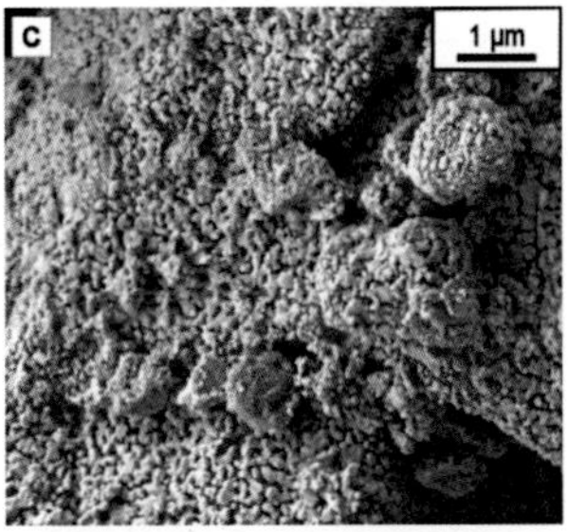

c: Nanopulver mit zwei Korngrößenfraktionen
Pyrolysetemperatur 800 °C (Nr. 1.11a)

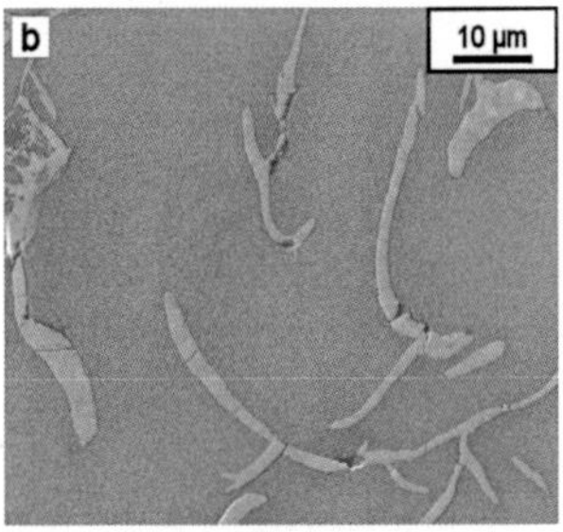

b: Bulkmaterial
Pyrolysetemperatur 350 °C,
Sintertemperatur 1300 °C (Nr. 1.12b)

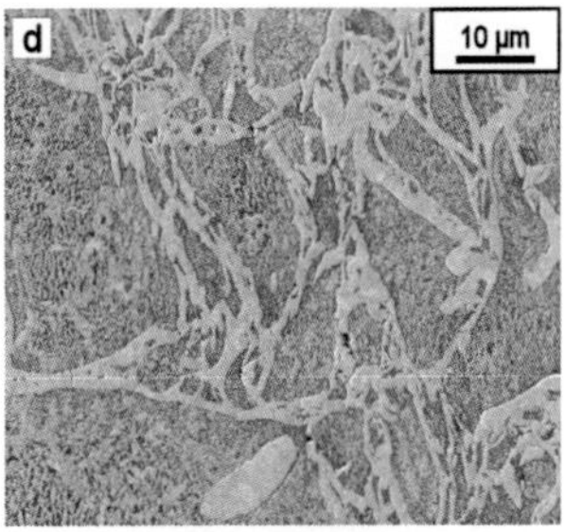

d: Bulkmaterial
Pyrolysetemperatur 800 °C,
Sintertemperatur 1300 °C (Nr. 1.11b)

Abbildung 53: Einfluss verschiedener (O,O)-1a-pyrolysierter PDC-Nanopulver auf die Gefügeausbildung

Pyrolyseatmosphäre

Wie bereits im Kapitel 5.1.3 gezeigt werden konnte, ist mit der Veränderung der Pyrolyseatmosphäre (Argon, Varigon, Ammoniak) die Steuerung des Kohlenstoffanteils sowie das Einbringen von Stickstoff realisierbar (Tabelle 11). Das Senken des Kohlenstoffanteils von 11,6 auf 10,1 Ma-% durch den Einsatz von Varigon zieht keine Änderung der Phasenzusammensetzung nach sich. Jedoch zeigen lichtmikroskopische Aufnahmen der Bulkproben die Verminderung von großflächigen Feinkornbereichen (Anhang I Tabelle 35). Diese Beobachtung korreliert mit der Wirkung des Kohlenstoffs als Kornwachstumshemmer und des damit verbundenen verstärkten Kornwachstums bei vermindertem Kohlenstoffanteil.

Im Vergleich dazu zeigen die Gefüge der in Ammoniak pyrolysierten Proben mit zunehmender Pyrolysetemperatur und -dauer ein Vermindern der bekannte PDC TiO_x-Gefügestrukturen (Netzstruktur, Feinkornbereich). Die erhaltenen Bulkmaterialien weisen mit sinkendem Kohlenstoffanteil von 13,5 bis 1,2 Ma-% eine zunehmende Probendichte von 2,64 zu 4,13 gcm^{-3} auf. Gefügeuntersuchungen von verschiedenen in Ammoniak pyrolysierten und bei 1300 °C-gesinterten Proben sind in Abbildung 54 dargestellt. Ab einer Pyrolysetemperatur von 600 °C sind deutlich weniger Netzstrukturen dafür jedoch neue Strukturen in der Nähe des Feinkornbereichs zu beobachten. Mit zunehmender Pyrolysetemperatur bzw. -haltezeit schrumpft die Ausbreitung der Netzstrukturen und Feinkornbereiche bis bei einer Pyrolysetemperatur von 800 °C diese Strukturen vollständig verschwunden sind (Abbildung 54 d).

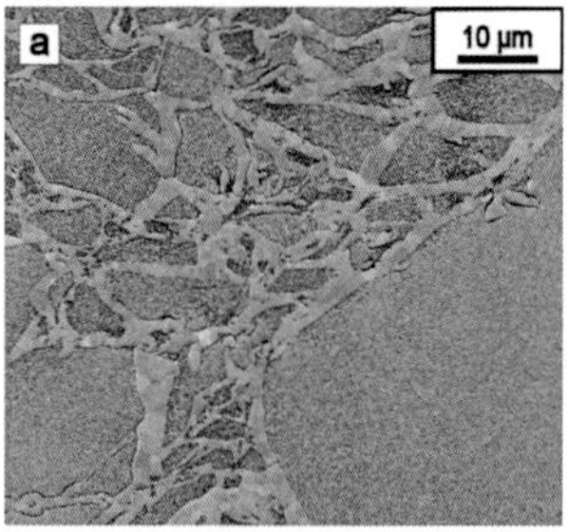

a: Pyrolysetemperatur 350 °C,
Haltezeit: 12 h (Nr. 2.16b)

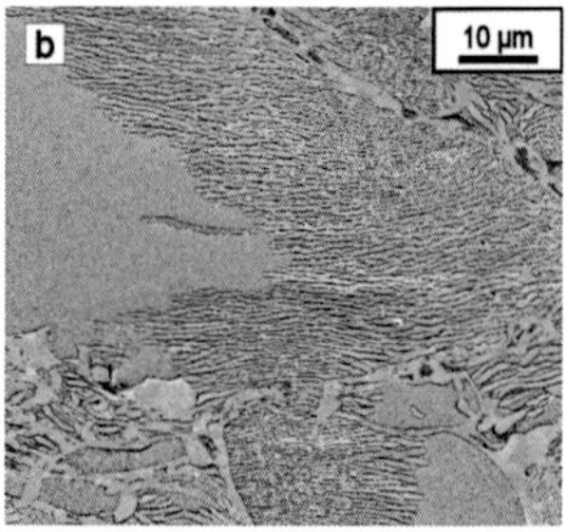

b: Pyrolysetemperatur 600 °C,
Haltezeit: 1 h (Nr. 2.18b)

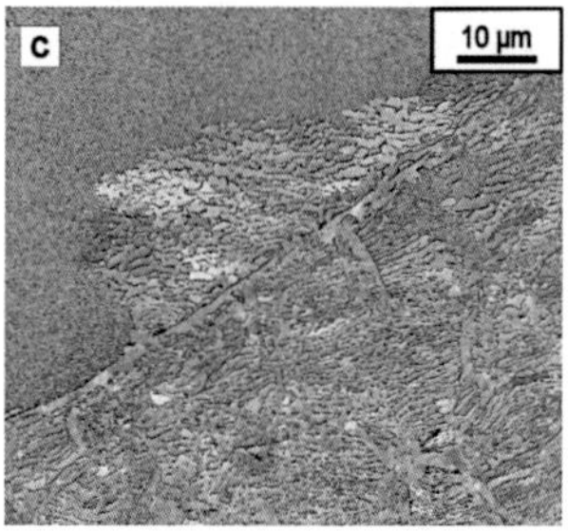

c: Pyrolysetemperatur 600 °C,
Haltezeit: 12 h bei 350 °C und 1 h bei 600 °C (Nr. 2.19b)

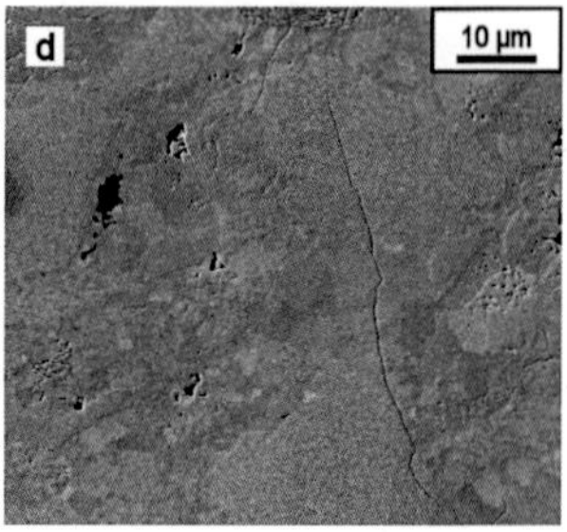

d: Pyrolysetemperatur 800 °C,
Haltezeit: 1 h (Nr. 2.20b)

Abbildung 54: Gefügeveränderung mit zunehmender Pyrolysetemperatur und –dauer in Ammoniak-Atmosphäre

Die Verwendung von Ammoniak als Pyrolysegas hat nicht nur das Absenken des Kohlenstoffanteils und die damit maßgebliche Veränderung des Gefüges im Vergleich zu Argon als Pyrolysegas zur Folge, sondern auch das Einbringen von Stickstoff (Kapitel 5.1.4). Die N- bzw. C-Anteile nach der Pyrolyse sowie die Phasenzusammensetzung vor und nach dem Sintern sind in Tabelle 15 zusammengefasst. Mittels röntgenografischen Untersuchungen ist bei der 800 °C-pyrolysierten Bulkprobe mit einem Stickstoffanteil von 7,5 Ma-% eine kubische Phase von TiN neben Ti_3O_5 nachzuweisen (Nr. 2.20b, Anhang I Abbildung 85). Mit der rein qualitativen Phasenanalyse kann nicht ausgeschlossen werden, dass Stickstoff auf den Sauerstoffplätzen des Ti_nO_{2n-1} liegt. Auch ist das Vorhandensein eines nichtstöchiometrischen TiN möglich.

Tabelle 15: Phasenzusammensetzung, N- bzw. C-Anteil der in Ammoniak pyrolysierten Bulkmaterialien

Pyrolyse-temperatur (°C)	Haltezeit (h)	C-Anteil* (Ma-%)	N-Anteil* (Ma-%)	Phasen-zusammen-setzung vor SPS	Phasenzusammen-setzung nach SPS	Proben -Nr.
800	1	1,2	7,5	Rutil, Anatas	TiN_x^+, $Ti_3O_5^+$	2.20a/b
600	1	5,6	3,1	Anatas	Ti_6O_{11}, Ti_5O_9, Ti_7O_{13}	2.18a/b
	12 / 1#	3,5	3,0	Anatas	Ti_7O_{13}, Ti_8O_{15}, Ti_6O_{11}	2.19a/b
350	1	9,9	2,8	Anatas	Ti_8O_{15}, Ti_9O_{17}, Ti_7O_{13}	2.17a/b
	12	7,4	2,8	Anatas	$TiO_{1,90}$, Ti_9O_{17}	2.16a/b

* Nach der Pyrolyse bestimmt
\# Haltezeit von 12 h bei einer Temperatur von 350 °C und 1 h bei der Maximal-Temperatur von 600 °C
\+ Es kann durch die qualitative Phasenanalyse nicht ausgeschlossen werden, dass sich Stickstoff auf den Sauerstoffplätzen befindet bzw. nichtstöchiometrisches TiN vorliegt.

Lichtmikroskopie- sowie FESEM-Aufnahmen der bei 800 °C in Ammoniak pyrolysierten Bulkproben weisen unterschiedlich strukturierte Gefügebereiche auf (Abbildung 55). Im Lichtmikroskop erscheinen die verschiedenen Gefügebereiche dunkelblau, hellblau und golden. Aus EDXS-Untersuchungen geht hervor, dass die zu blau zugeordneten Strukturen aus Titan und Sauerstoff und die Goldenen aus Titan, Stickstoff und Sauerstoff bestehen (Abbildung 55, Tabelle 16). Die Farben im Lichtmikroskop stellen das Reflexionsspektrum der einzelnen Phasen dar. TiN besitzt ein ähnliches Reflexionsspektrum wie Gold, was auch die typische goldene metallisch-glänzende Farbe erklärt. Ti_nO_{2n-1}, besonders Ti_4O_7, besitzt ein Reflexionsspektrum welches blau erscheint. Daher wird Ti_4O_7 auch als blaues Pigment verwendet.

Kohlenstoff kann in allen verschiedenen Gefügestrukturen gefunden werden, liegt jedoch höher konzentriert in porösen Bereichen vor (Tabelle 16, Spektrum 1). Die Reaktion von NH_3 und PDC-Nanopulver während der Pyrolyse verläuft aufgrund fehlender Pulverdurchmischung während der Pyrolyse vorwiegend an den oberflächennahen PDC TiO_x-Partikeln. Des Weiteren ist anzunehmen, dass der Stickstoffeinbau an einem Partikel von der Partikeloberfläche zum Partikelinnern verläuft. Das würde auch den in Abbildung 55 mit Pfeilen markierten goldenen Rand erklären, der zum Inneren hin blau (TiO_x) erscheint. Die Stickstoffinhomogenität im PDC-Nanopulver spiegelt sich in der gesinterten Bulkprobe wieder, in der stickstoffhaltige goldene Bereiche direkt neben stickstoffarmen bzw. –freien Bereichen vorliegen.

Da bereits Backhaus et al. [33] gezeigt hat, dass mit Einbau von Stickstoff in die Magnéli-Phasen eine Erhöhung der thermoelektrischen Performanz erreicht werden kann, werden im Kapitel 5.2.2 die thermoelektrischen Ergebnisse der stickstoffhaltigen PDC-Bulkprobe Nr. 2.20b vorgestellt.

Abbildung 55: Lichtmikroskopie- (links) und FESEM-Aufnahme mit EDXS Messpunkten (rechts) der in Ammoniak bei 800 °C-pyrolysierten Bulkprobe (Nr. 2.20b)

Tabelle 16: Elementbestimmung mittels EDXS (Nr. 2.20b)

Spektrum	C (Ma-%)	N (Ma-%)	O (Ma-%)	Ti (Ma-%)	Lichtmikroskopische Zuordnung
1	8,84	17,08	10,56	63,52	golden (porös)
2	0,69	14,91	20,9	63,5	golden
3	-	12,4	21,8	65,8	golden
4	1,77	-	31,53	66,71	blau
5	0,86	-	31,7	67,44	blau
6	-	1,14	28,33	70,53	blau
7	0,53	-	29,55	69,92	blau
8	-	12,76	23,61	63,63	golden

In diesem Kapitel konnte gezeigt werden, dass bei dem Kompaktieren der PDC Ti_nO_{2n-1}-Nanopulver neben dem Sintern eine weiterführende Reduktion über die Reaktion des Restkohlenstoffs mit dem TiO_x (Abbildung 49) sowie über die reduzierende Atmosphäre, die in der SPS-Anlage vorherrscht (Abbildung 45), abläuft. Folglich wurde mit Erhöhen der Sintertemperatur und -dauer eine zunehmende Reduktion beobachtet. Die Darstellung von verschiedenen Magnéli-Phasen bis hin zu Ti_3O_5 (Nr. 1.8b) konnte über die Änderung der Sintertemperatur von 1100 °C bis 1600 °C (Haltezeit: 5 min) bei 800 °C-pyrolysierten PDC-Nanopulver realisiert werden. Bei geeigneter Pyrolysetemperatur ist die Hrestellung von nahezu einphasigem Ti_8O_{15}-Bulkmaterial möglich (Pyrolysetemperatur: 900 °C, Sintertemperatur: 1300 °C). Die erhaltenen PDC TiO_x-Bulkmaterialien weisen eine charakteristische Gefügestruktur bestehend aus Netzstruktur und Feinkornbereich auf, die aus den zwei vorliegenden Korngrößenfraktionen der Nanopulver resultieren. Das Einstellen des Kohlenstoffanteils über die Pyrolyseatmosphäre zieht eine Veränderung des Gefüges, der Dichte und der Phasenzusammensetzung nach sich. Die Pyrolyse in Ammoniak und der damit verbundenen Einbau von Stickstoff sowie der Reduzierung von Kohlenstoff trägt ab 600 °C zur deutlichen Änderung des Gefüges bei (Abbildung 54b). Allgemein muss darauf hingewiesen werden, dass die hier geschlussfolgerten Tendenzen reproduzierbar sind jedoch die absoluten Werte (physikalische und chemische) aufgrund der vielen Präparations- und Verarbeitungsschritten Schwankungen ausgesetzt sind.

5.2 Weiterentwicklung von PDC Ti_nO_{2n-1} für die Anwendung als Thermoelektrikum

Die Magnéli-Phasen Ti_nO_{2n-1} ($4 \le x \le 10$) stellen ein oxidisches Alternativmaterial für die Anwendung als Thermoelektrikum dar, welches aufgrund der komplexen Kristallstrukturen eine einstellbare elektrische Leitfähigkeit über das Sauerstoff:Titan-Verhältnis erlaubt. Über die Precursorroute erhaltene PDC Ti_nO_{2n-1}-Bulkmaterialien mit einer starken Gefügestrukturierung und der Möglichkeit zum Einbringen von Fremdatomen (speziell Stickstoff) stellen ein vielversprechendes thermoelektrisches Material dar. In den folgenden Abschnitten werden die thermoelektrischen Eigenschaften der PDC Ti_nO_{2n-1}-Bulkmaterialien, deren Modifizierungen mit Fremdatomen und der Kombination von PDC Ti_nO_{2n-1}/TiO_2 vorgestellt.

5.2.1 Thermoelektrische Charakterisierung von PDC Ti_nO_{2n-1}

Wie im vorhergehenden Kapitel gezeigt wurde ist die Ausbildung der verschiedenen Magnéli-Phasen über die Änderung der Pyrolysetemperatur einstellbar. So ist es gelungen mit einer Pyrolysetemperatur von 900 und 1050 °C und einer Sintertemperatur von 1300 °C nahezu reine PDC Ti_4O_7/C- bzw. PDC Ti_8O_{15}/C-Komposite herzustellen. Im Weiteren werden die PDC Ti_nO_{2n-1}-Bulkproben bezüglich der thermoelektrischen Eigenschaften in Abhängigkeit der Pyrolysetemperatur untersucht. Ein Vergleich von unterschiedlich synthetisierten PDC-Bulkmaterialien mit einer nahezu gleichen Phasenzusammensetzung soll verdeutlichen, dass neben der Kristallchemie weitere Faktoren die thermoelektrischen Eigenschaften beeinflussen.

In Abbildung 56 sind die thermoelektrischen Eigenschaften (elektrischer Widerstand, Seebeck-Koeffizient, Wärmeleitfähigkeit und *ZT*-Wert) als Funktion der Temperatur von den bei 900 °C- bis 1050 °C-pyrolysierten (O,O)-1a-PDC TiO_x-Bulkmaterialien (Nr. 1.15b – 1.18b, 1.20b) aufgetragen. Mit zunehmender Temperatur sinkt der elektrische Widerstand. Dieser Effekt nimmt mit steigender Pyrolysetemperatur ab. Wie aus den Phaseneigenschaften zu erwarten war (Kapitel 2.3.4, Abbildung 14) [14, 16, 17, 34], sinkt mit steigender Pyrolysetemperatur und somit zunehmenden n von Ti_nO_{2n-1} der elektrischer Widerstand $\rho_{40\,°C}$ von $25{,}3 \cdot 10^{-3}$ Ωcm ($Ti_8O_{15}/Ti_7O_{13}/Ti_6O_{11}$) auf $4{,}8 \cdot 10^{-3}$ Ωcm (Ti_4O_7). Bei der 900 °C-pyrolysierten Bulkprobe weist der elektrische Widerstand über die Temperatur eine starke Anstiegsänderung ab 100 °C auf. Dieser Verlauf ist bei allen 800 °C-pyrolysiert PDC TiO_x-Proben deutlich sichtbar (Abbildung 56 - Abbildung 59). Solche Anstiegsänderungen zeigen normalerweise spezielle Übergänge an, wie es bereits Bartholomew et al. [10] für Ti_6O_{11} bei -143 °C (130 K), Ti_5O_9 bei -143 - 133 °C (130 - 140 K) und Ti_4O_7 bei (-124 ± 2) °C (149 ± 2 K) nachwiesen. Für die Magnéli-Phasen sind keine elektronischen Übergänge bei Temperaturen um 100 °C bekannt. Ausschließlich Ti_3O_5 weist einen Übergang bei einer Temperatur von 187 °C (460 K) auf [10]. Mit den vorliegenden Daten ist keine Interpretation der beobachteten Anstiegsänderung bei einer Temperatur von 100 °C möglich. Dafür müssten weitere Messungen an PDC TiO_x und konventionell hergestelltes TiO_x erfolgen. Außerdem muss ausgeschlossen werden, dass es sich um ein messtechnisches Problem bzw. Fehler handelt. Im Gegensatz zum elektrischen Widerstand steigt der absolute Seebeck-Koeffizient $|S|$ mit zunehmender Temperatur, wie es für TiO_x üblich ist (Kapitel 2.3.4, Abbildung 15). Mit zunehmender Pyrolysetemperatur bis 950 °C (Ti_8O_{15}, Ti_7O_{13}, Ti_6O_{11} → Ti_4O_7) ist eine Erhöhung des abs. Seebeck-Koeffizienten ($|S|_{580\,°C} = 70\cdot10^{-6}\,VK^{-1}$) zu beobachten.

Aus dem Zusammenhang von Seebeck-Koeffizient und elektrischer Leitfähigkeit über die Mott-Jones Gleichung für stark dotierte Halbleiter (Kapitel 2.3.1, Gleichung (4)) ist ein Absinken des elektrischen Widerstandes mit einer Abnahme des abs. Seebeck-Koeffizienten verbunden. Dies steht im Widerspruch zu dem hier vorliegenden Verlauf – mit steigender Temperatur geht eine Verminderung des elektrischen Widerstandes bei gleichzeitiger Erhöhung des abs. Seebeck-Koeffizienten einher. Ähnliche Verläufe sind auch bei anderen PDC TiO_x-Proben vorzufinden (Vergleich Abbildung 14 und Abbildung 15) sowie bei anderen TiO_x in der Literatur, die jedoch nicht diskutiert werden [17, 33].

Die PDC TiO_x-Bulkproben erzielen Wärmeleitfähigkeiten $\kappa_{40\,°C}$ von 1,11 bis 1,66 $Wm^{-1}K^{-1}$, die mit der Temperatur auf $\kappa_{580\,°C}$ von 1,54 bis 2,30 $Wm^{-1}K^{-1}$ ansteigen. Die Abhängigkeit der Wärmeleitfähigkeit (der Anteil κ_e) von dem elektrischen Widerstand ist über das Wiedemann-Franz-Gesetz (Gleichung (20)) beschrieben. Mit zunehmender Temperatur dominiert die Erhöhung von κ_e aufgrund des abfallenden elektrischen Widerstandes gegenüber dem Abfallvon κ_l aufgrund einer vermehrten Phononstreuung. Demzufolge steigt die Wärmeleitfähigkeit κ mit der Temperatur.

Aus den Abhängigkeiten des elektrischen Widerstandes, des Seebeck-Koeffizienten und der Wärmeleitfähigkeit von der Pyrolysetemperatur ergibt sich ein steigender *ZT*-Wert mit zunehmender Pyrolysetemperatur bis hin zu einem maximalen Wert $ZT_{580\,°C}$ von 0,04 (1050 °C-pyrolysierten Probe,Hauptphase: Ti_4O_7 , Nebenphase: Ti_3O_5). Im Vergleich zu den Literaturwerten für $TiO_{1,75}$ (Anhang K Abbildung 86) wird deutlich, dass das hier hergstellte PDC Ti_4O_7/C-Komposit annähernd gleiche elektrische Widerstände, jedoch geringere abs. Seebeck-Koeffizienten von $|S|_{400\,°C} = 52\cdot10^{-6}\,VK^{-1}$ im Vergleich zu $|S|_{400\,°C} = 85\cdot10^{-6}\,VK^{-1}$ [16] bzw. $|S|_{400\,°C} = 132\cdot10^{-6}\,VK^{-1}$ [18] aufweist. Die vergleichsweise geringe Wärmeleitfähigkeit, die durch die bestehende Porosität und den Restkohlenstoff stark beeinflusst wird, ist vergleichbar mit dem PDC Ti_4O_7/C-Komposit aus [56]. Die geringe Wärmeleitfähigkeit kompensiert jedoch nicht die etwas höheren elektrischen Widerstände und niedrigeren Seebeck-Koeffizienten im Vergleich zur Literatur. Folglich wird ein geringerer *ZT*-Wert von $ZT_{580\,°C} = 0,04$ für PDC Ti_4O_7/C-Komposit statt beispielsweise $ZT_{605\,°C} = 0,13$ für $TiO_{1,77}$ [16] erreicht. Die Abweichungen zu den PDC Ti_4O_7/C-Komposit aus der Literatur [56] werden vermutlich durch die unterschiedlichen Gefüge, den Kohlenstoffanteil und der Porosität der PDC-Bulkmaterialien verursacht.

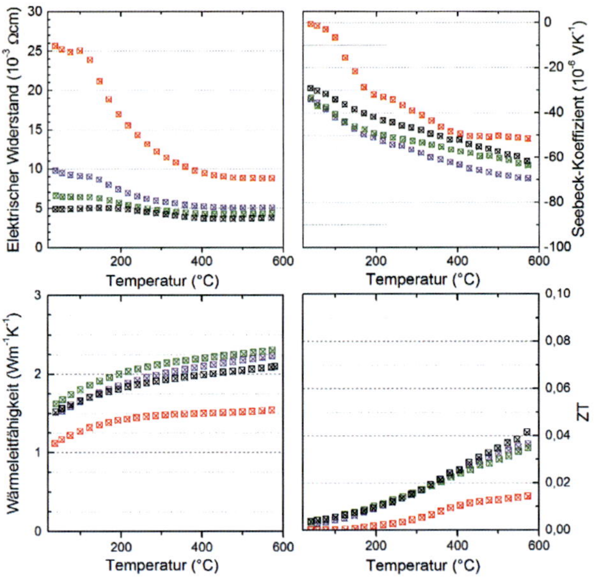

Symbol	Pyrolyse-temperatur(°C)	C-Anteil* (Ma-%)	Dichte (gcm^{-3})	Phasenzusammen-setzung	Proben-Nr.
⊠ (rot)	900	13,0	2,66	Ti_8O_{15} (Ti_7O_{13}, Ti_6O_{11})	1.15b
⊠ (grün)	950	12,9	2,83	Ti_5O_9, Ti_4O_7, Ti_6O_{11}	1.17b
⊠ (blau)	1000	12,0	2,89	Ti_4O_7 (Ti_5O_9)	1.16b
⊠ (schwarz)	1050	12,5	2,79	Ti_4O_7 (Ti_3O_5)	1.20b

* Bestimmung nach der Pyrolyse.

Abbildung 56: Änderung der thermoelektrischen Eigenschaften von der Pyrolysetemperatur

Die Vergleiche zur Literatur sind aufgrund der vielen Faktoren, die eine Beeinflussung der thermoelektrischen Eigenschaften bewirken, wie beispielsweise Dichte, Porenverteilung, Korngröße, Korngrenzen, Phasenzusammensetzung, usw., nur bedingt aussagekräftig. Dies soll am Beispiel zweier PDC Ti_nO_{2n-1}-Bulkproben (Nr. 1.24b und 1.20b), die eine nahezu identische Phasenzusammensetzung von Ti_4O_7 aufweisen jedoch über unterschiedliche Herstellungsbedingungen erhalten wurden, verdeutlicht werden. Dafür sind in Abbildung 57 die thermoelektrischen Eigenschaften über die Temperatur der beiden PDC Ti_4O_7/C-Komposite und deren Herstellungsparameter aufgezeigt. Trotz der gleichen Phasenzusammensetzung kommt es zu starken Unterschieden in den thermoelektrischen Eigenschaften, wie beispielsweise dem geringeren elektrischen

Widerstand und höheren abs. Seebeck-Koeffizient der Nr. 1.20b mit $\rho_{580\,°C} = 3{,}5\cdot10^{-3}\ \Omega cm$ und $|S|_{580\,°C} = 62\cdot10^{-6}\ VK^{-1}$ im Vergleich zu Nr. 1.24b mit $\rho_{580\,°C} = 5{,}6\cdot10^{-3}\ \Omega cm$ und $|S|_{580\,°C} = 37\cdot10^{-6}\ VK^{-1}$.

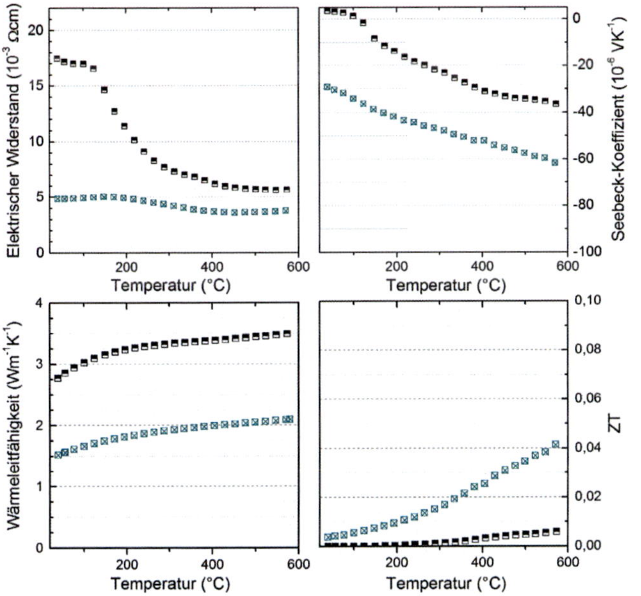

Symbol	Pyrolyse-temperatur (°C)	Sinter-temperatur (°C)	C-Anteil* (Ma-%)	Dichte (gcm⁻³)	Phasenzusammen-setzung	Proben-Nr.
▬	800	1500	13,8	2,46	Ti_4O_7 (Ti_3O_5, Ti_5O_9)	1.24b
⊠	1050	1300	12,5	2,79	Ti_4O_7	1.20b

* Bestimmung nach der Pyrolyse

Abbildung 57: Vergleich der thermoelektrischen Eigenschaften von unterschiedlich hergestellten PDC Ti_4O_7/C-Kompositen (Nr. 1.24b, Nr. 1.20b)

Daraus ergibt sich für die Nr. 1.20b mit einer um 40 % reduzierten Wärmeleitfähigkeit von 2,1 $Wm^{-1}K^{-1}$ ein 6-fach höherer *ZT*-Wert von 0,04 im Vergleich zu Nr. 1.24b. Trotz gleicher Phasenzusammensetzung werden unterschiedliche thermoelektrische Eigenschaften erhalten, was die Schlussfolgerung zulässt, dass andere Faktoren im PDC Ti_nO_{2n-1} die thermoelektrischen Eigenschaften mitbestimmen. Diese sind beispielsweise der Kohlenstoffanteil (12,5 bzw. 13,8 Ma-%), die Dichte (2,79 bzw. 2,46 gcm^{-3}) (Abbildung 57) sowie das Gefüge (Abbildung 58). Daraus kann generell abgeleitet werden, dass im Falle der PDC TiO_x die thermoelektrischen Eigenschaften durch die Phasenzusammensetzung und die verschiedenen Herstellungsbedingungen verursachten Unterschiede in Gefügestruktur, Kohlenstoffanteil, Dichte, Korngrenzen, usw. begründet sind. Eine Änderung in der Herstellung zieht nicht nur eine konkrete Änderung einer physikalischen bzw. chemischen Eigenschaft, sondern die Änderung eines ganzen Eigenschaftsspektrums nach sich. Daher wird im Weiteren keine direkte Abhängigkeit zwischen einer thermoelektrischen Kenngröße und einer physikalisch/chemischen Eigenschaft formuliert, sondern ausschließlich die Auswirkungen der Änderung eines Herstellungsparameters auf die thermoelektrischen Eigenschaften beschrieben und diskutiert.

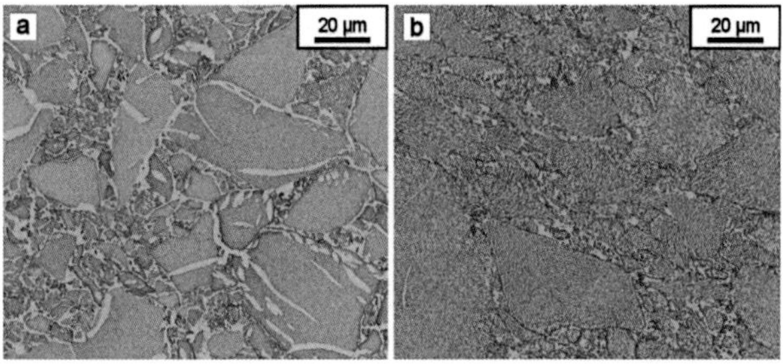

Abbildung 58: Gefügeunterschiede von verschieden hergestellten PDC Ti_4O_7/C-Kompositen (a - Nr. 1.24b, b - Nr. 1.20b)

5.2.2 In-situ Einbau

Eine Methode zur Verbesserung der thermoelektrischen Eigenschaften ist der Einbau von Fremdatomen, die eine Veränderung der elektrischen Struktur bewirken sowie als Streuzentren für Phononen dienen können. Ein Vorteil bei der Verwendung von Precursoren sind die vielfältigen Dotierungsmöglichkeiten in den verschiedenen Verfahrensschritten Synthese und Pyrolyse (Kapitel 2.2.2). Im Falle der Precursorsynthese ist es möglich über die Zugabe von Metallsalzen, metallo-organischen Verbindungen usw. eine Dotierung zu realisieren. Das Einbringen von Vanadium erfolgte über das Einmischen von Vanadiumoxoacetylacetonat als Reaktant bei der Synthese (Precursor (N,O,V)-1). Nach der Pyrolyse bei 800 °C und dem Sintern bei 1300 °C ist ein Bulkmaterial mit einer Dichte von 2,48 gcm^{-3}, einer typischen netzartigen Gefügestruktur und der Phase Ti_6O_{11} entstanden (Nr. 2.22b, Abbildung 59, Anhang L: Abbildung 87, Nr. 2.2). EDXS-Untersuchungen einzelner Gefügebereiche ergaben, das Vanadium mit einem Anteil von 3,3 ± 0,5 Ma-% bzw. 1,5 ± 0,2 Mol-% homogen verteilt im Gefüge vorliegt (Anhang L Abbildung 87). Die Ergebnisse der Gitterparameterbestimmung mit a_0 = 5,5488(4) Å, b_0 = 7,1210(4) Å, c_0 = 23,9999(9) Å, α = 99,480(8)°, β = 120,746(6), γ = 108,447(7)° (Anhang C: Abbildung 76) zeigen eine Elementarzelle die kleiner ist und deren Winkel im Vergleich zu Ti_6O_{11} [11] (Anhang A Tabelle 22) geringfügig unterschiedlich sind. Vanadium könnte im Gitter auf den Titanplätzen sitzen, was das Schrumpfen der Elementarzelle im Vergleich zu Ti_6O_{11} erklären würde. Die Vanadium-freie Synthese vom (N,O)-1b-Precursor führte bei gleicher Behandlung zu den Phasen Ti_8O_{15} und Ti_9O_{17} sowie einer Dichte von 2,84 gcm^{-3} (Nr. 2.4b). Im Gegensatz zum Vanadium-freien PDC TiO_x weist das Vanadium-haltige PDC Ti_6O_{11} eine Vielzahl von größeren Körner (> 1 µm) im Feinkornbereich auf.

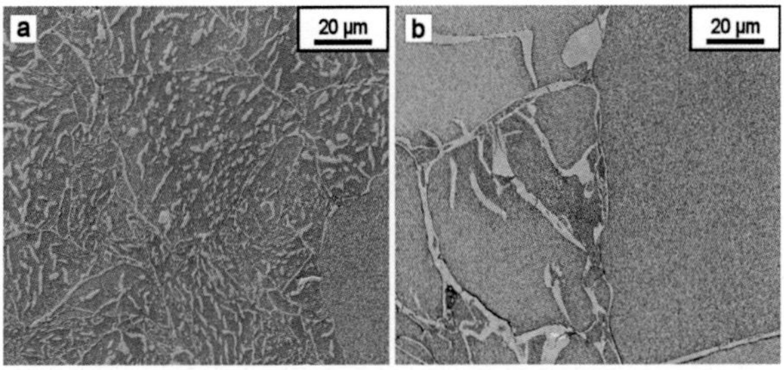

Abbildung 59: FESEM-Aufnahmen der Gefüge der Vanadium-haltigen (a, Nr. 2.22b) und Vanadium-freien Bulkprobe (b, Nr. 2.4b)

Die Substitution von Titan mit Vanadium sollte weitere freie Ladungsträger (Elektronen) zur Verfügung stellen, die zu einer Verstärkung des n-leitenden Charakters und somit zum Senken des elektrischen Widerstandes beitragen. Die thermoelektrischen Untersuchungen in Abbildung 60 zeigen jedoch elektrische Widerstände $\rho_{40\,°C} = 30 \cdot 10^{-3}\,\Omega$cm bzw. $\rho_{580\,°C} = 8 \cdot 10^{-3}\,\Omega$cm, Seebeck-Koeffizienten von $S_{40\,°C} = -6 \cdot 10^{-6}$ VK^{-1} bzw. $S_{580\,°C} = -52 \cdot 10^{-6}$ VK^{-1} und Wärmeleitfähigkeiten von

$\kappa_{40\,°C}$ = 1,67 Wm⁻¹K⁻¹ bzw. $\kappa_{580\,°C}$ = 2,40 Wm⁻¹K⁻¹. Demzufolge wird ein niedriger *ZT*-Wert von $ZT_{580\,°C}$ = 0,01 erhalten (Abbildung 60). Im Vergleich zum PDC Ti_4O_7 (Nr. 1.20b) konnte keine Verbesserung durch Senken des elektrischen Widerstandes oder Erhöhen des abs. Seebeck-Koeffizienten |*S*| erzielt werden.

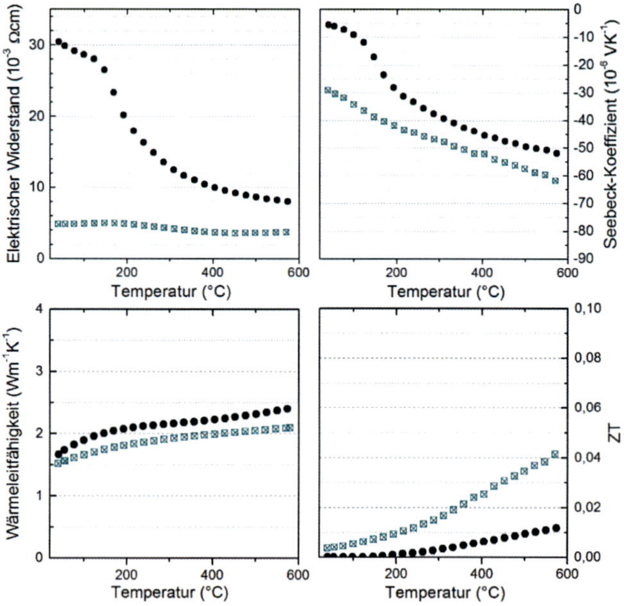

Symbol	Pyrolyse-temperatur (°C)	Sinter-temperatur (°C)	Dichte (gcm⁻³)	Phasenzusammensetzung	Proben-Nr.
●	800	1300	2,46	Ti_6O_{11}	2.22b
⊠	1050	1300	2,79	Ti_4O_7	1.20b

Abbildung 60: Vergleich der thermoelektrischen Eigenschaften von Vanadium-haltigen PDC Ti_6O_{11} (Nr. 2.22b) und Vanadium-freien PDC Ti_4O_7 (Nr. 1.20b)

Der Einbau von Stickstoff konnte über den Einsatz von 2-Aminoethanol als Ligand ((N,O)-1b-Precursor) nicht realisiert werden. Eine andere Möglichkeit Fremdatome in das PDC TiO_x einzubauen, stellt der Einbau während der Pyrolyse dar. Dabei ist das Einbringen von Stickstoff in den (N,O)-1b-Precursor über die Verwendung von Ammoniak statt Argon als Pyrolysegas vorgenommen wurden. Die Menge an eingebrachten Stickstoff ist abhängig von der Pyrolysetemperatur und -dauer, wie ausführlich im Kapitel 5.1.5 diskutiert wurde. Mit steigender Pyrolysetemperatur von 350, 600 und 800 °C ist eine Zunahme des Stickstoffanteils von 2,8; 3,1 bis 7,5 Ma-% sowie aufgrund der reduzierenden Wirkung von Ammoniak (Gleichung (53) und (54)) eine Senkung des Kohlenstoffanteils von 9,9; 5,6 und 1,2 Ma-% in den pyrolysierten Pulvern nachzuweisen (Kapitel 5.1.5 Tabelle 15). Die nach der Pyrolyse erhaltenen TiO_x-Nanopulver reagieren in der anschließenden SPS-Behandlung weiter. Das Bilden von stickstoffhaltigen Phasen TiN_x bzw. TiN_xO_y ($TiN_{0,90}$, $TiO_{0,34}N_{0,74}$) konnte ausschließlich bei einem N-Anteil von 7,5 Ma-% über Pulver-XRD nachgewiesen werden (Abbildung 61). Bei niedrigeren Stickstoffanteilen ist der Einbau von Stickstoff in das Ti_nO_{2n-1}-Gitter nicht auszuschließen.

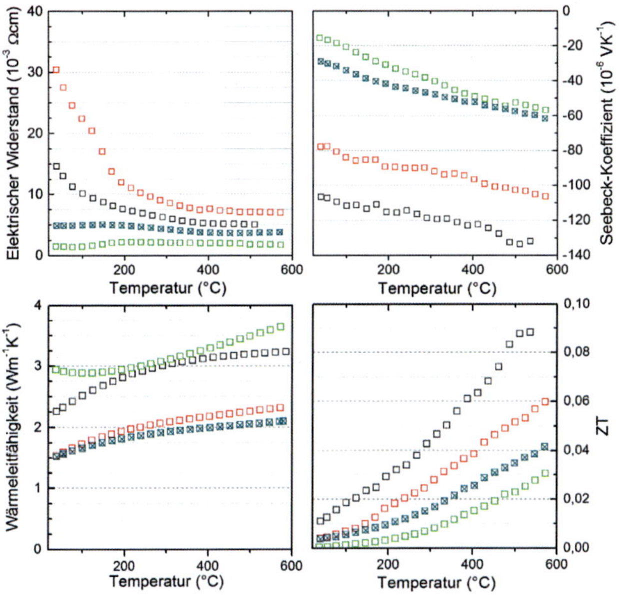

Symbol	C-Anteil* (Ma-%)	N-Anteil* (Ma-%)	Dichte (gcm^{-3})	Phasenzusammensetzung	Proben-Nr.
□	1,2	7,5	4,13	$TiN_{0,90}$, $TiO_{0,34}N_{0,74}$	2.20b
□	3,5	3,0	3,78	Ti_7O_{13}, Ti_8O_{15}, Ti_6O_{11}	2.19b
□	9,9	2,8	3,35	Ti_8O_{15}, Ti_9O_{17}, Ti_7O_{13}	2.22b
⊠	12,5	0	2,79	Ti_4O_7	1.20b

* Bestimmung nach der Pyrolyse.

Abbildung 61: Änderung der thermoelektrischen Eigenschaften durch Stickstoffeinbau

In Abbildung 61 sind die thermoelektrischen Eigenschaften über die Temperatur der stickstoffhaltigen PDC TiO_x-Bulkproben aufgetragen. Da verschiedene Pyrolysetemperaturen und -haltezeiten mit dem Erhalt verschiedener TiO_x-Phasen, einem unterschiedlichen C-Anteil sowie einer unterschiedlichen Probendichte verbunden sind, können keine allgemeingültigen Aussagen getroffen werden. Der höchste *ZT*-Wert $ZT_{536\,°C}$ = 0,09 wird bei der Probe Nr. 2.19b, bestehend aus Ti_7O_{13}, Ti_6O_{11} und Ti_8O_{15} mit einem Stickstoffanteil von 3,0 Ma-%, einem Kohlenstoffanteil von 3,5 Ma-% und einer Dichte von 3,78 gcm^{-3}, erreicht. Diese Probe erzielt durch den hohen abs. Seebeck-Koeffizienten von $|S|_{511\,°C} = 135 \cdot 10^{-6}\,VK^{-1}$ im Vergleich zu allen anderen PDC TiO_x relativ hohe *ZT*-Werte. Die PDC TiN_x/TiO_xN_y-Probe (Nr. 2.20b) weist einen geringen elektrischen Widerstand von $1 - 2 \cdot 10^{-3}\,\Omega cm$ auf, was verbunden mit dem verminderten abs. Seebeck-Koeffizienten $|S|_{511\,°C} = 57 \cdot 10^{-6}\,VK^{-1}$ und der steigenden Wärmeleitfähigkeit mit der Temperatur auf einen verstärkten TiN-Charakter (metallischen Charakter) [18, 32] deutet.

Der Einbau von Vanadium über den Einsatz eines Vanadium-Komplexes während der Precursorsynthese führte zu einer homogenen Verteilung von Vanadium in der Bulkprobe, jedoch zu keiner Verbesserung der thermoelektrischen Eigenschaften. Dem Gegenüber zeigte der Stickstoffeinbau und die gleichzeitige Reduzierung des Kohlenstoffanteils durch die Pyrolyse in Ammoniak eine Erhöhung der Dichte sowie eine deutliche Verbesserung des Seebeck-Koeffizienten bei verhältnismäßig geringen elektrischen Widerständen ($< 10 \cdot 10^{-3}\,\Omega cm$ ab 260 °C). Dies führt zu einem max. *ZT*-Wert $ZT_{580\,°C}$ = 0,09.

5.2.3 PDC Ti_nO_{2n-1}/TiO_2-System

Die Bezeichnung PDC Ti_nO_{2n-1}/TiO_2-System steht für die Kombination von Precursor-basierten Ti_nO_{2n-1}, die eine starke Gefügestrukturierung und damit verbundene geringe Wärmeleitfähigkeit aufweisen, mit TiO_2, das einen hohen Seebeck-Koeffizienten besitzt. Eine Verknüpfung der Vorteile dieser Komponenten soll eine Optimierung der thermoelektrischen Eigenschaften ermöglichen. Damit können die Vorteile von Precursoren, wie Nano- und Mikrostrukturierung des Gefüges, vielfältige Dotierungsmöglichkeiten und die Vorteile der klassischen Pulvertechnologie, wie preiswerte Ausgangsstoffe, geringerer präparativer Aufwand und großtechnische Verarbeitung, kombiniert werden, um ein kostengünstiges thermoelektrisch effektives TiO_x für die Anwendung bereitzustellen.

Das Einbringen von TiO_2 in PDC Ti_nO_{2n-1} findet über das Lösen des (O,O)-1a-Precursors in geeignetem Lösungsmittel und der Homogenisierung mit TiO_2-Pulver statt. Das anschließende Abtrennen des Lösungsmittels (Abdampfung) führt zu einer Precursormatrix in dem TiO_2-Pulver eingebettet vorliegt. Die Entwicklung der Herstellung von PDC Ti_nO_{2n-1}/TiO_2 erfordert die Untersuchung verschiedener Einflussgrößen ähnlich der PDC Ti_nO_{2n-1}-Entwicklung, wie Pyrolyse- und Sintertemperatur, Precursorgehalt sowie eingesetztes TiO_2-Pulver. Diese Einflussfaktoren werden im folgenden Abschnitt in Bezug auf Phasenzusammensetzung, Gefügeausbildung und thermoelektrischen Eigenschaften diskutiert.

Charakterisierung der eingesetzten TiO_2-Pulver

Da die drei eingesetzten TiO_2-Pulver Anatas-200, Anatas-20 und Rutil-200 (Tabelle 3) die Grundlage der PDC Ti_nO_{2n-1}/TiO_2-Herstellung bilden, wurden die Pulver einer Eingangskontrolle unterzogen. Die Partikelgrößenverteilung in Abbildung 62 zeigt die Häufigkeit der auftretenden Partikelgrößen der verwendeten TiO_2-Pulver im wässrigen Medium. Das Pulver Anatas-20 weist im Gegensatz zu Anatas-200 und Rutil-200 eine Normalverteilung auf. Das Anatas-200-Pulver besitzt zusätzlich einen Anteil von etwa einem Masseprozent feinerer Partikel, welche im Bereich zwischen 0,2 µm und 0,4 µm außerhalb der log-Normalverteilung liegen. Diese Fraktion lässt sich auf eine teilweise Zerstörung von Agglomeraten durch durch den Einsatz von Ultraschall während der Messung zurückführen. Daraus ergibt sich ein d_{50}-Wert von 2190 nm für das Anatas-200 Pulver. Weiterhin ist zu erkennen, dass das vom Hersteller als feiner angegebene Pulver Anatas-20 tatsächlich kleinere Partikelgrößen aufweist als die anderen Pulver. Jedoch weicht der bestimmte d_{50}-Wert von 793 nm stark von der Herstellerangabe mit d_{50} = 20 nm ab. Dies könnte an dem unvollständigen Dispergieren der Primärpartikel und folglich Messung von Agglomeraten liegen. Dies würde zudem den hohen d_{50}-Wert des Anatas-200-Pulver erklären. Das Rutil-200-Pulver, welches vom Hersteller mit einer Beschichtung aus Aluminium und einer organischen Verbindung versehen ist, nähert sich mit einem d_{50}-Wert von 314 nm den Herstellerangaben an.

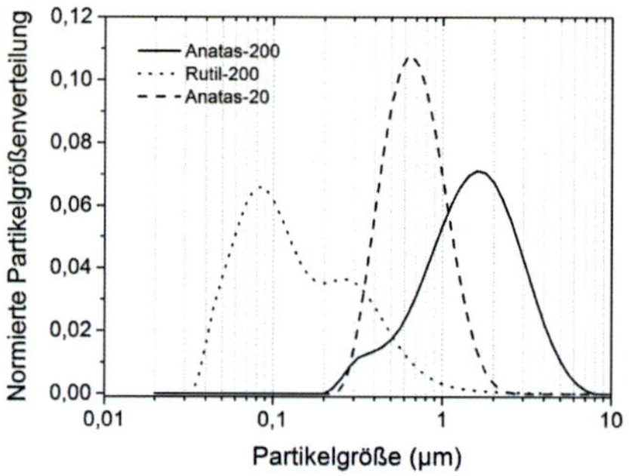

Abbildung 62: Normierte Partikelgrößenverteilung der TiO_2-Pulver in Wasser

Die Partikelgrößenverteilung in Chloroform bei unterschiedlichen Ultraschallbehandlungen ermöglichen eine bessere Nachbildung der tatsächlichen Herstellungsbedingungen (Abbildung 63). Dabei wird deutlich, dass die Ultraschalleinwirkung eine Änderung der Partikelgrößenverteilung verursacht, besonders bei dem Anatas-200- und Anatas-20-Pulver mit einer Ultraschallleistung von 200 W bei einer Dauer von 9 min. Mit einer geringeren Ultraschallleistung bzw. kürzeren Ultraschalldauer werden geringfügige Änderungen in der Partikelgrößenverteilung sichtbar. Aufgrund des positiven Effektes der Ultraschallbehandlung auf den Aufschluss der Partikel, erfolgte die PDC Ti_nO_{2n-1}/TiO_2-Herstellung unter Ultraschalleinwirkung.

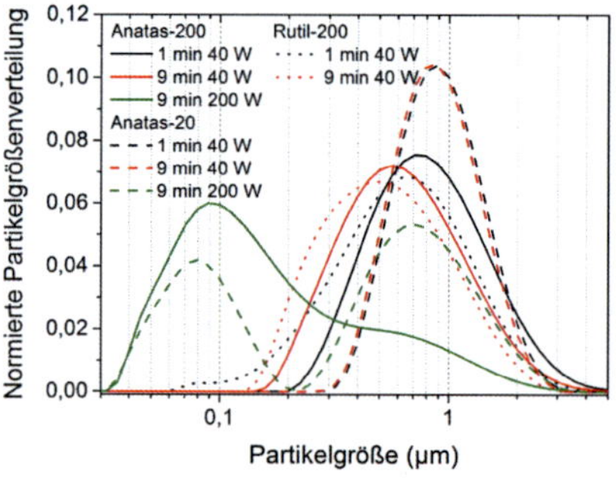

Abbildung 63: Abhängigkeit der Partikelgrößenverteilung der TiO_2-Pulver von der Ultraschallleistung (40 W und 200 W) unter herstellungsnahen Bedingungen

Die in Tabelle 17 dargestellten Ergebnisse der BET-Messung und der daraus bestimmten Partikelgrößen für die TiO_2-Pulver entsprechen annähernd den Herstellerangaben. Dies stützt die Vermutung, dass das Anatas-200- und Anatas-20-Pulver aufgrund von Agglomeraten deutlich größer bei der Partikelmessung bestimmt wurden, als es ihre Primärpartikel tatsächlich sind. Zu beachten ist, dass die bestimmte spezifische Oberfläche nicht nur durch die Partikelgröße, sondern auch durch deren Gestalt bestimmt wird. Die Betrachtung der Partikelmorphologien im FESEM (Abbildung 64) zeigt eine zerklüftete Oberfläche für das Anatas-20-Pulver im Gegensatz zu den Anatas-200- und Rutil-200-Pulver mit einer runden Partikelgestalt.

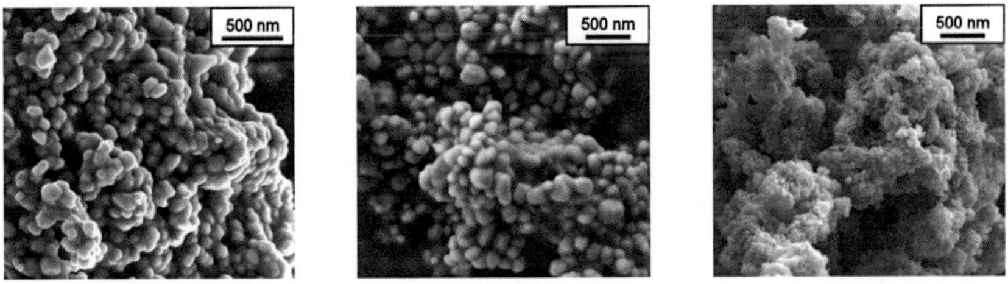

Anatas-200 **Rutil-200** **Anatas-20**

Abbildung 64: FESEM-Aufnahmen der verwendeten TiO_2-Pulver

Die XRD-Messungen bestätigen die Angaben des Herstellers bezüglich der vorliegenden TiO_2-Modifikation. Fremdphasen können keine nachgewiesen werden. Eine Abschätzung der Kristallitgröße über die Scherrer-Gleichung (Gleichung (20)) liefert eine Kristallitgröße von 56 nm für Anatas-200, 51 nm für Rutil-200 und 14,5 nm für Anatas-20. Aus den Profilanpassungen der Ausgangspulver mit der Pawley-Methode konnte eine Kristallitgröße von 90 nm für Anatas-200, 99 nm für Rutil-200 und 8 nm für Anatas-20 ermittelt werden. Aus der Tabelle 17 kann entnommen werden, dass das Anatas-20-Pulver wie laut Herstellerangaben eine Primärpartikelgröße, die mit der Kristallitgröße übereinstimmt, im Bereich von 10 - 20 nm besitzt.

Tabelle 17: Charakterisierungsergebnisse der eingesetzten TiO_2-Pulver

	Anatas-20	**Anatas-200**	**Rutil-200**
Herstellername	io-li-tec NO-0038-HP	Kronos 1001	Kronos 2500
Spezifische Oberfläche (m^2/g)	161	14	9
Phasenzusammensetzung	100 % Anatas		100 % Rutil
Partikelmorphologie	sphärisch		
<u>Partikelgröße (nm)</u>			
FESEM	≤ 50	100-200	100-200
BET*	10	112	161
Statische Laserlichtbeugung (d_{50} in nm)	790	2190	310
<u>Kristallitgröße (nm)</u>			
Pawley-Methode	8	90	99
Scherrer-Gleichung	15	56	51

*Unter Annahme von sphärischer Partikel

Beeinflussung der Phasen- und Gefügeausbildung

Wie in Kapitel 5.1.5 bereits für die reinen Precursorsysteme festgestellt wurde, wird die Gefüge- und Phasenausbildung während des Sinterns stark durch die maximale Sintertemperatur bestimmt. Um eine ausreichende elektrische Leitfähigkeit für die PDC Ti_nO_{2n-1}/TiO_2-Proben zu erreichen wird die Phase Ti_4O_7 forciert. Aus den (O,O)-1a-Precursor wird PDC Ti_4O_7 bei einer Pyrolysetemperatur von 800 °C und einer Sintertemperatur von 1500 °C oder einer Pyrolysetemperatur von 1050 °C und einer Sintertemperatur von 1300 °C erhalten (Abbildung 49 und Tabelle 14). Für die Diskussion der verschiedenen Einflüsse und Zusammenhänge von maximaler Sintertemperatur, Precursorgehalt und eingesetztem TiO_2-Pulver auf die Phasenausbildung sind in Tabelle 18 die Einflussparameter und die nachgewiesenen Phasen von (O,O)-1a-basierten PDC Ti_nO_{2n-1}/TiO_2 zusammengefasst. Bei einer Sintertemperatur von 1300 °C sind jeweils im Pulver-XRD TiO_2-Reflexe, Ti_nO_{2n-1}-Reflexe (n = 8, 9, 10) und mit der ICSD nicht zuordenbare Reflexe erkennbar, die vermutlich Phasen zwischen TiO_2 und $Ti_{10}O_{19}$ entsprechen [9, 27]. Diese Reflexe können teilweise mittels Literaturdaten aus [11] als $TiO_{1,93}$, $TiO_{1,945}$ bzw. $TiO_{1,96}$ Phasen identifiziert werden. Demzufolge reicht eine Sintertemperatur von 1300 °C im Gegensatz zum PDC Ti_4O_7 noch nicht zur Darstellung von PDC Ti_4O_7/TiO_2 aus. Bei einer Sintertemperatur von 1500 °C ist unter Bildung von Magnéli-Phasen eine vollständige Reduktion des eingesetzten TiO_2 in den TiO_2/Precursor-Kombinationen nachzuweisen.

Tabelle 18: Phasenzusammensetzung von PDC Ti_nO_{2n-1}/TiO_2 des (O,O)-1a-Precursor in Abhängigkeit des Precursorgehalts, des eingebrachten TiO_2-Pulvers und der Sintertemperatur

Sinter-temp.	1300 °C			1500 °C		
Prec.-gehalt (Ma-%)	Anatas-200	Rutil-200	Anatas-20	Anatas-200	Rutil-200	Anatas-20
0	TiO_2^{Rutil}, +			Ti_8O_{15}, Ti_7O_{13}		
25	TiO_2^{Rutil}, $TiO_{1,96}$, $TiO_{1,945}$			Ti_8O_{15}, Ti_7O_{13}, Ti_6O_{11}		
40	TiO_2^{Rutil}, $TiO_{1,96}$, $TiO_{1,945}$, $TiO_{1,93}$	TiO_2 (Rutil), $TiO_{1,93}$	TiO_2^{Rutil}, $TiO_{1,96}$, $TiO_{1,945}$	Ti_6O_{11}, Ti_5O_9	Ti_6O_{11}	Ti_6O_{11}, Ti_5O_9
57	TiO_2^{Rutil}, Ti_8O_{15}, Ti_9O_{17}, $TiO_{1,96}$, $TiO_{1,945}$, $TiO_{1,93}$	TiO_2^{Rutil}, $TiO_{1,96}$, $TiO_{1,945}$, $TiO_{1,93}$, $Ti_{10}O_{19}$, Ti_9O_{17}	TiO_2^{Rutil}, $TiO_{1,96}$, $TiO_{1,945}$, $TiO_{1,93}$	Ti_5O_9, Ti_4O_7	Ti_5O_9, Ti_4O_7	Ti_5O_9, Ti_4O_7
100	Ti_9O_{17}, Ti_8O_{15}			Ti_4O_7, (Ti_3O_5)		

+ Mittels publizierten Werten [11, 24] keine Zuordnung möglich, vermutlich im Phasenbereich zwischen $TiO_2 - TiO_{1,96}$

Aus den XRD-Ergebnissen kann geschlussfolgert werden, dass es während der Temperaturbehandlung zu einer Homogenisierung des Sauerstoffgehalts durch Sauerstoffdiffusion vom TiO_2 zum PDC TiO_x kommt. Dieses Phänomen ist als Modell schematisch in Abbildung 65 dargestellt. Bei der Modellvorstellung wird davon ausgegangen, dass anfangs TiO_2-Partikel (Primärkörner oder Agglomerate) im Precursor eingebettet sind. Während der Pyrolyse zersetzt sich der Precursor zu PDC TiO_2 bzw. TiO_x und Kohlenstoff. Eine beginnende Reduktion des eingesetzten TiO_2 unter Bildung von TiO_x an den Grenzen zum Precursor ist denkbar. Mit zunehmender Temperatur während der Pyrolyse- und SPS-Behandlung kommt es zu einer verstärkten Sauerstoffdiffusion. Aus dem eingesetzten TiO_2 bildet sich allmählich TiO_x bzw. Ti_nO_{2n-1}. Der Precursor reagiert wie im reinen PDC-System und bildet Ti_nO_{2n-1}-Phasen. Aufgrund des erhöhten Sauerstoffgehalts durch das eingebrachte TiO_2 werden jedoch höhere n-Werte für Ti_nO_{2n-1} als im reinen PDC-System erhalten. Mit fortschreitender Temperaturbehandlung und der damit zunehmenden Reaktivität des Kohlenstoffs und erhöhter Sauerstoffdiffusivität wird eine weiterführende Reduktion bis hin zur vollständigen Homogenisierung unter Erhalt der nachgewiesenen Magnéli-Phasen erreicht. Folglich ist die Darstellung von PDC Ti_4O_7 neben TiO_2 über die hier verwendete Bedingungen nicht möglich. Aus der Kombination von (O,O)-1a-Precursor und TiO_2 wird kein PDC Ti_nO_{2n-1} / TiO_2-Komposit erhalten, sondern eine Probe die nach dem Pyrolysieren und Sintern die Phasen TiO_x bzw. Ti_nO_{2n-1} bildet.

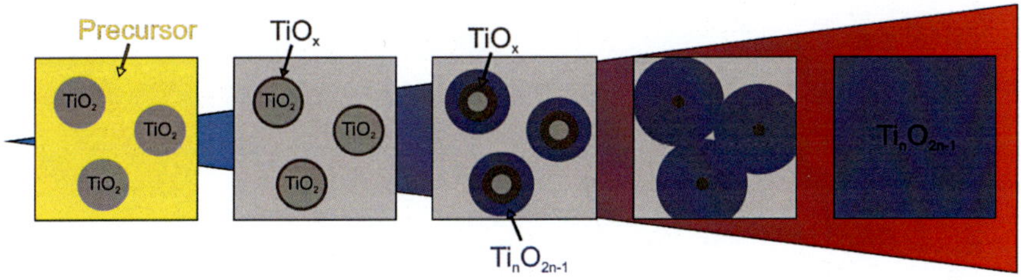

Abbildung 65: Schematische Darstellung des Homogenisierungsprozesses im PDC Ti_nO_{2n-1}/TiO_2 (zunehmende Temperatur von links nach rechts)

Mit steigendem Precursorgehalt überwiegen die Precursoreigenschaften, die eine zunehmende reduzierende Wirkung auf das eingebrachte TiO_2 ausüben. Die erhaltenen Phasen stellen abhängig vom Precursorgehalt ein Mittelwert zwischen reinem TiO_2 und reinem PDC Ti_nO_{2n-1} dar. Somit ergeben sich beispielsweise bei einem Precursorgehalt von 40 Ma-% mit Anatas-200 nach dem Sintern bei 1500 °C die Magnéli-Phasen Ti_6O_{11} und Ti_5O_9 (Nr. 3.13b). Dies entspricht einem Mittelwert zwischen reinem TiO_2, das unter diesen Bedingungen Ti_8O_{15} und Ti_7O_{13} ausbildet (Nr. 3.3b), und reinem PDC Ti_nO_{2n-1} mit den Phasen Ti_4O_7 und Ti_3O_5 (Nr. 1.7b). Mit der Änderung der TiO_2-Pulver, die sich in Partikelgröße, TiO_2-Phase und Oberflächenbeschaffenheit unterscheiden, sind nur geringe Phasenunterschiede nach dem Sintern erkennbar. Die Abweichungen sind durch Inhomogenitäten des TiO_2-Pulvers in der Precursormatrix begründbar.

Veränderungen der Sintertemperatur, des Precursorgehalts und des eingesetzten TiO_2-Pulvers spiegeln sich in unterschiedlicher Gefügeausbildung wider. In Abbildung 66 sind Gefügeaufnahmen von PDC Ti_nO_{2n-1}/TiO_2-Proben mit 57 Ma-% Precursorgehalt und dem TiO_2-Pulver Anatas-200 bei maximalen Sintertemperaturen zwischen 1100 und 1500 °C dargestellt. Besonders auffällig sind die Bereiche, welche aus den Körnern des eingebrachten TiO_2, die agglomeriert im Gefüge vorliegen, bestehen (Abbildung 66 a ungefärbte Bereiche bzw. b eingefärbte grüne Bereiche). Dies deutet auf ein unvollständiges Dispergieren der TiO_2-Pulver während der Zugabe, Homogenisierung und Trocknung des TiO_2-Pulvers mit der Precursorlösung hin. Daneben sind Bereiche vorzufinden, die aus PDC TiO_x mit eingebetteten TiO_2-Partikeln bestehen (Abbildung 66a lila eingefärbt). Mit steigender Sintertemperatur werden stärker reduzierte TiO_x-Phasen erhalten (Tabelle 18). Jedoch erst zwischen 1400 °C und 1500 °C ist eine signifikante Änderung des Gefüges, gekennzeichnet durch ein starkes Kornwachstum aller Körner von < 0,2 µm bzw. 0,2 – 1 µm (Abbildung 66c) auf < 4 µm bzw. > 10 µm (Abbildung 66d), zu beobachten. Erkennbar an den nahezu schwarzen Bereichen in Abbildung 66d, ist damit das Auslagern und Anreichern von Kohlenstoff verbunden. Dies ist ebenso bei PDC TiO_x besonders bei einer Sintertemperatur von 1600 °C zu beobachten (Kapitel 5.1.5 Abbildung 50).

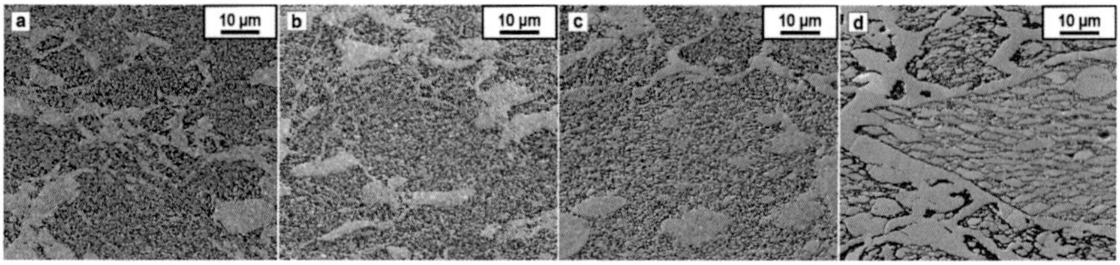

a: 1100 °C (Nr. 3.6b)* **b: 1300 °C (Nr. 3.7b)*** **c: 1400 °C (Nr. 3.9b)** **d: 1500 °C (Nr. 3.8b)**

*Zum besseren Verständnis sind die Bereiche, die zu PDC TiO_x mit eingebetteten TiO_2 zugeordnet werden können, lila (a) und die zu agglomerierten TiO_2-Partikel grün (b) eingefärbt. (Original-Aufnahmen in Anhang M: Abbildung 88)

Abbildung 66: PDC Ti_nO_{2n-1}/TiO_2-Gefügeaufnahmen in Abhängigkeit der Sintertemperatur (Precursorgehalt: 57 Ma-%)

Durch die Variation des Precursorgehalts wird die Ausprägung der PDC TiO_x-Matrix und der Korngrößen beeinflusst. In Abbildung 67 sind die verschiedenen Gefügeaufnahmen der (O,O)-1a-basierten Ti_nO_{2n-1}/TiO_2 mit Anatas-200-Bulkmaterialien mit variierendem Precursorgehalt bei einer Sintertemperatur von 1300 und 1500 °C aufgezeigt. Bei einer Sintertemperatur von 1300 °C sinkt mit zunehmendem Precursorgehalt die maximale Korngröße von 4 µm (25 Ma-%) auf < 2 µm (57 Ma-%) (Abbildung 67a-c). Dieser Effekt wird verursacht durch die Zunahme der PDC TiO_x-Matrix mit zunehmenden Precursorgehalt, der das Kristallwachstum aufgrund des eingebrachten Kohlenstoffs verstärkt hemmt. Ein homogenes Gefüge wird bei einem Precursorgehalt von 40 Ma-% erhalten (Abbildung 67b). Die Homogenität des Gefüges, wie bereits bekannt ist, wird stark von dem Dispergierverhalten des TiO_2-Pulvers im Precursor beeinflusst. Ein hoher Precursorgehalt scheint das Dispergierverhalten der TiO_2-Körner zu verschlechtern (Abbildung 67a, Pfeile). Im Gegensatz dazu führt ein niedriger Precursorgehalt (25 Ma-%) aufgrund des damit verbundenen geringen Anteils an Kohlenstoff (Kornwachstumshemmer) zu einem verstärkten Kornwachstum und folglich zu größeren Körnern (Abbildung 67c, Pfeile). Ein homogenes Gefüge wird mit einem Precursorgehalt von 40 Ma-% erreicht. Dies lässt auf ein optimales Dispergierverhalten des TiO_2-Pulvers in der Precursorlösung schließen.

a: 1300 °C, 57 Ma-% (Nr. 3.7b)* **b: 1300 °C, 40 Ma-% (Nr. 3.12b)** **c: 1300 °C, 25 Ma-% (Nr. 3.10b)***

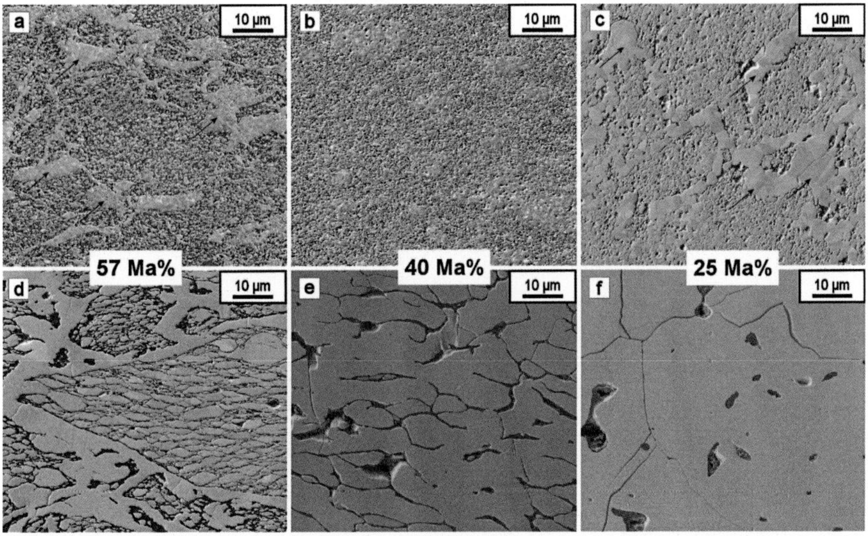

d: 1500 °C, 57 Ma-% (Nr. 3.8b) **e: 1500 °C, 40 Ma-% (Nr. 3.13b)** **f: 1500 °C, 25 Ma-% (Nr. 3.11)**

*Pfeile markieren exemplarisch die Bereiche, die auf das eingesetzte agglomerierte TiO_2 zurückzuführen sind.

Abbildung 67: Gefügeausbildung in Abhängigkeit von der Sintertemperatur und dem Precursorgehalt des (O,O)-1a-basierten PDC Ti_nO_{2n-1}/TiO_2 mit Anatas-200

Beim Einsatz von unterschiedlichen TiO_2-Pulvern bei gleichem Precursorgehalt werden verschiedene Gefüge bei annähernd gleicher Phasenzusammensetzung erhalten (Abbildung 68). Die Abhängigkeit der Gefügeausbildung von dem eingesetzten TiO_2-Pulver könnte durch ein unterschiedliches Dispergierverhalten der TiO_2-Pulver in der Precursorlösung verursacht werden. Die Gefüge des Anatas-200 und Rutil-200 sind annähernd gleich. In allen Gefügen liegen teilweise agglomerierte Bereiche vor, die zum eingesetzten TiO_2-Pulver zurückzuführen sind (grün eingefärbte Bereiche in Abbildung 68), und zum anderen Bereiche mit scheinbar netzartigem Charakter, die typisch für die reinen PDC TiO_x-Proben sind. Die homogen und fein verteilten TiO_2-Partikel in den Gefügen mit Anatas-200 und Rutil-200 lassen auf ein gutes Dispergierverhalten in der Precursorlösung schließen. Das Gefüge des Anatas-20-Pulvers mit großen agglomerierten TiO_2-Bereichen und ebenso ausgeprägten typischen Precursorstrukturen (Feinkornbereich, Netzstruktur, ohne eingebettetes TiO_2-Pulver in der Precursormatrix) ist folglich auf ein schlechteres Dispergierverhalten des Anatas-

20-Pulvers in der Precursorlösung zurückzuführen. Ein geringerer Kohlenstoffanteil bei gleichem Precursorgehalt (57 Ma-%) mit Anatas-200 von 4,5 Ma-% im Vergleich zum Anatas-20 von 6 Ma-% deutet auf eine stärkere karbothermische Reduktion beim Anatas-200 hin. Eine Erklärung dafür könnte in Folge des besseren Dispergierverhaltens vom Anatas-200-Pulver in der Precursorlösung die homogene Verteilung von den Reaktionspartner TiO_2/TiO_x und Kohlenstoff und folglich geringeren Reaktionswege sein. Demzufolge würde bei einem homogenen Gefüge eine vollständigere Reaktion von TiO_x und C unter stärkerer Abnahme des C-Anteils und Bildung einer dominierenden Ti_nO_{2n-1}-Phase im Gegensatz zu inhomogenen Gefüge (Anatas-20) erwartet werden. Dies wird durch Pulver-XRD-Ergebnisse von Anatas-20-Pulver mit Phasen zwischen TiO_2 bis $TiO_{1,93}$ (Nr. 3.18b) im Vergleich zu Anatas-200 mit Phasen zwischen TiO_2 bis Ti_8O_{15} bestätigt. Folglich ist die Phasenzusammensetzung vom Dispergierverhalten des eingesetzten TiO_2-Pulvers in der Precursorlösung abhängig. Mit einer höheren Sintertemperatur (1500 °C) sind die Unterschiede im Gefüge immer noch zu beobachten, jedoch sind diese nicht mehr mit dem Dispergierverhalten des TiO_2-Pulvers in der Precursorlösung zu korrelieren (Abbildung 67).

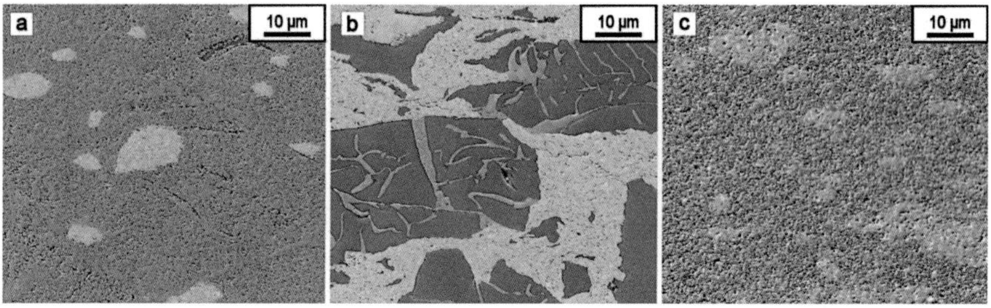

a: Rut-200 (Nr. 320b) **b: Ana-20 (Nr. 3.18b)** **c: Ana-200 (Nr. 3.12b)**

Zum besseren Verständnis sind die Bereiche, die auf das eingesetzte TiO_2 zurückzuführen sind, grün eingefärbt. (Original-Aufnahmen in Anhang M: Abbildung 89)

Abbildung 68: Abhängigkeit der Gefügeausbildung vom eingesetzten TiO_2-Pulver von 1300 °C-gesinterten (O,O)-1a-basierten PDC Ti_nO_{2n-1}/TiO_2-Proben

Die in Abbildung 69 abgebildeten TEM-Aufnahmen einer PDC Ti_nO_{2n-1}/TiO_2-Bulkprobe (Nr. 3.7b) zeigt ein Gefüge bestehend aus Körnern > 300 nm. Der Feinkornbereich mit den eingebetteten einzelnen TiO_2-Körnern, der durch gut dispergiertes TiO_2-Pulver in der Precursorlösung erhalten wird, ist aufgrund der geringen Festigkeit bei der Präparation größtenteils abgetragen wurden und kann so mittels TEM nicht untersucht werden. Die im TEM analysierten Gefügebereiche bestehen aus Körnern, die teilweise lamellenartige Domänen besitzen. Eine Zuordnung der Magnéli-Phasen über Fourier-Transformation oder Netzebenabstände ist aufgrund der strukturellen Ähnlichkeit der Magnéli-Phasen untereinander kaum möglich. Jedoch ist über die sehr gute Auflösung bis in den atomaren Bereich (Abbildung 69 d bzw. Abbildung 70) eine Phasenzuordnung unter geeigneten Bedingung möglich, wie im Folgenden beschrieben wird.

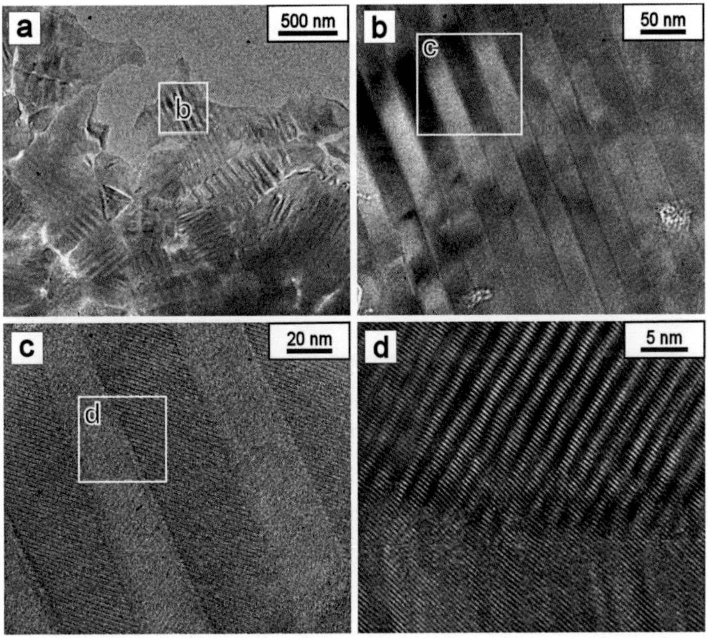

Abbildung 69: TEM-Aufnahmen einer PDC Ti_nO_{2n-1}/TiO_2-Bulkprobe mit verschiedenen Vergrößerungen (Nr. 3.7b)

Die hochauflösenden Aufnahmen in Abbildung 70 stellen die Verteilung der Elektronendichte an den Atomrümpfen im reziproken Raum dar. Die Stapelfolge der Gitterebenen entlang der 001-Richtung kann eine Zuordnung zu den Magnéli-Phasen ermöglichen (Abbildung 3) [9]. Der untersuchte Bereich in Abbildung 70c scheint zur Magnéli-Phase Ti_9O_{17} zu gehören.

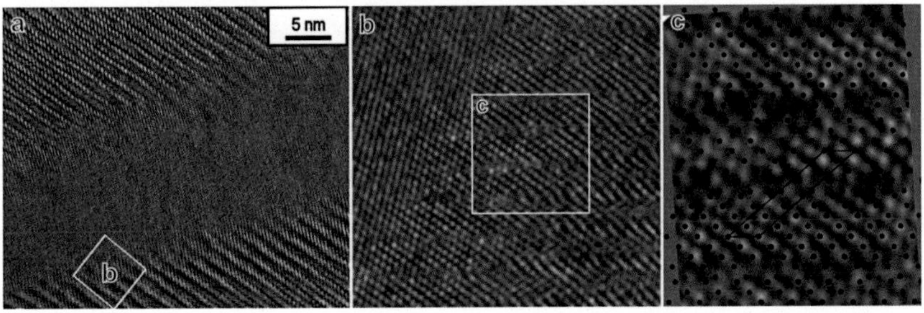

Abbildung 70: Phasenzuordnung durch hochauflösende TEM-Aufnahmen (Nr. 3.9b)

Wie bei den (O,O)-1a-basierten PDC Ti_nO_{2n-1}/TiO_2 sind auch bei den (N,O)-1b-basierten PDC Ti_nO_{2n-1}/TiO_2-Proben folgende Trends zu beobachten: Die Gefüge weisen abhängig vom Precursorgehalt typische PDC Ti_nO_{2n-1}-Gefügestrukturen (Netzstruktur, Feinkornbereich) bei hohen Precursorgehalten oder grobe Gefügestruktur mit großen Körnern bei geringen Precursorgehalten auf (Tabelle 19). Ein homogenes Gefüge wird ebenfalls bei einem optimalen Precursorgehalt von 40 Ma-% erhalten. Jedoch zeigt sich im Vergleich der beiden Precursorarten (Nr. 4.8b und 3.12b, Tabelle 19), dass das (N,O)-1b-basierte PDC Ti_nO_{2n-1}/TiO_2-Gefüge eine gröbere Struktur aufweist. Dies kann Folge eines schlechteren Dispergierverhaltens des TiO_2-Pulvers in der (N,O)-1b-Precursorlösung sein. Dieser Trend ist auch bei höherer Sintertemperatur (Tabelle 20, Nr. 4.9b und 3.13b) und bei der Verwendung von Rutil-200-Pulver zu beobachten. Beim Vergleich von PDC Ti_nO_{2n-1}/TiO_2-Proben auf Basis von (O,O)-1a- bzw. (N,O)-1b-Precursor gesintert bei 1300 °C (Tabelle 23) und 1500 °C (Tabelle 24) ist zu beachten, dass der gleiche Precursorgehalt aufgrund der unterschiedlichen Zersetzung und keramischen Ausbeute der Precursoren zu unterschiedlichen Massegehalten des sich bildenden PDC TiO_x/C führt. Daraus resultieren auch unterschiedliche Dichten. Die verschiedenartige Zersetzung der Precursoren führt zu unterschiedlicher Phasenausbildung sowie Reduktionswirkung auf das eingesetzte TiO_2. Die von der Precursorart und von dem Precursorgehalt abhängige Phasenzusammensetzung ist besonders bei den 1500 °C-gesinterten PDC Ti_nO_{2n-1}/TiO_2-Proben zu beobachten (Tabelle 24).

Tabelle 19: Abhängigkeit der Phasenzusammensetzung von Precursorart und Precursor von PDC Ti_nO_{2n-1}/TiO_2-Proben (Sintertemperatur 1300 °C, Anatas-200)

Proben-Nr.	4.8b	3.12b	4.10b
Precursor	(N,O)-1b	(O,O)-1a	(N,O)-1b
Precursorgehalt (Ma-%)	40	40	57
Th. PDC TiO_x/ C-Anteil (Ma-%)*	16	23	27
Phasen-zusammen-setzung	TiO_2 (Rutil)*	TiO_2 (Rutil)*	TiO_2 (Rutil)*
Dichte (gcm^{-3})	4,06	3,67	3,93
Gefügeaufnahme	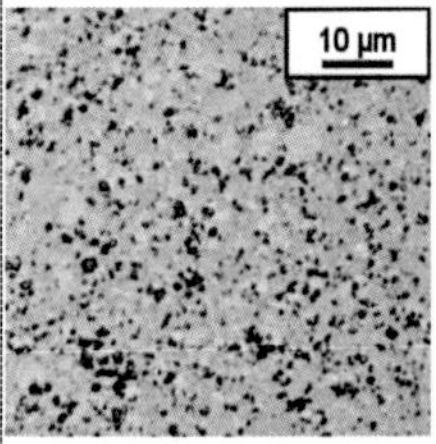		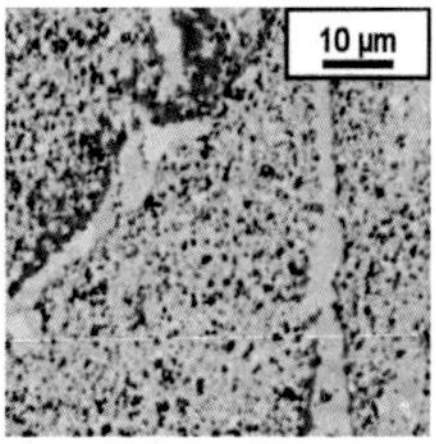

*Auf Basis der thermogravimetrischen Ergebnisse der reinen Precursoren bestimmt

Tabelle 20: Abhängigkeit der Phasenzusammensetzung von Precursorart und Precursoranteil von PDC Ti_nO_{2n-1}/TiO_2-Proben (Sintertemperatur 1500 °C, Anatas-200)

Proben-Nr.	4.9b	3.13b	4.12b
Precursor	(N,O)-1b	(O,O)-1a	(N,O)-1b
Precursorgehalt (Ma-%)	40	40	57
th. PDC TiO_x/ C-Anteil (Ma-%)*	16	23	27
Phasen-zusammen-setzung	Ti_6O_{11}, Ti_7O_{13}, Ti_8O_{15}, Ti_5O_9	Ti_6O_{11}, Ti_5O_9	Ti_6O_{11}, Ti_5O_9, Ti_7O_{13}, Ti_8O_{15}
Dichte (gcm^{-3})	4,07	3,84	3,69
Gefügeaufnahme	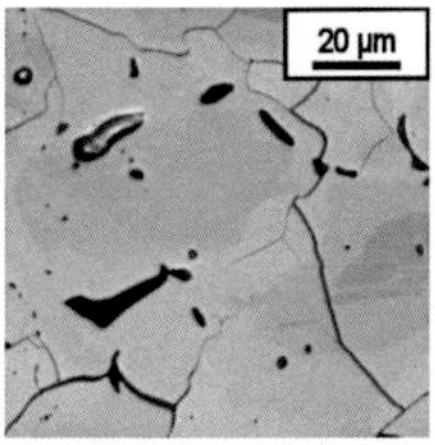	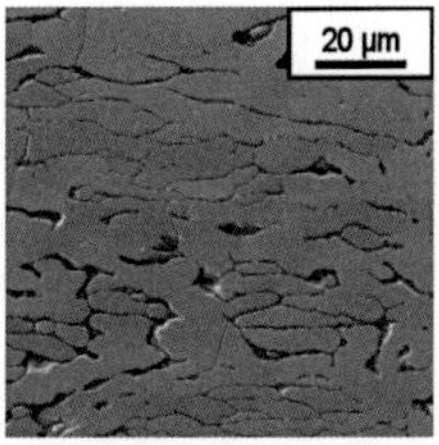	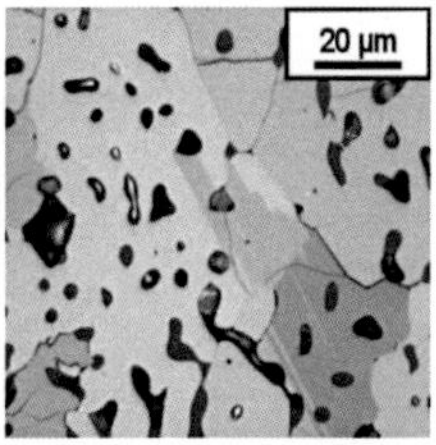

*Auf Basis der thermogravimetrischen Ergebnisse der reinen Precursoren bestimmt

Beeinflussung der thermoelektrischen Eigenschaften

Der Ansatz zur Kombination der Vorteile von TiO_2 und PDC Ti_nO_{2n-1} mit einem hohen Seebeck-Koeffizienten und einem geringen elektrischen Widerstand ist in dieser Form (TiO_2 neben Ti_nO_{2n-1} vorliegend) nicht realisiert wurden. Die hohe Sauerstoffdiffusion im Bulkmaterial führt zu einer Homogenisierung der Phasen während der Temperaturbehandlung (Pyrolyse, Sintern) unter Bildung ein oder mehrerer benachbarten Ti_nO_{2n-1}-Phasen (Modellvorstellung in Abbildung 65). Trotz dessen wird ein mikro- bis nanostrukturiertes Gefüge mit einem geringen Kohlenstoffanteil erhalten, was zu einer Verbesserung der thermoelektrischen Eigenschaften im Vergleich zu den PDC Ti_nO_{2n-1}-Proben beitragen kann. Die Beeinflussung der thermoelektrischen Eigenschaften durch die Veränderung der Phasenzusammensetzung und Gefügeausbildung über maximale Sintertemperatur, Precursorgehalt, eingesetztes TiO_2-Pulver und Precursorart wird im folgenden Abschnitt untersucht und diskutiert. Dabei soll hier nochmals darauf hingewiesen werden, dass die Variation der Herstellungsparameter eine vielfältige Änderung von physikalischen und chemischen Eigenschaften (Dichte, Phasenzusammensetzung, C-Anteil, Porenverteilung, Korngröße, usw.) bewirkt, welche die gemessenen und diskutierten thermoelektrischen Eigenschaften mitbestimmen. Daher können keine direkten Korrelationen von physikalischen bzw. chemischen Eigenschaften auf thermoelektrische Kenngrößen abgeleitet werden.

Die thermoelektrischen Eigenschaften in Abhängigkeit von der Sintertemperatur sind in Abbildung 71 exemplarisch für (O,O)-1a-basierte PDC Ti_nO_{2n-1}/TiO_2-Proben dargestellt. Wie bei den reinen PDC TiO_x-Bulkmaterialien ist auch bei den PDC Ti_nO_{2n-1}/TiO_2-Proben mit steigender Messtemperatur die Senkung des elektrischen Widerstandes und die Erhöhung des abs. Seebeck-Koeffizienten sowie die Steigerung der Wärmeleitfähigkeit und des *ZT*-Wertes zu beobachten. Dabei ist zu beachten, dass mit Erhöhen der Sintertemperatur der elektrische Widerstand von $\rho_{580\,°C} = 3956 \cdot 10^{-3}\ \Omega cm$ ($T_{Sinter} = 1100$ °C) auf $\rho_{580\,°C} = 5{,}8 \cdot 10^{-3}\ \Omega cm$ ($T_{Sinter} = 1500$ °C) sinkt und der abs. Seebeck-Koeffizient von $|S|_{580\,°C} = 60 \cdot 10^{-6}\ VK^{-1}$ ($T_{Sinter} = 1100$ °C) auf $|S|_{580\,°C} = 96 \cdot 10^{-6}\ VK^{-1}$ ($T_{Sinter} = 1500$ °C) steigt. Der sinkende elektrische Widerstand kann auf die vorliegenden besser leitfähigen Magnéli-Phasen (bis auf Ti_4O_7/Ti_5O_9 bei 1500 °C) und auf die zunehmende Verdichtung der Proben von 3,24 bis 3,58 gcm^{-3} zurückgeführt werden. Jedoch ist trotz ansteigender Dichte eine Verminderung der Wärmeleitfähigkeit von $\kappa_{580\,°C} = 2{,}6\ Wm^{-1}K^{-1}$ auf $\kappa_{580\,°C} = 2{,}3\ Wm^{-1}K^{-1}$ mit zunehmender Sintertemperatur (1300 °C zu 1500 °C) zu erkennen. Die Wärmeleitfähigkeit wird durch die erhöhte Scherebenendichte (n sinkt von Ti_nO_{2n-1}) und demzufolge zunehmender Phononenstreuung an diesen stärker reduziert (sinkt n von Ti_nO_{2n-1} so nimmt auch κ ab [17]) als diese durch die gestiegene Dichte (Zunahme des Phononentransports) zunimmt. Ein maximaler *ZT*-Wert von $ZT_{580\,°C} = 0{,}04$ (Nr. 3.8b) ergibt sich bei einer optimalen Sintertemperatur von 1500 °C.

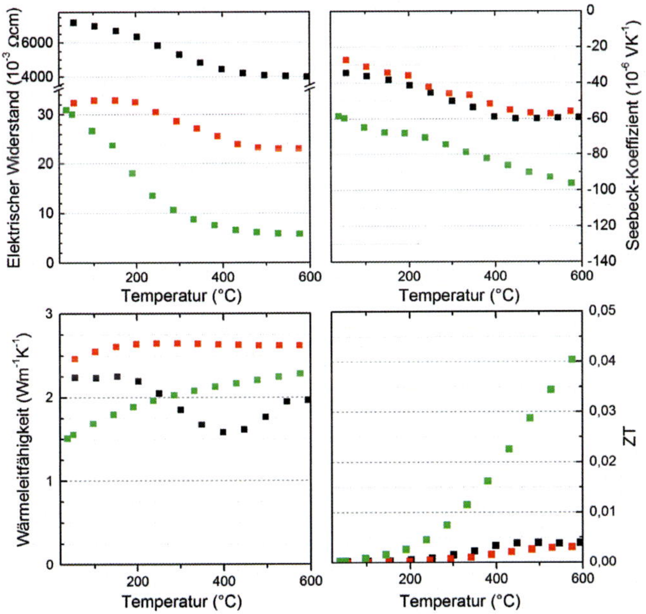

Symbol	Sintertemperatur (°C)	Dichte (gcm^{-3})	Phasenzusammensetzung	Proben-Nr.
■ (schwarz)	1100	3,24	TiO_2 (Rutil)	3.6b
■ (rot)	1300	3,38	Ti_8O_{15}, Ti_9O_{17}	3.7b
■ (grün)	1500	3,58	Ti_5O_9, Ti_4O_7	3.8b

Abbildung 71: Abhängigkeit der thermoelektrischen Eigenschaften von der Sintertemperatur

Nach der Bestimmung der optimalen Sintertemperatur von 1500 °C erfolgt die Evaluierung der Auswirkungen der diskutierten Gefüge- und Phasenänderung durch den Einsatz verschiedener Precursorgehalte für die (O,O)-1a-basierten PDC Ti_nO_{2n-1}/TiO_2-Mischungen auf die thermoelektrischen Eigenschaften. Die thermoelektrischen Daten von 1500 °C-gesinterten (O,O)-1a-basierten PDC Ti_nO_{2n-1}/TiO_2-Proben sind in Abbildung 72 in Abhängigkeit von der Temperatur für verschiedene Precursorgehalte (25, 40, 57 Ma-%) aufgetragen. Gegen die Erwartung zeigt die Probe mit einem Precursorgehalt von 57 Ma-% trotz der besten leitfähigen Phasen Ti_5O_9, Ti_4O_7 nicht den geringsten elektrischen Widerstand. Eine mögliche Erklärung könnte der mit zunehmenden Precursorgehalt einhergehend zunehmende Anteil an verbleibenden Kohlenstoff und die damit verbundene sinkende Dichte sein. Folglich wird der bessere Ladungsträgertransport der leitfähigeren Ti_nO_{2n-1}-Phasen (Ti_4O_7 und Ti_5O_9) durch den höheren Anteil an nichtleitender Phase (Poren und amorpher Kohlenstoff) kompensiert. Der Abfall des elektrischen Widerstandes über die Temperatur sowie die Verringerung des Precursorgehalts geht mit einer Steigerung des abs. Seebeck-Koeffizienten einher. Die Wärmeleitfähigkeit nimmt Werte zwischen 1,5 und 2,6 $Wm^{-1}K^{-1}$ an. Die Änderung des Seebeck-Koeffizienten und des elektrischen Widerstandes in Abhängigkeit des Precursorgehalts beeinflusst den *ZT*-Wert maßgeblich, der bei einer 1500 °C-gesinterten Probe mit einem Precursorgehalt von 40 Ma-% ein Maximum bei $ZT_{580\,°C} = 0{,}06$ erreicht.

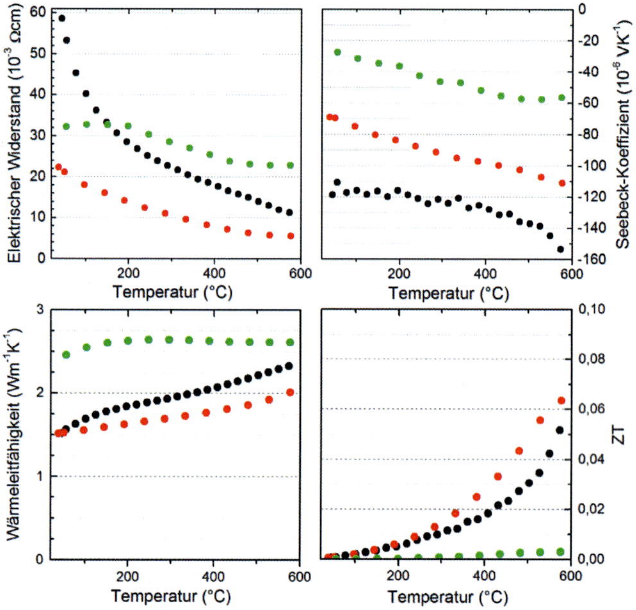

Symbol	Precursorgehalt (Ma-%)	Dichte (gcm^{-3})	Phasenzusammensetzung	Proben-Nr.
● (schwarz)	25	4,05	Ti_8O_{15}, Ti_7O_{13}, Ti_6O_{11}	3.11b
● (rot)	40	3,84	Ti_6O_{11}, Ti_5O_9	3.13b
● (grün)	57	3,58	Ti_5O_9, Ti_4O_7	3.8b

Abbildung 72: Abhängigkeit der thermoelektrischen Eigenschaften vom Precursorgehalt

Aus den Gefügeuntersuchungen der PDC Ti_nO_{2n-1}/TiO_2-Proben ging hervor, dass das unterschiedliche Dispergierverhalten der eingesetzten TiO_2-Pulver in der Precursorlösung während der Synthese einen direkten Einfluss auf die Gefügeausbildung im späteren Bulkmaterial hat (Kapitel 5.2.3 sowie Abbildung 68). Die Ergebnisse der thermoelektrischen Messungen an PDC Ti_nO_{2n-1}/TiO_2 mit drei verschiedenen TiO_2-Pulvern (Anatas-200, Anatas-20, Rutil-200), einem optimalen Precursorgehalt von 40 Ma-% und einer Sintertemperatur von 1500 °C sind in Abbildung 73 grafisch dargestellt.

Aufgrund der annähernd gleichen Phasenzusammensetzung von Ti_6O_{11} und Ti_5O_9 (Proben-Nr. 3.13b und 3.19b) sind ähnliche elektrische Eigenschaften zu erwarten. Nahezu identisches Verhalten der Seebeck-Koeffizienten über die Temperatur ist zu beobachten. Geringfügige Abweichungen des PDC Ti_nO_{2n-1}/TiO_2 mit Anatas-20 könnten auf das schlechte Dispergierverhalten des Pulvers während der Herstellung zurückzuführen sein.

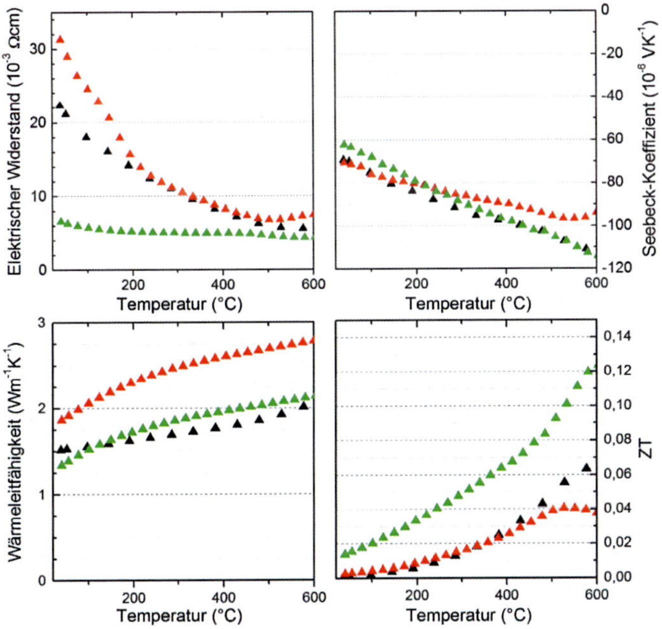

Symbol	TiO_2-Pulver	Dichte (gcm^{-3})	Phasenzusammensetzung	Proben-Nr.
▲ (schwarz)	Anatas-200	3,84	Ti_6O_{11}, Ti_5O_9	3.13b
▲ (rot)	Anatas-20	3,25	Ti_6O_{11}, Ti_5O_9	3.19b
▲ (grün)	Rutil-200	3,79	Ti_6O_{11}	3.21b

Abbildung 73: Abhängigkeit der thermoelektrischen Eigenschaften vom eingesetzten TiO_2-Pulver

Im Gegensatz zu den Seebeck-Koeffizienten weichen die elektrischen Widerstände, besonders des PDC Ti_nO_{2n-1}/TiO_2 mit Rutil-200, voneinander ab. Trotz identischen Seebeck-Koeffizienten, ähnlicher Mikrostruktur (zurückzuführend auf das gleiche Dispergierverhalten) und Phasenzusammensetzung von Anatas-200- und Rutil-200-Proben stellen sich unterschiedliche elektrische Widerstände, besonders bei geringen Temperaturen, von $\rho_{40\,°C} = 6{,}5 \cdot 10^{-3}$ Ωcm bzw. $\rho_{580\,°C} = 4{,}3 \cdot 10^{-3}$ Ωcm für PDC Ti_nO_{2n-1}/TiO_2 mit Rutil-200 gegenüber $\rho_{580\,°C} = 22{,}3 \cdot 10^{-3}$ Ωcm bzw. $\rho_{580°C} = 5{,}6 \cdot 10^{-3}$ Ωcm für

PDC Ti_nO_{2n-1}/TiO_2 mit Anatas-200 ein. Dies könnte ein Hinweis auf gleiche Ladungsträgerkonzentration (gleiche Seebeck-Koeffizienten), aber veränderte Ladungsträgermobilität (unterschiedliche elektrische Widerstände) sein. Die höchste Wärmeleitfähigkeit von $\kappa_{580\,°C}$ = 2,76 $Wm^{-1}K^{-1}$ stellt sich bei dem eingesetzten Anatas-20-Pulver trotz niedrigster Dichte von 3,25 gcm^{-3} ein. Begründet werden kann dies mit dem inhomogenen Gefüge, welches durch das schlechte Dispergierverhalten des Anatas-20-Pulvers in der Precursorlösung verursacht wird. Die homogenen Gefüge der Anatas-200- und Rutil-200-PDC Ti_nO_{2n-1}/TiO_2-Proben (Abbildung 68) weisen eine annährend gleiche Wärmeleitfähigkeit von $\kappa_{580\,°C}$ = 2,12 $Wm^{-1}K^{-1}$ auf. Aus dem Zusammenwirken von elektrischem Widerstand, Seebeck-Koeffizient und Wärmeleitfähigkeit ergibt sich für eine bei 1500 °C-gesinterten Rutil-200-PDC Ti_nO_{2n-1}/TiO_2-Probe mit einem Precursorgehalt von 40 Ma-% ein maximaler *ZT*-Wert von $ZT_{580\,°C}$ = 0,12.

Untersuchungen von (N,O)-1b-basierten Ti_nO_{2n-1}/TiO_2 ergaben die gleichen Tendenzen bezüglich Sintertemperatur, Precursorgehalt und eingesetzten TiO_2-Pulver, jedoch sind die optimalen Parameter abhängig vom Precursor.

In diesem Kapitel wurde gezeigt, dass die Kombination des hohen Seebeck-Koeffizienten von TiO_2 und des geringen elektrischen Widerstandes der Magnéli-Phasen aufgrund der Homogenisierung der Phasen während der Temperaturbehandlung nicht realisierbar ist. Jedoch konnte über diese Methode ein mikro- und nanostrukturiertes Gefüge erhalten werden, welches einen geringen Kohlenstoffanteil aufgrund der Beimengung von TiO_2 aufweist. Durch die systematische Ermittlung der optimalen Paramater: Precursorgehalt, Sintertemperatur und eingesetztes TiO_2-Pulver für (O,O)-1a-basierte PDC Ti_nO_{2n-1}/TiO_2, konnte die Abhängigkeit der Herstellungsparameter von den thermoelektrischen Eigenschaften gezeigt und optimiert werden. Dabei stellte sich heraus, dass die 1500 °C-gesinterten Proben bessere thermoelektrische Eigenschaften aufweisen als die 1300 °C-gesinterten Proben. Zum Beispiel erreichten die 1300 °C-gesinterten Proben Nr. 3.7b bzw. 3.12b maximale *ZT*-Werte von $ZT_{580\,°C}$ = 0,003 bzw. $ZT_{580\,°C}$ = 0,007 im Vergleich zu den entsprechenden 1500 °C gesinterten Proben Nr. 3.8b bzw. 3.13b mit maximalen *ZT*-Werten von $ZT_{580\,°C}$ = 0,040 bzw. $ZT_{580\,°C}$ = 0,063. Ein maßgeblicher Grund dafür wird in der Ausbildung von sauerstoffärmeren TiO_x- bzw. Ti_nO_{2n-1}-Phasen mit steigender Sintertemperatur vermutet, die eine Senkung der Gitterwärmeleitfähigkeit über eine geringere freie Weglänge der Phononen [17] sowie eine Verbesserung der elektrischen Eigenschaften (Steigerung des Powerfaktors) zur Folge haben. Die Kombination der ermittelten optimalen Parameter für eine gute thermoelektrische Performanz führt zu einem maximalen *ZT*-Wert von $ZT_{580\,°C}$ = 0,12 mit einer Sintertemperatur von 1500 °C, einem Precursorgehalt von 40 Ma-% und Rutil-200 als eingesetztes TiO_2-Pulver.

6 ZUSAMMENFASSUNG

Der Einsatz von Thermoelektrika zur Abwärmenutzung bringt ein komplexes Feld wissenschaftlicher Fragestellungen und Materialentwicklungen hervor. Das Ziel ist es, hoch effiziente und kostengünstige Thermoelektrika mit angepasster Aufbau- und Verbindungstechnik für einen universellen Einsatz zu erforschen. Die vorliegende Arbeit befasste sich mit der Darstellung der thermoelektrisch interessanten Magnéli-Phasen über metallo-organische Precursoren und deren Weiterentwicklung als Thermoelektrikum. Dabei lag der Schwerpunkt der Arbeit auf der Synthese von möglichst einphasigen nanokristallinen Ti_nO_{2n-1} unter moderaten Reaktionsbedingungen. Dies wurde über die Auswahl der Precursoren und deren Verarbeitungsbedingungen während der Pyrolyse und des Sinterns gesteuert.

Als geeignete Precursoren für die Darstellung von Ti_nO_{2n-1} wurden 2 von 10 betrachteten Precursoren anhand der Zersetzung und Phasenausbildung ausgewählt: 1) der Precursor mit der höchsten keramischen Ausbeute von 42,9 %, hergestellt aus Titantetraisopropanolat und Glycerol im stöchiometrischen Verhältnis von 1:1 ((O,O)-1a-Precursor) und 2) der Precursor mit einer einfachen hochskalierbaren Synthese aus Titantetraisopropanolat und 2-Aminoethanol im stöchiometrischen Verhältnis von 1:2 ((N,O)-1b-Precursor). Beide Precursoren wiesen nach einer Standardpyrolyse Ti_2O_3 und Ti_3O_5 als Phasenbestandteile auf.

Für den (O,O)-1a-Precursor wurde exemplarisch eine hypothetische Precursorstruktur aufgestellt. Als Berechnungsgrundlage für die möglichen Summenformeln dienten der gemessene Kohlenstoffanteil des Precursors von 38,5 % und die Koordinationsmöglichkeiten des Precursors (Koordinationszahl des Titans, Zähnigkeit der Liganden und Anzahl an Liganden). Zur Eingrenzung der potenziell neun möglichen Precursor-Summenformeln (KZ von 4 bis 6, Zähnigkeit von 1 bis 3) auf eine am wahrscheinlichsten anzunehmende Struktur wurde jeweils die theoretische Ausbeute anhand des Kohlenstoffanteils und der Phasenzusammensetzung nach der Pyrolyse mit der gemessenen Ausbeute von 42,9 % gegenübergestellt. Zudem konnte die FT-IR-Spektroskopie Hinweise auf die Koordination der Liganden über die Schwingungsbanden der funktionellen Gruppen geben. Eine hypothetische Precursorstruktur eines kettenartigen Oligomers mit der Summenformel $Ti_{10}C_{66}H_{139}O_{41}$ bestehend aus 14 Isopropanolat- und 9 Glycerol-Liganden, in dem Titan bis auf das Kettenende vierfach koordiniert ist, konnte aufgestellt werden. Am Kettenende ist Titan mit drei Isopropanolat-

Liganden und einem Glycerol-Liganden (eine kovalente Sauerstoffbindung und eine dative OH-Bindung am Ti-Atom) fünffach koordiniert.

Weiterhin konnte in der vorliegenden Arbeit gezeigt werden, dass die Herstellung von Magnéli-Phasen Ti_nO_{2n-1} über single-source Precursoren ohne reduktive Atmosphäre bis hin zu einphasigem Ti_4O_7-Nanopulver möglich ist. Die thermische Zersetzung der Precursoren und Bildung der Magnéli-Phasen erfolgt im Wesentlichen über drei Stufen: (1) Zersetzung der Organik (RT - 370 °C); (2) Abschließende Zersetzung der Organik(-fragmente) unter Bildung von Wasserstoff, Kohlenstoff und TiO_2 (350 – 850 °C); (3) Erste Reaktionsstufe der karbothermischen Reduktion: TiO_2 und Kohlenstoff reagieren zu Ti_nO_{2n-1} (> 650 °C, Bildung von CO, Reduzierung des Kohlenstoffanteils). Dabei bilden sich aus dem Precursor nicht direkt Magnéli-Phasen, da die Reaktion über eine Zwischenstufe verläuft, bei der TiO_2 und Kohlenstoff vorliegen. Abhängig vom Precursor waren ab einer Pyrolysetemperatur von 350 °C TiO_2 als Anatas, ab 600 °C durch Phasenumwandlung Rutil und ab 850 °C Magnéli-Phasen nachweisbar. Bei den unterschiedlichen Zersetzungstemperaturen der Organik des jeweiligen Precursors (nachgewiesene DTG-Minima bei 270 °C für (N,O)-1b und 340 °C für (O,O)-1a) tritt eine unterschiedlich einsetzende Anatas-Kristallitbildung (ab 350 °C für (O,O)-1a und ab 450 °C für (N,O)-1b mittels Pulver-XRD belegt) auf. Der neben Anatas entstandene Kohlenstoff beeinträchtigt die Phasenumwandlung zum Rutil, weshalb Rutil sich erst nach 600 °C beim (O,O)-1a-Precursor und nach 800 °C beim (N,O)-1b-Precursor bildet. Der Beginn der karbothermischen Reduktion wurde mit Kohlenstoffmonoxid-Bildung thermoanalytisch bereits ab 650 °C für (N,O)-1b und 780 °C für (O,O)-1a nachgewiesen. Röntgenografisch konnte ab 850 °C Ti_5O_9 für den (N,O)-1b-Precursor und ab 950 °C Ti_4O_7 für den (O,O)-1a nachgewiesen werden. Demzufolge setzt die karbothermische Reduktion bei den hier entwickelten Precursoren 220 K niedriger ein als bei anderen Organo- und Hydrogelen [58]. Einphasiges Ti_4O_7 mit einem Kohlenstoffanteil von 12,5 Ma-% (als PDC Ti_4O_7/C-Komposit bezeichnet), wurde nach einer Pyrolysetemperatur von 1050 °C erhalten. Vergleiche mit Ansätzen von TiO_2 und Kohlenstoff bzw. einer Kohlenstoffquelle (Stärkebinder) unter gleichen Reaktionsbedingungen ergaben weder Ti_4O_7 noch andere Magnéli-Phasen. Demzufolge bewirkt die Zersetzung des Precursors unter Entstehung von TiO_2-Nanokristalliten, eingebettet in feinstverteiltem Kohlenstoff, die Reduzierung der Reaktionszeit und -temperatur im Vergleich zur Reaktion mit TiO_2 und Kohlenstoff(-quelle). Dies verdeutlicht, dass mit dem Einsatz von Precursoren die Darstellung von PDC Ti_nO_{2n-1}/C-Kompositen bei sehr geringen Reaktionstemperaturen und -zeiten realisierbar ist. Der sich aus dem Precursor gebildete Kohlenstoff übernimmt dabei drei Funktionen: 1) Reaktionspartner für die karbothermische Reduktion, 2) Hemmung des Kristallitwachstums und 3) Beeinträchtigung der Phasenumwandlungstemperatur von Anatas zu Rutil.

Mittels TEM- und FESEM-Aufnahmen (speziell mit Böschungsschnitt) wurden zwei Korngrößenfraktionen der PDC-Nanopulver nachgewiesen. Dabei liegen gröbere, bereits angesinterte TiO_x-Körner (äußere Grobkornschicht) neben einem Bereich bestehend aus TiO_x-Nanokristalliten eingebettet in einer Kohlenstoffmatrix (innere Feinkornbereich) vor. Im Feinkornbereich wird das Kristallitwachstum von dem umgebenden Kohlenstoff gehemmt. Jedoch ist an der Partikeloberfläche die Kontaktfläche zwischen TiO_x-Körnern und Kohlenstoff(-matrix) im Vergleich zum Partikelinneren kleiner, wodurch der Abtransport der Pyrolysegase erleichtert wird, das Kristallitwachstum begünstigt und sich die äußere Grobkornschicht bildet. Die Unterschiede des (N,O)-1b-Precursors bei der Phasenumwandlung zum Rutil, die Ti_nO_{2n-1}-Bildung sowie die geringere Tendenz zur Ausprägung der Grobkornschicht können mit einer feineren Verteilung des Kohlenstoffs begründet werden und stehen damit im direkten Zusammenhang mit der gewählten Precursorroute.

Die weitere Verarbeitung der PDC-Nanopulver zum Bulk erfolgte bei Aufheizraten bis 100 $Kmin^{-1}$ in einer SPS-Anlage unter geringer Kornvergröberung und Beibehaltung der Nanostrukturen. Verursacht durch die zwei Korngrößenfraktionen der eingesetzten PDC-Nanopulver weist das Bulkmaterial ein nanostrukturiertes Gefüge bestehend aus Netzstruktur und Feinkornbereich auf. Während des Sinterns werden die Titanoxide weiter durch den freien Kohlenstoff im PDC-Nanopulver sowie der Ofenatmosphäre reduziert. Das Ergebnis sind nahezu einphasige Ti_6O_{11}-und Ti_8O_{15}-Bulkmaterialien.

Die Untersuchungen zur Eignung von PDC Ti_nO_{2n-1} als Thermoelektrikum ergaben mit steigender Messtemperatur sinkende elektrische Widerstände von $\rho_{40\,°C} = 26 \cdot 10^{-3}$ Ωcm bis $\rho_{580\,°C} = 3{,}7 \cdot 10^{-3}$ Ωcm, steigende absolute Seebeck-Koeffizienten bis $|S|_{580\,°C} = 70 \cdot 10^{-6}$ VK^{-1}, Wärmeleitfähigkeiten von $\kappa_{40\,°C} = 1{,}1$ $Wm^{-1}K^{-1}$ bis $\kappa_{580\,°C} = 2{,}3$ $Wm^{-1}K^{-1}$ und daraus errechnete *ZT*-Werte bis $ZT_{580\,°C} = 0{,}04$. Zur Verbesserung der thermoelektrischen Performanz wurde der Einfluss des Einbaus von Vanadium und Stickstoff sowie PDC Ti_nO_{2n-1}/TiO_2-Mischungen untersucht. Das Einbringen von Stickstoff ist über den Einsatz von Ammoniak während der Pyrolyse unter gleichzeitiger Reduzierung des Kohlenstoffanteils realisiert wurden. Abhängig von Pyrolysetemperatur und -haltezeit sind PDC TiO_x-Nanopulver mit einem Stickstoffanteil bis zu 7,5 Ma-% entstanden. Für den Stickstoffanteil von 3,0 Ma-% wurde über die erhöhten absoluten Seebeck-Koeffizienten ($|S|_{511\,°C} = 135 \cdot 10^{-6}$ VK^{-1}) bei gleichbleibenden elektrischen Widerständen ($\rho_{511\,°C} = 5 \cdot 10^{-3}$ Ωcm) ein maximaler *ZT*-Wert von $ZT_{536\,°C} = 0{,}09$ erreicht. Der Ansatz den hohen Seebeck-Koeffizienten von kostengünstigem nanoskaligem TiO_2 und den geringen elektrischen Widerstand von stark gefügestrukturiertem PDC Ti_nO_{2n-1} zu kombinieren, wurde mittels PDC Ti_nO_{2n-1}/TiO_2-Mischungen untersucht. Statt der Bildung eines Multiphasensystems von TiO_2 und Ti_nO_{2n-1} entstanden aufgrund von Homogenisierungsprozessen während der beiden Temperaturbehandlungen Keramiken aus ein- oder mehrphasiges Ti_nO_{2n-1}. Daraus ergab sich jedoch die Möglichkeit die gewünschten Magnéli-Phasen neben Pyrolyse- und Sintertemperatur auch über den Precursorgehalt zu steuern. Zur Evaluation von geeigneten Synthesebedingungen für PDC Ti_nO_{2n-1}/TiO_2-Mischungen zur Erhöhung des *ZT*-Wertes wurde der Einfluss der Sintertemperatur (1100 °C, 1300 °C, 1500 °C), des Precursorgehalts (25 Ma-%, 40 Ma-%, 57 Ma-%) und des eingesetzten TiO_2-Pulvers (Anatas-20, Anatas-200, Rutil-200) untersucht. Das Optimum für ein PDC Ti_nO_{2n-1}/TiO_2-Gemisch mit $ZT_{580\,°C} = 0{,}12$ ist bei dem Einsatz des gut zu dispergierenden Pulvers Rutil-200 (Hersteller: Kronos) mit 40 Ma-% (O,O)-1a-Precursor nach einer Pyrolyse bei 800 °C und dem Sintern bei 1500 °C erzielt worden.

Die in dieser Arbeit entwickelten Precursoren können aufgrund ihrer Löslichkeit in Verarbeitungstechnologien wie beispielsweise Beschichtungsprozessen (Dip-, Spin-, Spray-Coating) oder Druckverfahren (Ink-Jet, Aerosol) zur Miniaturisierung zum Beispiel von thermoelektrischen Generatoren eingesetzt werden. Weiterhin können Ti_nO_{2n-1}-Beschichtungen, besonders die Phase Ti_4O_7 mit dem geringsten elektrischen Widerstand der Magnéli-Phasen von $0{,}5 \cdot 10^{-3}\ \Omega cm$ [14], als Elektrodenmaterial [15] dienen. Eine über Precursoren aufgebrachte Schicht kann dabei eine sehr große Elektrodenfläche aufgrund der hohen spezifischen Oberfläche von PDC Ti_4O_7 mit 160 m^2g^{-1} bereitstellen. Eine höhere chemische und thermische Stabilität kann zudem ein Vorteil im Vergleich zu Kohlenstoffelektroden sein. Alternativen gegenüber den Tinten mit dispergierten Partikeln bieten lösliche Precursoren, die bei der Verarbeitung auf Stabilisatoren und Dispergatoren verzichten können. Somit wäre auch ein gedruckter Thermogenerator mit Ti_nO_{2n-1} als n-leitendes Thermoelektrikum denkbar. Dabei ist jedoch zu beachten, dass die karbothermische Reduktion unter den hier untersuchten Bedingungen erst ab einer Pyrolysetemperatur von 650 °C erfolgt. Für die Herstellung wäre vermutlich für spezielle Substrate eine Reduzierung der Pyrolysetemperatur durch Veränderung der Liganden, Pyrolyse unter reduzierender Atmosphäre oder Optimierung des Pyrolyseprogramms denkbar.

LITERATURVERZEICHNIS

[1] Qiu, K.; Hayden, A. C. S.; *J.Electron.Mater.* 38 (7), **2009**, 1315-1319.

[2] Xi, H.; Luo, L.; Fraisse, G.; *Renew.Sust.Energ.Rev.* 11 (5), **2007**, 923-936.

[3] Rowe, D. M.; Thermoelectrics Handbook - Macro to Nano CRC Press, Taylor & Francis Group USA, **2006**.

[4] Aydemir, U.; Akselrud, L.; Carrillo-Cabrera, W.; Candolfi, C.; Oeschler, N.; Baitinger, M.; Steglich, F.; Grin, Y.; *J.Am.Ceram.Soc.* 132 (32), **2010**, 10984-10985.

[5] Zhang, H.; Borrmann, H.; Oeschler, N.; Candolfi, C.; Schnelle, W.; Schmidt, M.; Burkhardt, U.; Baitinger, M.; Zhao, J. T.; Grin, Y.; *Inorg.Chem.* 50 (4), **2011**, 1250-1257.

[6] Nolas, G. S.; Morelli, D. T.; Tritt, T. M.; *Annu.Rev.Mater.Sc.* 29, **1999**, 89-116.

[7] Mori, Takao; Boron Rich Solids Springer Netherlands, **2011**.

[8] Fergus, J. W.; *J.Eur.Ceram.Soc.* 32 (3), **2012**, 525-540.

[9] Bursill, L. A.; Hyde, B. G.; *Prog.Solid State Ch.* 7, **1972**, 177-253.

[10] Bartholomew, R. F.; Frankl, D. R.; *Phys.Rev.* 187 (3), **1969**, 828.

[11] Andersson, S.; Collen, B.; Kuylenstierna, U.; Magnéli, A.; *Acta Chem.Scand.* 11, **1957**, 1641-1652.

[12] Roy, R.; White, W. B.; *J.Cryst.Growth* 13-14, **1972**, 78-83.

[13] Le Page, Y.; Strobel, P.; *J.Solid State Chem.* 43 (3), **1982**, 314-319.

[14] Gusev, A. A.; Avvakumov, E. G.; Medvedev, A. Zh.; Masliy, A. I.; *Sci.Sinter.* 39, **2007**, 51-57.

[15] Li, X.; Zhu, A. L.; Qu, W.; Wang, H.; Hui, R.; Zhang, L.; Zhang, J.; *Electrochim.Acta* 55 (20), **2010**, 5891-5898.

[16] He, Q.; Hao, Q.; Chen, G.; Poudel, B.; Wang, X.; Wang, D.; Ren, Z.; *Appl.Phys.Lett.* 91 (5), **2007**, 052505.

[17] Harada, S.; Tanaka, K.; Inui, H.; *J.Appl.Phys.* 108 (8), **2010**, 08370.

[18] Backhaus-Ricoult, M.; Rustad, J.; Vargheese, D.; Dutta, I.; Work, K.; *J.Electron.Mater.* 41 (6), **2012**, 1636-1647.

[19] Zweynert, M.; Doering, H.; Garche, J.; Enghardt, K.; Wiesener, K.; *Chem.-Ing.-Tech,* 70 (7), **1998**, 827-841.

[20] Hanaor, D.; Sorrell, C.; *J.Mater.Sci.* 46 (4), **2011**, 855-874.

[21] Eppler, R. A.; *J.Am.Ceram.Soc.* 70 (4), **1987**, C-64.

[22] Baumard, J. F.; Tani, E.; *Phys.Stat.Sol.(a)* 39 (2), **1977**, 373-382.

[23] Anderson, J. S.; Tilley, R. J. D.; *J.Solid State Chem.* 2 (3), **1970**, 472-482.

[24] Tsuyumoto, I.; Hosono, T.; Murata, M.; *J.Am.Ceram.Soc.* 89 (7), **2006**, 2301-2303.

[25] Okamoto, H.; *JPE* 22 (4), **2001**, 515-515.

[26] Merritt, R. R.; Hyde, B. G.; Bursill, L. A.; Philp, D.K.; *Philos.T.Roy.Soc. A* 274 (1245), **1973**, 627-661.

[27] Tu, R.; Huo, G.; Kimura, T.; Goto, T.; *Thin Solid Films* 518 (23), **2010**, 6927-6932.

[28] Holleman, A.F.; Wiberg, E.; Wiberg, N.; Lehrbuch der Anorganischen Chemie Berlin, **1995**.

[29] Mercier, J.; Lakkis, S.; *J.Cryst.Growth* 20 (3), **1973**, 195-201.

[30] Hauf, C.; Kniep, R.; Pfaff, G.; *J.Mater.Sci.* 34 (6), **1999**, 1287-1292.

[31] Okinaka, N.; Akiyama, T.; *ISIJ Int.* 50 (9), **2010**, 1296-1299.

[32] Mikami, A.; Ozaki, K.; *J.Phys.Conf.Ser.* 379 (1), **2012**, 012006.

[33] Backhaus-Ricoult, M.: Titania-half metal composites as high-temperature thermoelectric materials Patent No. WO 2010/068657 A2 **2010**.

[34] Lu, Y.; Matsuda, Y.; Sagara, K.; Hao, L.; Otomitsu, T.; Yoshida, H.; *Adv.Mat.Res.* 415 – 417, **2012**, 1291-1296.

[35] Berger, L.-M.; Schultrich, B.; Ettmayer, P.; *Proceedings of international Conference on Materials by powder Technology* **1993**, 851-856.

[36] Lu, Y.; Hirohashi, M.; Sato, K.; *Mater.Trans.* 47 (6), **2006**, 1449-1452.

[37] Clarke, R. L.: Conductive titanium suboxide particulates Patent No. US 5173215 **1992**.

[38] Hirasawa, M.; Seto, T.; Orii, T.; Aya, N.; Shimura, H.; *Appl.Surf.Sci.* 197-198, **2002**, 661-665.

[39] Gruner, W.; Stolle, S.; Wetzig, K.; *Int.J.Refract,Met.H.* 18 (2-3), **2000**, 137-145.

[40] Lefort, P.; Maitre, A.; Tristant, P.; *J.Alloy.Compd.* 302 (1-2), **2000**, 287-298.

[41] Berger, L. M.; Gruner, W.; Langholf, E.; Stolle, S.; *Int.J.Refract,Met.H.* 17 (1-3), **1999**, 235-243.

[42] Yoon, T.-H.; Hong, L.-Y.; Kim, D.-P.; Fabrication of SiC-based Ceramic Microstructures from Preceramic Polymers with Sacrificial Templates and Softlithography Techniques In: Wang, M, (Hrsg.) Litography InTech, **2010**, 427-446.

[43] Cornu, D.; Bernard, S.; Duperrier, S.; Toury, B.; Miele, P.; *J.Eur.Ceram. Soc.* 25 (2-3), **2005**, 111-121.

[44] Hamelmann, F.; Haindl, G.; Schmalhorst, J.; Aschentrup, A.; Majkova, E.; Kleineberg, U.; Heinzmann, U.; Klipp, A.; Jutzi, P.; Anopchenko, A.; Jergel, M.; Luby, S.; *Thin Solid Films* 358 (1-2), **2000**, 90-93.

[45] Biechel, F.; Dubuc, J.; Henry, M.; *New J.Chem.* 28 (6), **2004**, 764-769.

[46] Boyle, T. J.; Tyner, R. P.; Alam, T. M.; Scott, B. L.; Ziller, J. W.; Potter, B. G.; *J.Am.Chem.Soc.* 121 (51), **1999**, 12104-12112.

[47] Johnson, B. F. G.; Klunduk, M. C.; O'Connell, T. J.; McIntosh, C.; Ridland, J.; *J.Chem.Soc., Dalton Trans.* 0 (10), **2001**, 1553-1555.

[48] Smith, G. D.; Caughlan, C. N.; Campbell, J. A.; *Inorg.Chem.* 11 (12), **1972**, 2989-2993.

[49] Kemmitt, T.; Gainsford, G. J.; Al-Salim, N. I.; Robson-Marsden, H.; yanov, D. V.; *Aust.J.Chem.* 56 (11), **2003**, 1147-1152.

[50] Lim, S.; Choi, B.; Min, Y.; Kim, D.; Yoon, I.; Lee, S. S.; Lee, I.-M.; *Organomet.Chem.* 689 (1), **2004**, 224-237.

[51] Errington, R. J.; Ridland, J.; Clegg, W.; Coxall, R. A.; Sherwood, J. M.; *Polyhedron* 17 (5), **1998**, 659-674.

[52] Bill, J.; Aldinger, F.; Precursor-Derived Ceramics Wiley-VCH Verlag GmbH , **1999**.

[53] Bhakta, R.; Hipler, F.; Devi, A.; Regnery, S.; Ehrhart, P.; Waser, R.; *Chem.Vapor Depos.* 9 (6), **2003**, 295-298.

[54] Macwan, D. P.; Dave, P.; Chaturvedi, S.; *J Mater Sci* 46 (11), **2011**, 3669-3686.

[55] Kuwabara, T.; Nakayama, T.; Uozumi, K.; Yamaguchi, T.; Takahashi, K.; *Sol.Energ.Mat.Sol.C.* 92 (11), **2008**, 1476-1482.

[56] Portehault, D.; Maneeratana, V.; Candolfi, C.; Oeschler, N.; Veremchuk, I.; Grin, Y.; Sanchez, C.; Antonietti, M.; *ACS Nano* 5 (11), **2011**, 9052-9061.

[57] Siracusano, S.; Baglio, V.; D'Urso, C.; Antonucci, V.; Aricò, A. S.; *Electrochim.Acta* 54 (26), **2009**, 6292-6299.

[58] Preiss, H.; Berger, L.-M.; Schultze, D.; *J.Eur.Ceram.Soc.* 19, **1999**, 195-206.

[59] Kim, J. Y.; Kim, S. H.; Lee, H. H.; Lee, K.; Ma, W.; Gong, X.; Heeger, A. J.; *Adv.Mater.* 18 (5), **2006**, 572-576.

[60] Cho, S.; Lee, K.; Heeger, A. J.; *Adv.Mater.* 21 (19), **2009**, 1941-1944.

[61] Pohl, R. W.; Einführung in die Physik - Elektrizitätslehre Springer, **1975**.

[62] Bergmann, L.; Schaefer, C.; Wilhelm, R.; Lehrbuch der Experimentalphysik – Elektromagnetismus Walther de Gruyter, **1999**.

[63] Pelster, R. I. H. R. P.; *PhyDid A* 4 (1), **2005**, 10-22.

[64] Cutler, M.; Mott, N. F.; *Phys.Rev.* 181, **1969**, 1336-1340.

[65] Paschen, S.; Godart, C.; Grin, Y.; Complex Metallic Alloys Wiley-VCH Verlag GmbH & Co. KGaA, **2010**.

[66] Sootsman, J. R.; Chung, D. Y.; Kanatzidis, M. G.; *Angew.Chem.Int.Ed.* 48 (46), **2009**, 8616-8639.

[67] Minnich, A. J.; Dresselhaus, M. S.; Ren, Z. F.; Chen, G.; *Energy Environ.Sci.* 2 (5), **2009**, 466-479.

[68] Snyder, G. J.; Toberer, E. S.; *Nat.Mater.* 7 (2), **2008**, 105-114.

[69] Chen, G.; Dresselhaus, M. S.; Dresselhaus, G.; Fleurial, J. P.; Caillat, T.; *Int.Mater.Rev.* 48 (1), **2003**, 45-66.

[70] Nielsch, K.; Bachmann, J.; Kimling, J.; Boettner, H.; *Adv.Energy Mater.* 1 (5), **2011**, 713-731.

[71] Lan, Y.; Minnich, A. J.; Chen, G.; Ren, Z.; *Adv.Funct.Mater.* 20 (3), **2010**, 357-376.

[72] Szczech, J. R.; Higgins, J. M.; Jin, S.; *J.Mater.Chem.* 21 (12), **2011**, 4037-4055.

[73] Vineis, C. J.; Shakouri, A.; Majumdar, A.; Kanatzidis, M. G.; *Adv.Mater.* 22 (36), **2010**, 3970-3980.

[74] Venkatasubramanian, R.; Siivola, E.; Colpitts, T.; O'Quinn, B.; *Nature* 413 (6856), **2001**, 597-602.

[75] Dresselhaus, M. S.; Chen, G.; Tang, M. Y.; Yang, R. G.; Lee, H.; Wang, D. Z.; Ren, Z. F.; Fleurial, J. P.; Gogna, P.; *Adv.Mater.* 19 (8), **2007**, 1043-1053.

[76] Medlin, D. L.; Snyder, G. J.; *Curr.Opin, Colloid In.* 14 (4), **2009**, 226-235.

[77] Liu, W.; Yan, X.; Chen, G.; Ren, Z.; *Nano Energy* 1 (1), **2012**, 42-56.

[78] Ramachandran, G. K.; Dong, J.; Diefenbacher, J.; Gryko, J.; Marzke, R. F.; Sankey, O. F.; McMillan, P. F.; *J.Solid State Chem.* 145 (2), **1999**, 716-730.

[79] Bertini, L.; Stiewe, C.; Toprak, M.; Williams, S.; Platzek, D.; Mrotzek, A.; Zhang, Y.; Gatti, C.; Muller, E.; Muhammed, M.; Rowe, M.; *J.Appl.Phys.* 93 (1), **2003**, 438-447.

[80] Stadnyk, Y.; Horyn', A.; Romaka, V. V.; Gorelenko, Y.; Romaka, L. P.; Hlil, E. K.; Fruchart, D.; *J.Solid State Chem.* 183 (12), **2010**, 3023-3028.

[81] Hicks, L. D.; Dresselhaus, M. S.; *Phys.Rev.B* 47 (19), **1993**, 12727-12731.

[82] Fairus, A. T. M.; Arora, V. K.; *Microelectr.J.* 32 (8), **2001**, 679-686.

[83] Hochbaum, A. I.; Chen, R.; Delgado, R. D.; Liang, W.; Garnett, E. C.; Najarian, M.; Majumdar, A.; Yang, P.; *Nature* 451 (7175), **2008**, 163-167.

[84] Kieback, B.; Wieters, K.-P.; Schatt, W.; Pulvermetallurgie: Technologien und Werkstoffe Berlin Heidelberg, **2007**.

[85] Pichanusakorn, P.; Bandaru, P.; *Mater.Sci.Eng.* 67 (2), **2010**, 19-63.

[86] Kauzlarich, S. M.; Brown, S. R.; Jeffrey Snyder, G.; *Dalton Trans.* 0 (21), **2007**, 2099-2107.

[87] Koumoto, K.; Wang, Y.; Zhang, R.; Kosuga, A.; Funahashi, R.; *Annu.Rev.Mater.Res.* 40 (1), **2010**, 363-394.

[88] Poudeu, P. F. P.; D'Angelo, J.; Downey, A. D.; Short, J. L.; Hogan, T.; Kanatzidis, M. G.; *Angew.Chem.-Ger.Edit.* 118 (23), **2006**, 3919-3923.

[89] Furlong R.R.; Wahlquist E.J.; *Nuclear News* 42, **1999**, 26-34.

[90] Thomson Reuters (ISI) Web of knowledge, Suchbegriff *topic*: "thermoelectric oxide", 24.11.**2015**.

[91] Lim, C.-H.; Choi, S.-M.; Seo, W.-S.; Kim, K. H.; Kim, J.-Y.; Park, H.-H.; *J.Ceram.Process Res.* 13 (3), **2012**, 197-201.

[92] Nong, V. N.; Pryds, N.; Linderoth, S.; Ohtaki, M.; *Adv.Mater.* 23 (21), **2011**, 2484-2490.

[93] Ito, M.; Furumoto, D.; *J.Alloy Compd.* 450, **2008**, 517-520.

[94] Vulchev, V.; Vassilev, L.; Harizanova, S.; Khristov, M.; Zhecheva, E.; Stoyanova, R.; *J.Phys.Chem.C* 116 (25), **2012**, 13507-13515.

[95] Tomes, P.; Robert, R.; Trottmann, M.; Bocher, L.; Aguirre, M. H.; Bitschi, A.; Hejtmánek, J.; Weidenkaff, A.; *J.Electron.Mater.* 39 (9), **2010**, 1696-1703.

[96] Yanagiya, S.-I.; Nong, N. V.; Xu, J.; Pryds, N.; *Materials* 3 (1), **2010**, 318-328.

[97] Fuda, K.; Murakami, K.; Shoji, T.; Sugiyama, S.; *Mater.Res.Soc.Symp.Proc.* 1166, **2009**, 1166-N03-05.

[98] Yamamoto, M.; Ohta, H.; Koumoto, K.; *Appl.Phys.Lett.* 90 (7), **2007**, 072101-072103.

[99] Ruddlesden, S. N.; Popper, P.; *Acta Crystallogr.* 11 (1), **1958**, 54-55.

[100] Wang, Y. F.; Lee, K. H.; Ohta, H.; Koumoto, K.; *Ceram.Int.* 34 (4), **2008**, 849-852.

[101] Wang, Y.; Sui, Y.; Wang, X.; Su, W.; *Appl.Phys.Lett.* 97 (5), **2010**, 052109-3.

[102] Ozgur, U.; Alivov, Y. I.; Liu, C.; Teke, A.; Reshchikov, M. A.; Dogan, S.; Avrutin, V.; Cho, S.-J.; Morkoc, H.; *J.Appl.Phys.* 98 (4), **2005**, 041301-103.

[103] Ohtaki, M.; Araki, K.; Yamamoto, K.; *J.Electron.Mater.* 38 (7), **2009**, 1234-1238.

[104] Radecka, M.; Trenczek-Zajac, A.; Zakrzewska, K.; Rekas, M.; *J.Power Sources* 173, **2007**, 816-821.

[105] Liborio, L.; Mallia, G.; Harrison, N.; *Phys.Rev.B* 79 (24), **2009**, 245133.

[106] Okinaka, N.; Akiyama, T.; *24th International Conference on Thermoelectrics ICT* **2005**.

[107] Zaleska, A.; Sobczak, J. W.; Grabowska, E.; Hupka, J.; *Appl.Catal.B-Environ.* 78 (1-2), **2008**, 92-100.

[108] Nowotny, M. K.; Bak, T.; Nowotny, J.; *J.Phys.Chem.B* 110 (33), **2006**, 16283-16291.

[109] Skoog, D. A.; Leary, J. J.; Instrumentelle Analytik Springer-Verlag Berlin Heidelberg, **1996**.

[110] Weidlein, J.; Müller, U.; Dehnicke, K.; Schwingungsspektroskopie Georg Thieme Verlag Stuttgard New York, **1988**.

[111] Rowe, D. M.; CRC Handbook of Thermoelectrics CRC Press New York, **1995**.

[112] Kollenberg, W. (Hrsg.); Technische Keramik Vulkan Verlag Essen, **2004**.

[113] Pawley, G.; *J.Appl.Cryst.* 14 (6), **1981**, 357-361.

[114] Cheary, R. W.; Coelho, A. A.; Cline, J. P.; *J.Res.Natl.Inst.Stand.Technol.* 109, **2004**, 1-25.

[115] Langford, J. I.; Wilson, A. J. C.; *J.Appl.Cryst.* 11 (2), **1978**, 102-113.

[116] DIN ISO 9277:2003-05, **2015**.

[117] DIN EN 993-1:1995-04, **2015**.

[118] DIN EN 993-2:1995-04, **2015**.

[119] Chase, M. W.; *J.Phys.Chem.Ref.Data* Monograph 9, **1998**, 1-1951.

[120] Alhanash, A.; Kozhevnikova, E. F.; Kozhevnikov, I. V.; *Appl.Catal.A-Gen.* 378 (1), **2010**, 11-18.

[121] Madarász, J.; Kaneko, S.; Okuya, M.; Pokol, G.; *Thermochim.Acta* 489 (1-2), **2009**, 37-44.

[122] Berger, L. M.; Langholf, E.; Jaenicke-Rößler, K.; Leitner, G.; *J.Mater.Sci.Lett.s* 18 (17), **1999**, 1409-1412.

[123] Neufingerl, F.; Chemie 2 - Allgemeine und anorganische Chemie Wien, **2009**.

[124] Terabe, K.; Kato, K.; Miyazaki, H.; Yamaguchi, S.; Imai, A.; Iguchi, Y.; *J.Mater.Sci.* 29 (6), **1994**, 1617-1622.

[125] Kim, K.-H.; Park, H.; Ahn, J.-P.; Lee, J.-C.; Park, J.-K.; *Mater.Sci.Forum* 534 – 536, **2007**, 65-68.

[126] Mera, G.; Riedel, R.; Poli, F.; Mueller, K.; *J.Eur.Ceram.Soc.* 29, **2009**, 2873-2883.

[127] Prasad, R. M.; Mera, G.; Morita, K.; Mueller, M.; Kleebe, H.-J.; Gurlo, A.; Fasel, C.; Riedel, R.; *J.Eur.Ceram.Soc.* 32, **2012**, 477-484.

[128] Preiss, H.; Schultze, D.; Klobes, P.; *J.Eur.Ceram.Soc.* 17 (12), **1997**, 1423-1435.

[129] Tsumura, T.; Kojitani, N.; Izumi, I.; Iwashita, N.; Toyoda, M.; Inagaki, M.; *J.Mater.Chem.* 12 (5), **2002**, 1391-1396.

[130] Zhang, H.; Banfield, F.; *J.Mater.Chem.* 8 (9), **1998**, 2073-2076.

[131] Gruenwald, T. B.; Gordon, G.; *J.Inorg.Nucl.Chem.* 33 (4), **1971**, 1151-1155.

[132] Bagshaw, A. N.; Hyde, B. G.; *J.Phys.Chem.Solids* 37 (9), **1976**, 835-838.

[133] Heitjans, P.; Indris, S.; *J.Phys.: Cond.Matter* 15 (30), **2003**, R1257.

[134] Auner, N.; *Reasearch Notes Working Paper Series* 11, **2004**, 1-15.

[135] Kamiya, K.; Yoko, T.; Bessho, M.; *J Mater Sci* 22 (3), **1987**, 937-941.

[136] Kamiya, K.; Nishijima, T.; Tanaka, K.; *J. Am.Ceram.Soc.* 73 (9), **1990**, 2750-2752.

[137] Le Page, Y.; Marezio, M.; *J.Solid State Chem.* 53 (1), **1984**, 13-21.

[138] Bernard-Granger, G.; Benameur, N.; Guizard, C.; Nygren, M.; *Scripta Mater.* 60 (3), **2009**, 164-167.

[139] Afir, A.; Achour, M.; Saoula, N.; *J.Alloy Compd.* 288 (1-2), **1999**, 124-140.

[140] Gregori, G.; Kleebe, H.-J.; Brequel, H.; Enzo, S.; Ziegler, G.; *J.Non-Cryst.Solids* 351, **2005**, 1393-1402.

[141] Kleebe, H.-J.; Suttor, D.; Mueller, H.; Ziegler, G.; *J.Am.Ceram.Soc.* 81 (11), **1998**, 2971-2977.

[142] Woo, Y. C.; Kang, H. J.; Kim, D. J.; *J.Eur.Ceram.Soc.* 27 (2-3), **2007**, 719-722.

[143] Koc, R.; Folmer, J. S.; *J.Mater.Sci.* 32 (12), **1997**, 3101-3111.

[144] Onoda, M.; *J.Solid State Chem.* 136 (1), **1998**, 67-73.

[145] Grey, I. E.; Li, C.; Madsen, I. C.; *J.Solid State Chem.* 113 (1), **1994**, 62-73.

[146] Hong, S. H.; Asbrink, S.; *Acta Crystallogr.(B)* 38 (10), **1982**, 2570-2576.

[147] Birnie III, D. P.; Bendzko, N. J.; *Mater.Chem.Phys.* 59 (1), **1999**, 26-35.

[148] Pathak, M.; Bohra, R.; Mehrotra, R.; Lorenz, I. P.; Piotrowski, H.; *Transit.Metal Chem.* 28 (2), **2003**, 187-192.

[149] Yamamoto, A.; Kambara, S.; *J.Am.Chem.Soc.* 79 (16), **1957**, 4344-4348.

[150] Fay, R. C.; Lindmark, A. F.; *J.Am.Ceram.Soc.* 105 (8), **1983**, 2118-2127.

[151] Bradley, D. C.; Holloway, C. E.; *J.Chem.Soc.A*, **1969**, 282-285.

[152] Yun, S. S.; Suh, I. H.; Choi, S. S.; Kim, T. H.; Lee, S.; *J.Coord.Chem.* 47 (2), **1999**, 315-318.

[153] Guinesi, L.; Ribeiro, C. A.; Crespi, M.; Santos, A. F.; Capela, M.; *J Therm.Anal.Calorim.* 85 (2), **2006**, 301-307.

[154] Arrachart, G.; Cassidy, D. J.; Karatchevtseva, I.; Triani, G.; *J.Am.Ceram.Soc.* 92 (9), **2009**, 2109-2115.

[155] Puchberger, M.; Rupp, W.; Bauer, U.; Schubert, U.; *New J.Chem.* 28 (11), **2004**, 1289-1294.

[156] Schubert, U.; Arpac, E.; Glaubitt, W.; Helmerich, A.; Chau, C.; *Chem.Mater.* 4 (2), **1992**, 291-295.

[157] Kickelbick, G.; Schubert, U.; *Eur.J.Inorg.Chem.* 1998 (2), **1998**, 159-161.

[158] Ivanovici, S.; Puchberger, M.; Fric, H.; Kickelbick, G.; *Monatsh.Chem.* 138 (6), **2007**, 529-539.

[159] Bhakta, R.; Thomas, R.; Hipler, F.; Bettinger, H. F.; Muller, J.; Ehrhart, P.; Devi, A.; *J.Mater.Chem.* 14 (21), **2004**, 3231-3238.

[160] Ohya, T.; Ito, M.; Yamada, K.; Ban, T.; Ohya, Y.; Takahashi, Y.; *J.Sol-Gel Sci.Techn.* 30 (2), **2004**, 71-81.

[161] Pajot, N.; Papiernik, R.; Hubert-Pfalzgraf, L. G.; Vaissermann, J.; Parraud, S.; *J.Chem.Soc., Chem.Commun.* 17, **1995**, 1817-1819.

[162] Damo, S. M.; Lam, K. C.; Rheingold, A.; Walters, M. A.; *Inorg.Chem.* 39 (8), **2000**, 1635-1638.

[163] Hollingsworth, N.; Kanna, M.; Kociok-Kohn, G.; Molloy, K. C.; Wongnawa, S.; *Dalton Trans.* 5, **2008**, 631-641.

[164] Jones, A. C.; Williams, P. A.; Bickley, J. F.; Steiner, A.; Davies, H. O.; Leedham, T. J.; Awaluddin, A.; Pemble, M. E.; Critchlow, G. W.; *J.Mater.Chem.* 11 (5), **2001**, 1428-1433.

[165] Fric, H.; Kogler, F. R.; Puchberger, M.; Schubert, U.; *Z.Naturforsch.* 59b, **2004**, 1241-1245.

[166] Kemmitt, T.; Al-Salim, N. I.; Gainsford, G. J.; *Inorg.Chem.* 39 (26), **2000**, 6067-6071.

[167] Spijksma, G. I.; Kloo, L.; Bouwmeester, H. J. M.; Blank, D. H. A.; Kessler, V. G.; *Inorg.Chim.Acta* 360 (6), **2007**, 1045-2055.

[168] Harlow, R.; *Acta Crystallogr.(C)* 39 (10), **1983**, 1344-1346.

[169] Baumann, S. O.; Bendova, M.; Fric, H.; Puchberger, M.; Visinescu, C.; Schubert, U.; *Eur.J.Inorg.Chem.* 2009 (22), **2009**, 3333-3340.

[170] Jones, C.; Leedham, J.; Wright, J.; Crosbie, J.; Fleeting, A.; Otway, J.; O'Brien, P.; Pemble, E.; *J.Mater.Chem.* 8 (8), **1998**, 1773-1777.

[171] Doherty, S.; Errington, R. J.; Housley, N.; Ridland, J.; Clegg, W.; Elsegood, M. R. J.; *Organometallics* 18 (6), **1999**, 1018-1029.

[172] Schubert, U.; Tewinkel, S.; Moeller, F.; *Inorg.Chem.* 34 (4), **1995**, 995-997.

[173] Scherrer, P.; *Göttinger Nachrichten Math.Phys.* 2, **1918**, 98-100.

VERÖFFENTLICHUNGEN

Zeitschriftenartikel

Als Teile dieser Arbeit wurden veröffentlicht:

Martin, H.-P., Kinski, I.; Conze, S.; Feng, B.; Veremchuk, I.; Oeschler, N.; Grin, Y.; Michaelis, A.; „Ceramic thermoelectrics as material for thermoelectrical converters" *1. Internationales ECEMP-Kolloquium*, **2010**, 284-300.

Conze, S.; Poenicke, A.; Martin, H.-P.; Rost, A., Kinski, I., Schilm, J.; Michaelis, A.; "Manufacturing Processes for TiO_x-Based Thermoelectric Modules: from Suboxide Synthesis to Module Testing" *J.Electron.Mater.* 43 (10), **2014,** 3765-3771.

Conze, S.; Veremchuk, I.; Reibold, M.; Matthey, B.; Michaelis, A.; Grin, Yu.; Kinski, I.; „Magnéli Phases Ti_4O_7 and Ti_8O_{15} and their carbon nanocomposites via the thermal decomposition-precursor route " *J.Solid State Chem.* 229, **2015**, 235-242.

Weitere Veröffentlichungen

Lackner, G.; Mayer-Uhma, T.; Endler, I.; Boucher, R.; Meissner, F.; Scholz, S.; Krug, M.; Bezugly, V.; Mkandawire, M.; Majumder, A.; Kovalenko, D. A.; Conze, S.; Hildebrandt, S.; Michaelis, A.; Lupascu, D. C. „Dyer in Carbon Nanotubes Arrays" *J.Mater.Sci.Eng.* B 2 (6), **2012,** 334-346.

Martin, H.-P.; Pönicke, M.; Kluge, M.; Sichert, I.; Rost, A.; Conze, S.; Wätzig, K.; Schilm, J.; Michaelis, A.; „TiO_x based thermoelectric modules – manufracture, properties and operational behavior" *J.Electron.Mater.* 44 (11), **2015**, 1-6.

Posterbeiträge und Vorträge

Conze, S; Veremchuk, I.; Koban, R.; Michaelis, A.; Grin, Yu.; Kinski, I.; *„Microstructure of precursor-derived titanium suboxides for the application as thermoelectric material"* Frühjahresschule Thermoelektrik 2011, Köln 28.03-01.04.**2011**.

Conze, S.; Schnelle, W.; Veremchuk, I.; Michaelis, A.; Grin, Yu.; Kinski, I.; *„Herstellung von Titansuboxiden über die Precursorenroute"* Workshop ECEMP Keramik/Energie, Dresden 29.06.2**011**.

Conze, S; Veremchuk, I.; Schnelle, W.; Michaelis, A.; Grin, Yu.; Kinski, I.; *„Precursor-derived titanium oxides – as thermoelectrics"* European Conference on Thermoelectrics ECT 2011, Thessaloniki 28.-30.10.**2011**.

Conze, S; Veremchuk, I.; Michaelis, A.; Grin, Yu.; Kinski, I.; *„Magnéli-Phase Ti_4O_7 – obtained from an organo-metallic precursor – for thermoelectric application"* 10th International Symposium on Ceramic Materials and Components for Energy and Environmental Applications CMCee 2012, Dresden 20. - 23.05.**2012**.

Conze, S; Goerlitz, H.; Michaelis, A.; Grin, Yu.; Kinski, I.; *„TiO_2 as filler in a precursor-derived TiO_x matrix as thermoelectric material with an enhanced ZT value"* The 31st International & 10th European Conference on Thermoelectrics ICT/ECT 2012, Aalborg 9.-12.07.**2012**.

Conze, S; Veremchuk, I.; Michaelis, A.; Grin, Yu.; Kinski, I.; *„Magnéli-Phases via precursor route as promising oxide thermoelectrics"* 2nd International Conference on Materials for Energy EnMat II, Karlsruhe 12.05.2013 – 16.05.**2013**.

<u>*Präsentiert von Kollegen*</u>

Martin, H.-P-; Kinski, I.; Conze, S.; Feng, B.; Veremchuk, I.; Oeschler, N.; Grin, J.; Michaelis, A. *„Keramische Thermoelektrika als Werkstoff für thermoelektrische Generatoren"* 1. International ECEMP Colloquium, Dresden 2./3.12.**2010**.

Martin, H.-P.; Feng, B.; Conze, S.; Kinski, I. *„Keramische Thermoelektrika als Werkstoff für thermoelektrische Generatoren"* Konferenz „Zukunft Energie", Dresden 11.-13.5.**2011**.

Kinski, I.; Conze, S.; Veremchuk, I.; Grin, Y.; Michaelis, A.; *„Precursor-derived Magnéli Phases as a promising route to the nano-structured oxide thermoelectrics"* 10th Pacific Rim Conference on Ceramic and Glass Technology – Pacrim 2013, San Diego 2.-7.06.**2013**.

Martin, H.-P., Conze, S.; Poenicke, A.; Rost, A.; Kinski, I.; Schilm, J.; Michaelis, A.; *„Manufracturing process for TiO_x based thermoelectric modules – From suboxide synthesis to module testing"* 11th European Conference on Thermoelectrics – ECT 2013, Noordwijk 18-20.11.**2013**.

Martin, H.-P.; Pönicke, A.; Dannowski, M.; Kluge, M.; Sichert, I.; Rost, A.; Conze, S.; Wätzig, K.; Schilm, J.; Michaelis, A.; *„TiO_x based thermoelectric modules – manufracture, properties and operational behavior"* The 34st International & 13th European Conference on Thermoelectrics ICT/ECT 2015, Dresden 28.06-02.07.**2015**.

DANKSAGUNG

Eine wissenschaftliche Arbeit ist nie das Werk einer einzelnen Person, deshalb möchte ich mich an dieser Stelle bei allen Kollegen, Freunden und meiner Familie bedanken, die mir die Erstellung meiner Dissertation ermöglicht haben.

Zu besonderem Dank verpflichtet bin ich meinen Professoren. Herrn Prof. Dr. Alexander Michaelis danke ich für die Überlassung der interessanten Themenstellung, die Betreuung und das Erstellen des Gutachtens. Im Zuge dessen bedanke ich mich bei Herrn Prof. Dr. Juri Grin für die Betreuung der Arbeit, sein Interesse, seine thematischen und wissenschaftlichen Hinweisen und das Anfertigen des Gutachtens.

Ebenso geht mein Dank an Frau Dr. Isabel Kinski für die direkte Betreuung der Arbeit, der wissenschaftliche Unterstützung und die vielen anregenden Diskussionen, die zur Erstellung dieser Arbeit beitrugen.

Des Weiteren möchte ich mich für die Unterstützung bei meinen Kollegen am IKTS, MPI Chemischer Physik fester Stoffe (CPfS) und an der TU Dresden bedanken. Den Kollegen in meiner Arbeitsgruppe, die mich während der Promotionszeit begleitet haben, danke ich für die angenehme Zeit und Unterstützung sowie für die Erfahrungen, die ich sammeln konnte. Zudem möchte ich mich bei Dr. Igor Veremchuk (MPI CPfS) für die freundliche Unterstützung und Zusammenarbeit sowie die vielen SPS-Fahrten bedanken. Ralf Koban und Renate Hempel-Weber (MPI CPfS) danke ich für die Durchführung der Laserflash-, Seebeck-Koeffizienten- und elektrische Leitfähigkeits-Messungen. Ebenfalls möchte ich mich bei Frau Dr. Gudrun Auffermann (MPI CPfS) für die Kohlenstoff- und Stickstoffbestimmungen bedanken. Meinen Kollegen aus den Bereichen Charakterisierung und Thermoelektrik danke ich für die freundliche, vertrauenswürdige und konstruktive Zusammenarbeit. Für die TEM-Aufnahmen möchte ich Frau Marianne Reibold und Frau Dr. Karin Vogel (TU Dresden) danken. Herrn Dr. Miehe (TU Darmstadt) danke ich für die Unterstützung bei der Auswertung der TEM-Untersuchungen.

Mein persönlicher Dank gilt meiner kleinen und großen Familie für die Unterstützung während der Promotionsarbeit und dem Verfassen der Dissertation. Herzlichen Dank für die schönen Momente in denen ich immer wieder neu Motivation und Ideen schöpfen konnte.

ANHANG

Anhang A – Zusätzliche Informationen zu den Magnéli-Phasen

Tabelle 21: **Magnéli-Phasen Ti_nO_{2n-1} in TiO_x-Form**

n	Ti_nO_{2n-1}	TiO_x
4	Ti_4O_7	$TiO_{1,75}$
5	Ti_5O_9	$TiO_{1,8}$
6	Ti_6O_{11}	$TiO_{1,83}$
7	Ti_7O_{13}	$TiO_{1,86}$
8	Ti_8O_{15}	$TiO_{1,875}$
9	Ti_9O_{17}	$TiO_{1,89}$
10	$Ti_{10}O_{19}$	$TiO_{1,9}$

Tabelle 22: **Kristallografische Daten der Titanoxide (Ti_3O_5 bis Ti_9O_{17})**

Phase	Kristallstruktur	Kristallstrukturbild
Ti_3O_5 (Anovasit)	Raumgruppe $Cmcm$ (63) – Orthorhombisch a_O = 3,798(2) Å b_O = 9,846(3) Å c_O = 9,988(4) Å V = 373,5 Å^3 ρ_{th} = 3,98 gcm^{-3} ICSD 50984 [144]	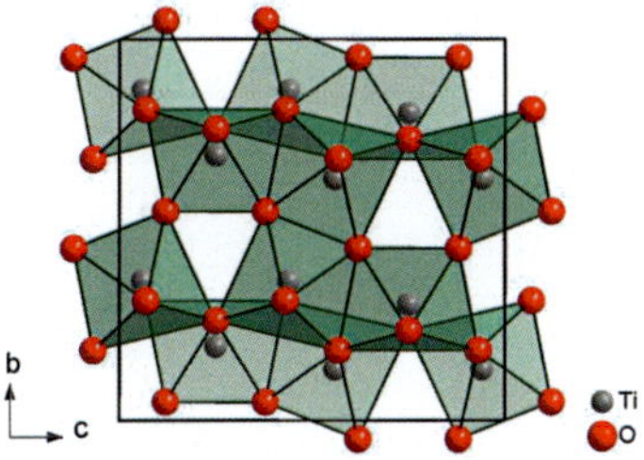
HM-Ti_3O_5	Raumgruppe $C12/m1$ (12) – Monoklin a_O = 9,8261(2) Å b_O = 3,78937(9) Å c_O = 9,9694(2) Å β = 91,258(2)° V = 371,12 Å^3 ρ_{th} = 4,00 gcm^{-3} ICSD 75193 [145]	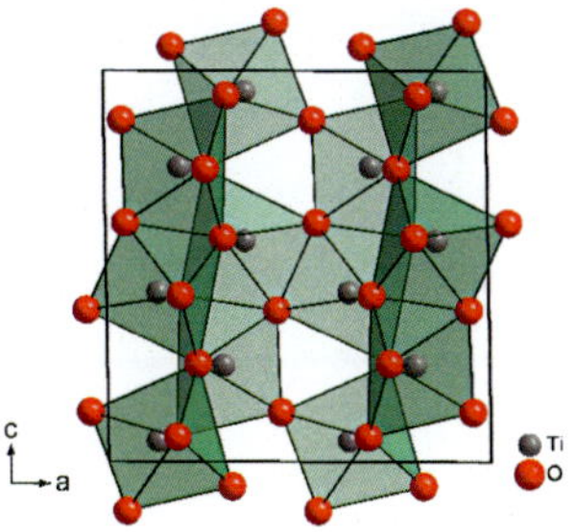

LM-Ti_3O_5

Raumgruppe $C12/m1$ (12) – Monoklin

a_0 = 9,7568(2) Å

b_0 = 3,80077(9) Å

c_0 = 9,4389(1) Å

β = 91,547(1)°

V = 349,9 Å^3

ρ_{th} = 4,25 gcm^{-3}

ICSD 75194 [145]

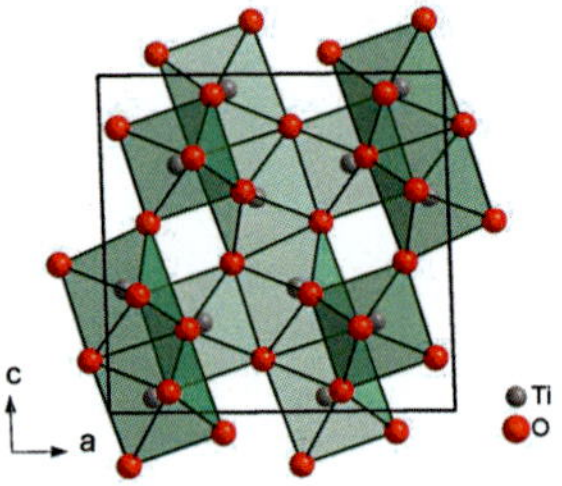

γ-Ti_3O_5

Raumgruppe $P12/c1$ (15) – Monoklin

a_0 = 9,9701(5) Å

b_0 = 5,0747(3) Å

c_0 = 7,1810(4) Å

β = 109,865(4)°

V = 341,71 Å^3

ρ_{th} = 4,35 gcm^{-3}

ICSD 35148 [146]

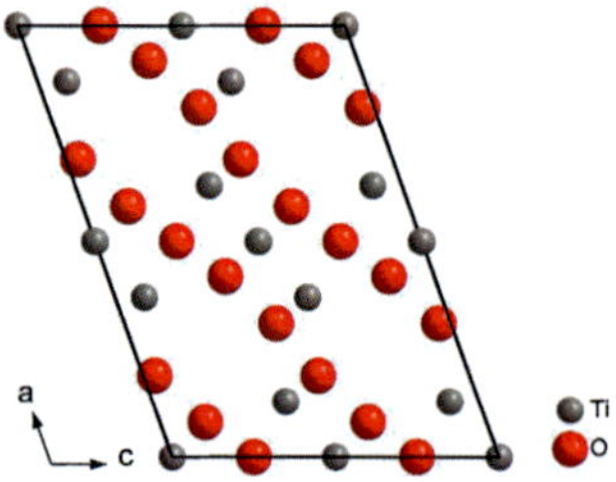

Ti_4O_7

Raumgruppe $I\bar{1}$ (2) - Triklin

a_0 = 5,597(1) Å

b_0 = 7,125(1) Å

c_0 = 20,429(5) Å

α = 67,70(1)°

β = 57,16(1)°

γ = 108,76(1)°

V = 465,25 Å^3

ρ_{th} = 4,33 gcm^{-3}

ICSD 48131 [137]

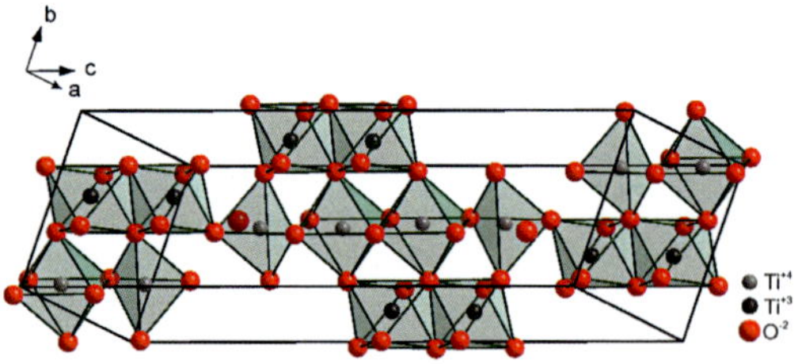

Ti_5O_9

Raumgruppe $P\bar{1}$ (2) - Triklin

a_0 = 5,600 Å

b_0 = 7,120 Å

c_0 = 8,870 Å

α = 97,6°

β = 112,3°

γ = 108,5°

V = 297,16 Å^3

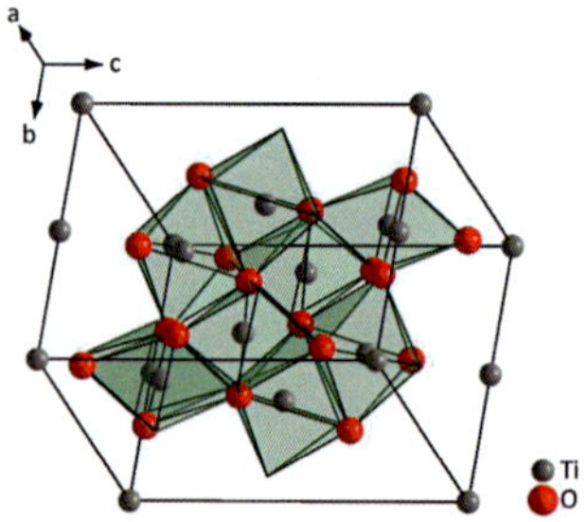

	ρ_{th} = 4,28 gcm^{-3} ICSD 9038 [11]	
Ti_6O_{11}	Raumgruppe $P\overline{1}$ (2) - Triklin a_0 = 5,560 Å b_0 = 7,140 Å c_0 = 24,040 Å α = 98,5° β = 120,8° γ = 108,5° V = 718,78 Å^3 ρ_{th} = 4,28 gcm^{-3} ICSD 9039 [11]	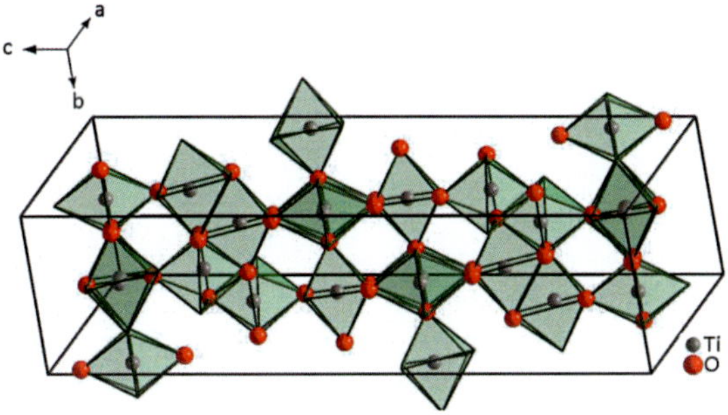
Ti_7O_{13}	Raumgruppe $P\overline{1}$ (2) - Triklin a_0 = 5,540 Å b_0 = 7,13 Å c_0 = 15,36 Å α = 98,9° β = 125,5° γ = 108,5° V = 420,85 Å^3 ρ_{th} = 4,29 gcm^{-3} ICSD 9040 [11]	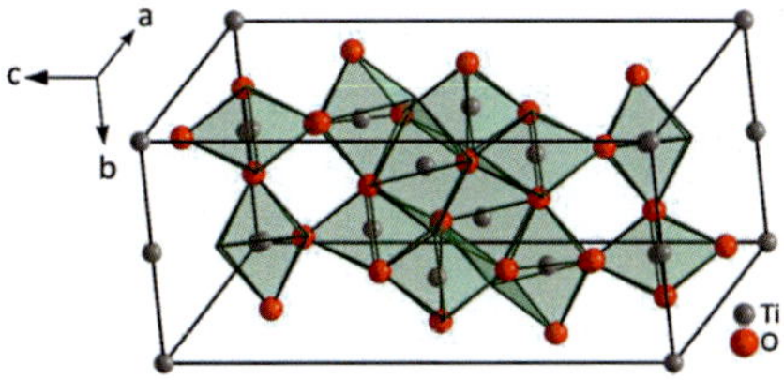
Ti_8O_{15}	Raumgruppe $P\overline{1}$ (2) - Triklin a_0 = 5,57 Å b_0 = 7,100 Å c_0 = 37,460 Å α = 97,2° β = 128,8° γ = 109,6° V = 967,41 Å^3 δ_{th} = 4,28 gcm^{-3} ICSD 9041 [11]	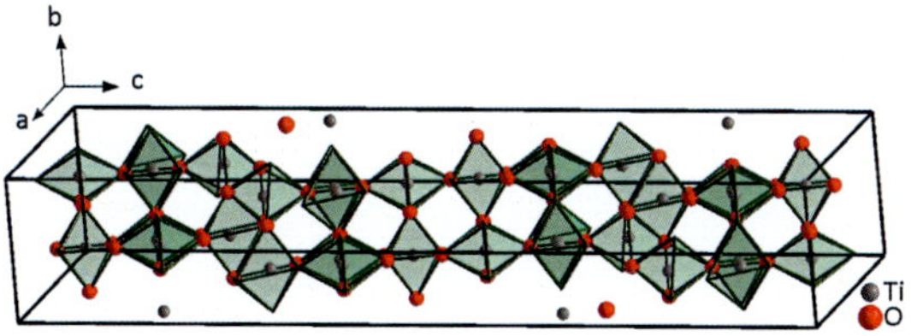

Ti_9O_{17}	Raumgruppe $P\bar{1}$ (2) - Triklin a_0 = 5,570 Å b_0 = 7,100 Å c_0 = 22,150 Å α = 97,1° β = 131° γ = 109,8° V = 543,26 Å³ ρ_{th} = 4,3 gcm^{-3} ICSD 9042 [11]	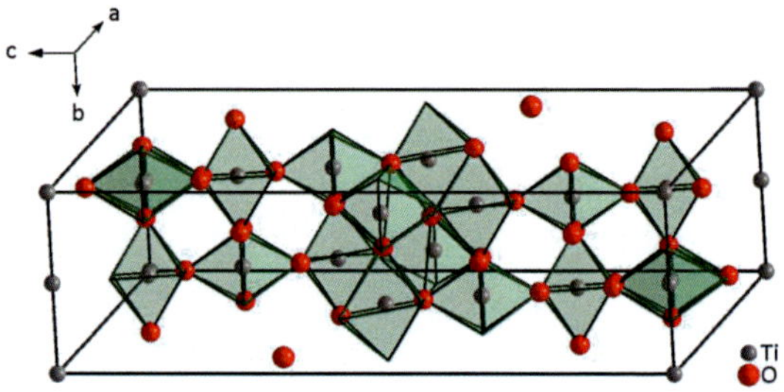

Anhang B – Publizierte Daten zu metallo-organischen Titanverbindungen.

Tabelle 23: Publizierte (O,O)-Liganden für die Komplexierung von metallo-organischen Titanverbindungen

Ligand	Referenz	Ligand	Referenz
Carbonsäure		Diketon	
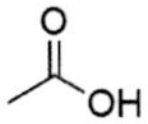	[147]	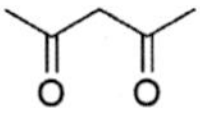	[48, 51, 55, 148-152]
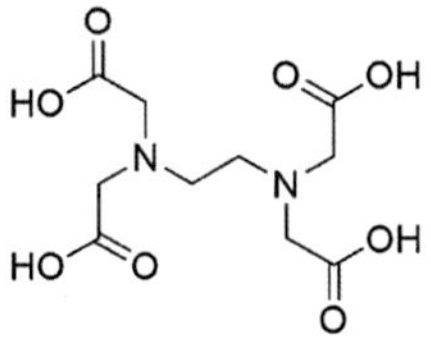	[57, 153]	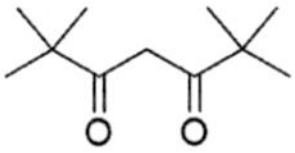	[150]
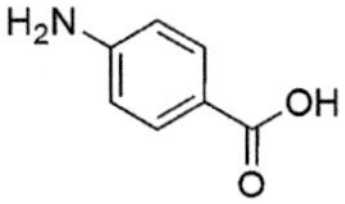	[154]	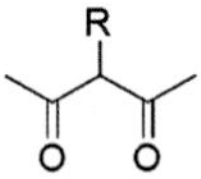 R = CH_2-CH_3, $(CH_2)_3$-$Si(OCH_3)_3$	[155]
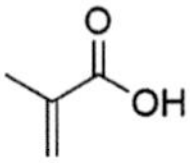	[156, 157]	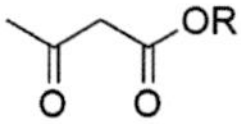 R = CH_2-CH_3, $(CH_2)_n$-O-CO-$C(CH_2)(CH_3)$	[158]
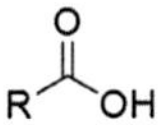 R = H, CH_3, $CH(CH_3)_2$, $C(CH_3)_3$, CH_2-$C(CH_3)_3$	[46]	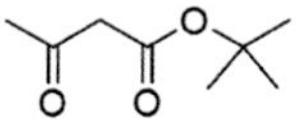	[159]
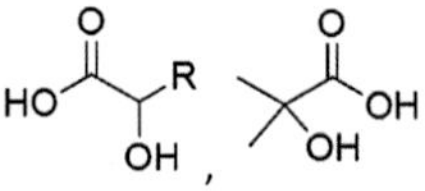 R = H, CH_3, C_5H_6	[160]	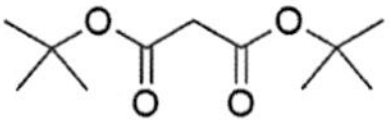	[51]
Diol			
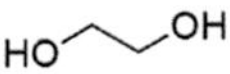	[161]		
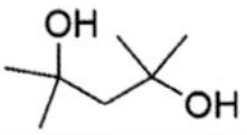	[162]		

Tabelle 24 Publizierte (N,O)-Liganden und (N,O)+(O,O)-Liganden für die Komplexierung von metallo-organischen Titanverbindungen

Ligand	Referenz	Ligand	Referenz
(N,O)		**(N,O)+(O,O)**	
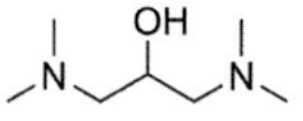	[163]	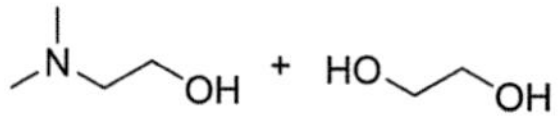	[164]
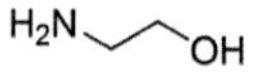	[55, 59, 60, 165]	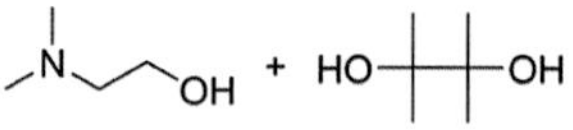	[164]
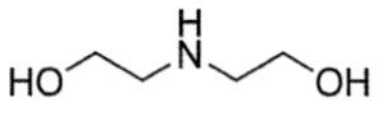	[55]	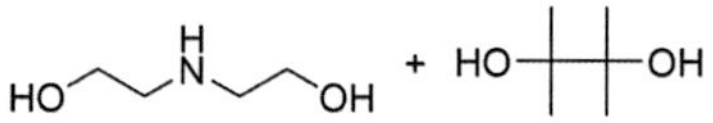	[49]
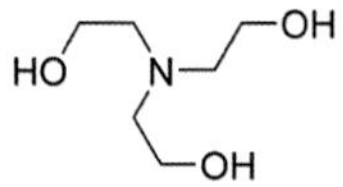	[166-168]	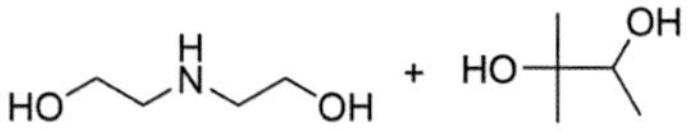	[49]
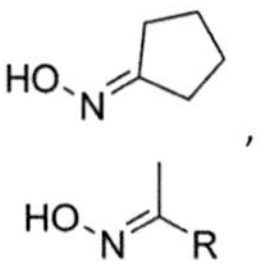 R = CH_3, CH_2-CH_3	[169]	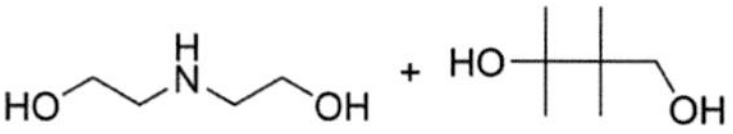	[49]
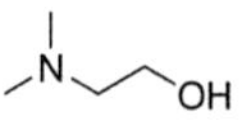	[47, 170]	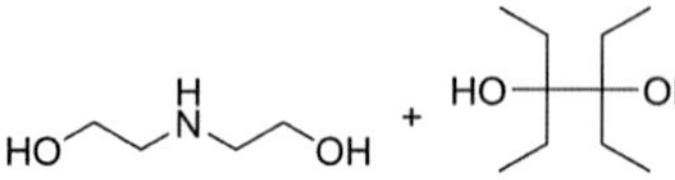	[49]
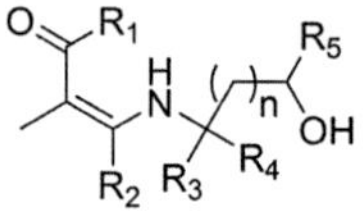 (R_1, R_2, R_3, R_4, R_5 siehe Referenz)	[50, 171]		
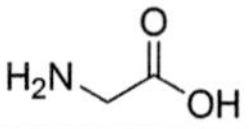	[172]		

Tabelle 25: Übersicht der Syntheseparameter und Phasenzusammensetzungen von Portehault [56]

	Pyrolyse-temperatur 900 °C	Sintertemperatur 900 °C	Pyrolyse-temperatur 1000 °C	Sintertemperatur 1200 °C
PEI	Ti_8O_{15}, TiN	Ti_8O_{15}, Ti_5O_9	Ti_4O_7, TiN	Ti_4O_7, Ti_5O_9, TiO_2 (Rutil)
DETA	Ti_5O_9, Ti_6O_{11}			
PEG600	Ti_6O_{11}, TiO_2 (A)			

Anhang C – Pulver-XRD Auswertung und Kristallitgrößen-Bestimmung mit TOPAS

Profilanpassung zur Bestimmung der Gitterparamater des Al_2O_3 (Standard)

R-Werte: R_{exp} : 2,66 R_{wp} : 4,70 R_p :3,57   GOF : 1,77

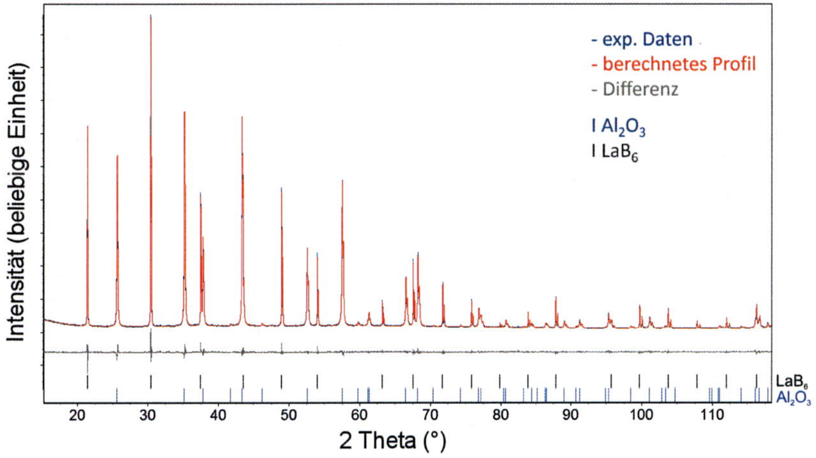

Abbildung 74: Profilanpassung von Al_2O_3 (AKP 50)

Profilanpassung zur Bestimmung der Gitterparamater des PDC $Ti_8O_{15}(Ti_7O_{13})$/C-Komposits (Nr. 1.15b)

R-Werte: R_{exp} : 1,52 R_{wp} : 2,63 R_p : 1,97 GOF : 1,73

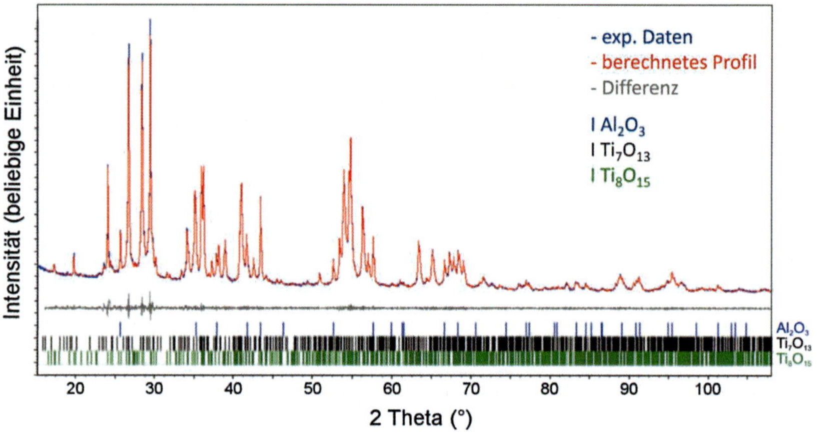

Abbildung 75: Profilanpassung des PDC $Ti_8O_{15}(Ti_7O_{13})$/C-Komposits (Nr. 1.15b)

Tabelle 26: Gitterparameter von PDC $Ti_8O_{15}(Ti_7O_{13})$/C-Komposit (Nr. 1.15b)

	Ti_7O_{13}		Ti_8O_{15}	
	Exp. Daten	ISCD 35122 [13]	Exp. Daten	ISCD 35122 [13]
***a₀* (Å)**	5,526(4)	5,537(1)	5,529(3)	5,526(1)
***b₀* (Å)**	7,150(1)	7,132(1)	7,135(3)	7,133(1)
***c₀* (Å)**	38,25(2)	38,151(8)	44,09(2)	44,059(6)
***α* (°)**	66,35(1)	66,70(1)	66,54(3)	66,54(1)
***β* (°)**	56,94(4)	57,12(1)	57,15(3)	57,18(1)
***γ* (°)**	107,92(1)	108,50(2)	108,50(4)	108,51(1)

Profilanpassung zur Bestimmung der Gitterparamater des Vanadium-haltigen Ti_6O_{11} (Nr. 2.22b).

R-Werte: R_{exp} : 2,49 R_{wp} : 4,42 R_p : 3,23 GOF : 1,77

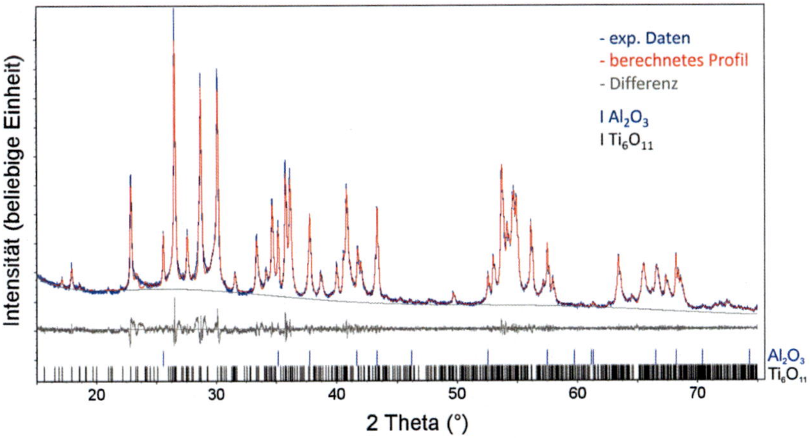

Abbildung 76: Profilanpassung von Vanadium-haltigen Ti_6O_{11} (Nr. 2.22b)

Tabelle 27: Gitterparameter von Vanadium-haltigen Ti_6O_{11} (Nr. 2.22b)

	Ti_6O_{11}	
	Exp. Daten	ICSD 9039 [11]
***a₀* (Å)**	5,549(4)	5,560
***b₀* (Å)**	7,121(4)	7,140
***c₀* (Å)**	24,000(1)	24,040
***α* (°)**	99,48(1)	98,5
***β* (°)**	120,75(1)	120,8
***γ* (°)**	108,45(1)	108,5

Kristallitgrößen in Abhängigkeit der Pyrolysetemperatur und des Precursors

Die Abschätzung der mittleren Kristallitgröße $\overline{D}$ erfolgte anhand von TEM-Untersuchung und der Auswertung der Diffraktogramme mit der Scherrer-Gleichung [173] (Gleichung (20)). Daraus ergibt sich aus der Halbwertsbreite $\beta_{1/2}$ (im Bogenmaß) des charakteristischen Reflexes der TiO_2-Phasen bzw. Ti_4O_7-Phase, der Wellenlänge der verwendeten Röntgenstrahlung $\lambda(Cu_{K\alpha})$ = 0,154178 nm und dem Formfaktor K mit einem Wert von 1 (kugelförmig) die mittlere Kristallitgröße $\overline{D}$. Die Kristallitgrößen sowie der Kohlenstoffanteil in Abhängigkeit der Pyrolysetemperatur sind in Tabelle 28 für (O,O)-1a- und (N,O)-1b-Nanopulver zusammengefasst.

Tabelle 28: Überblick der Kristallitgrößen und Kohlenstoffanteile in Abhängigkeit von Precursor und Pyrolysetemperatur

Pyrolyse-temperatur (°C)	Proben-Nr.	(O,O)-1a C-Anteil* (Ma-%)	(O,O)-1a Kristallitgröße (nm) XRD[a]	(O,O)-1a Kristallitgröße (nm) TEM	Proben-Nr.	(N,O)-1b C-Anteil* (Ma-%)	(N,O)-1b Kristallitgröße (nm) XRD[a]	(N,O)-1b Kristallitgröße (nm) TEM
350	1.12a	15,1		2-5	2.1a	14,1	3	< 10
450	1.13a	14,2	6	5	2.2a	11,2	6	< 10
600	1.14a	13,8	16^{Rutil}, 9		2.3a	13,5	4	5 - 15
800	1.11a	13,8	39^{Rutil}		2.4a	11,6	8	
850	1.18a	13,6			2.5a	10,0	$12^{Ti_5O_9}$, 9	
900	1.15a	13,0		10 - 50 / 50 - 350	2.6a	8,6		
1000	1.16a	12,0			2.8a	7		
1050	1.20a	12,5	$84^{Ti_4O_7}$	10 - 100 / 100 - 800	2.9a	7,5		

* Werte nach der Pyrolyse bestimmt

a Wenn nicht anders gekennzeichnet, handelt es sich um die abgeschätzte Kristallitgröße der Anatas-Phase über die Scherrer-Gleichung (Gleichung (20).

Anhang D – Grundlagen für die berechneten thermoelektrischen Eigenschaften

Verwendete Wärmekapazitäten

In Abbildung 77 sind die verwendeten Wärmekapazitäten in Abhängigkeit der Temperatur aufgetragen. Die Werte für Ti_4O_7 sind aus der NIST-Datenbank entnommen [119]. Die Werte für TiO_2 wurden übe

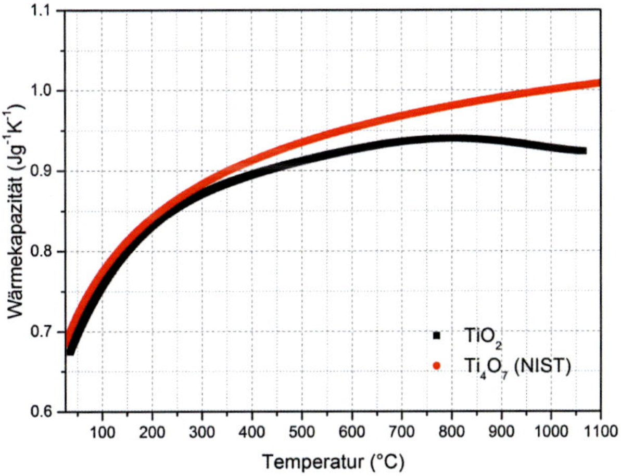

Abbildung 77: Die Wärmekapazitäten von TiO_2 und Ti_4O_7 in Abhängigkeit der Temperatur

Anhang E - Probenübersicht

Die Herstellungsparameter der PDC TiO_x- und PDC Ti_nO_{2n-1}/TiO_2-Nanopulver bzw. -Bulkmaterialien und deren Phasenzusammensetzung aus den XRD-Untersuchungen, sowie die Dichte und der Kohlenstoff- bzw. Stickstoffanteil sind in Tabelle 29 -Tabelle 33 zusammengefasst. Die Proben sind mit der jeweiligen Nummer in Form x.y bezeichnet. Dabei steht x für die Precursorart bzw. Precursor/TiO_2-Mischung (z. B. 1 für (O,O)-1a) und y ist eine laufende Proben-Nummer. Zudem werden die Proben mit einem „a“ bzw. „b“ versehen, dies für ein pyrolysiertes PDC TiO_x (Nr. x.ya) bzw. für ein pyrolysiertes und gesintertes PDC TiO_x (Nr. x.yb) steht.

Tabelle 29: Übersicht der (O,O)-1a-basierten PDC TiO_x-Nanopulver und -Bulkmaterialien

Nr.	Pyrolyse-prog.	Pyrolyse-temp. (°C)	Pyrolyse-atmosphäre	Phasenzusammensetzung	SPS-Prog.	SPS Temp. (°C)	Phasenzusammensetzung	Dichte (gcm^{-3})	C* (Ma-%)	C (Ma-%)
1.1	1	800	Ar	Rutil, Anatas	1	1100	Rutil, $TiO_{1,96}$[1]	2,65		
1.2	1	800	Ar	analog 1,1a	1	1200	$Ti_{10}O_{19}$, $TiO_{1,945}$[1], $TiO_{1,93}$[1], Ti_8O_{15}, Rutil	2,63		
1.3	1	800	Ar	analog 1,1a	1	1300	$Ti_{10}O_{19}$, Ti_8O_{15}, Ti_7O_{15}, Ti_6O_{11}	2,61		
1.6	1	800	Ar	analog 1,1a	1	1400	Ti_6O_{11}, Ti_5O_9, Rutil[#]	2,54		
1.7	1	800	Ar	analog 1,1a	1/2	1500	Ti_4O_7, Ti_3O_5	2,5		
1.8	1	800	Ar	analog 1,1a	1	1600	Ti_3O_5, Ti_4O_7	2,41		11,5
1.9	1	800	Ar	analog 1,1a	2	1500 + 30min	Ti_3O_5, Ti_3O_5	2,46		
1.10	1	800	Ar	analog 1,1a	2	1500 + 4h	Ti_3O_5, Ti_2O_3, Ti(C,O)	3,29		
1.11	1	800	Ar	analog 1,1a	1	1300	Ti_8O_{15}, Ti_9O_{17}	2,52	13,8	13,3
1.12	1	350	Ar	amorph	1	1300	Ti_8O_{15}, Ti_9O_{17}, Ti_7O_{13}	2,52	15,1	
1.13	1	450	Ar	Anatas (Brookit, Rutil)	1	1300	TiO_2, $TiO_{1,945}$, $TiO_{1,93}$	2,71	14,2	13,8

Nr.	Pyrolyse-prog.	Pyrolyse-temp. (°C)	Pyrolyse-atmosphäre	Phasenzusammensetzung	SPS-Prog.	SPS Temp. (°C)	Phasenzusammensetzung	Dichte (gcm^{-3})	C* (Ma-%)	C (Ma-%)
1.14	1	600	Ar	Anatas, Rutil	1	1300	Ti_8O_{15}, Ti_7O_{13}, Ti_6O_{11}	2,67	13,8	
1.15	2	900	Ar		1	1300	Ti_8O_{15}, Ti_7O_{13}	2,66	13,0	
1.16	2	1000	Ar	Ti_4O_7	1	1300	Ti_4O_7, Ti_5O_9,	2,89	12,0	
1.17	2	950	Ar	Ti_4O_7	1	1300	Ti_5O_9, Ti_4O_7, Ti_6O_{11}	2,83	12,9	
1.18	2	850	Ar	Rutil	1	1300	Ti_9O_{17}, Anatas	2,55	13,6	
1.20	2	1050	Ar	Ti_4O_7	1	1300	Ti_4O_7, Ti_3O_5	2,79	12,5	12,8
1.23	1	800	Ar	analog 1,1a	1	1300	Ti_8O_{15}, Ti_9O_{17}	2,51		
1.24	1	800	Ar	analog 1,1a	1	1500	Ti_4O_7, Ti_3O_5, Ti_5O_9,	2,46		
1.25	1	350	Ar	analog 1,12a	3	600				
1.26	-	1.25b	Ar		3	1300	$TiO_{1,96}$[1], $TiO_{1,93}$[1]	2,71		
1.27	1	350	Ar	analog 1,12a	4	1300	TiO_2, TiO_x~	2,41		
1.28	-	1.27b	Ar	-	4	1200 + 30 min	Ti_8O_{15}, Ti_7O_{13}, Ti_6O_{11}	2,86		
1.29	-	1.28b	Ar	-	4	1300	Ti_6O_{11}, Ti_7O_{13}, Ti_5O_9	3,03		

* Bestimmung nach der Pyrolyse

\# TiO_2-Entstehung bei der Ausformung der Sintertablette bei erhöhter Temperatur

~ Keine eindeutige Zuordnung möglich

1 Ermittelt Anhand von [11]

Tabelle 30: Übersicht der (N,O)-1b-basierten PDC TiO_x-Nanopulver und -Bulkmaterialien

Nr.	Pyrolyse-prog.	Pyrolyse-temp. (°C)	Pyrolyse-atmosphäre (Fluss lh^{-1})	Phasenzusammensetzung	SPS-Prog.	SPS-Temp. (°C)	Phasenzusammensetzung	Dichte (gcm^{-3})	C* (Ma-%)	N* (Ma-%)
2.1	1	350	Ar	Anatas	1	1300	Ti_6O_{11}, Ti_7O_{13}, Ti_8O_{15}	2,93	14,1	
2.2	1	450	Ar	Anatas	1	1300	Ti_8O_{15}, Ti_7O_{15}, Ti_6O_{11}	3,51	11,2	
2.3	1	600	Ar	Anatas	1	1300	Ti_8O_{15}, Ti_6O_{11}, Ti_7O_{15}, Ti_5O_9	2,64	13,5	
2.4	1	800	Ar	Anatas, $(TiO_{0,716})_{3,76}$, Rutil	1	1300	Ti_8O_{15}, Ti_9O_{17}	2,84	11,6	
2.5	2	850	Ar	Anatas, Ti_5O_9, Rutil		-			10,0	
2.6	2	900	Ar	Ti_4O_7, Ti_5O_9		-			8,6	
2.7	2	950	Ar	Ti_4O_7, γ-Ti_3O_5		-			8,3	
2.8	2	1000	Ar	γ-Ti_3O_5, $Ti_4O_7Ti_6O_{11}$, Rutil		-			7	
2.9	2	1050	Ar	Ti_4O_7, γ-Ti_3O_5, LM Ti_3O_5	1	1300	Ti_4O_7 + LM Ti_3O_5	3,26	7,5	
2.10	1	350	Ar/H_2 (15)			-			14,0	
2.11	1	350	Ar/H_2 (15) + 21 h	amorph	1	1300	Ti_8O_{15}, Ti_9O_{17}	2,88	12,5	
2.12	1[1]	350	Ar,H_2	amorph		-			17,4	
2.13	1[#]	600	Ar,H_2		1	1300	Ti_8O_{15}, Ti_9O_{17}, $Ti_{10}O_{19}$	2,48	15,2	
2.14	1	800	Ar/H_2 (5)	Anatas		-			10,4	
2.15	1	800	Ar/H_2 (15)	Anatas	1	1300	Ti_8O_{15}, Ti_9O_{17}	2,9	10,1	
2.16	1	350	NH_3 + 12 h	Anatas	1	1300	Ti_8O_{15}, Ti_9O_{17}, $TiO_{1,94}$[3]	3,35	7,4	2,8
2.17		350	NH_3		1	1300	Ti_9O_{17}, Ti_8O_{15}, Ti_7O_{13}, Ti_6O_{11}	3,24	9,9	2,8
2.18	1	600	NH_3	Anatas	1	1300	Ti_6O_{11}, Ti_5O_9, Ti_7O_{15},	3,54	5,6	3,1
2.19	1[2]	600	NH_3	Anatas	1	1300	Ti_7O_{15}, Ti_8O_{15}, Ti_6O_{11}	3,78	3,5	3,0
2.20	1	800	NH_3	Anatas, Rutil	1	1300	$TiN_{0,90}$, $TiO_{0,34}N_{0,74}$	4,13	1,2	7,5

Nr.	Pyrolyse-prog.	Pyrolyse-temp. (°C)	Pyrolyse-atmosphäre (Fluss lh^{-1})	Phasenzusammensetzung	SPS-Prog.	SPS-Temp. (°C)	Phasenzusammensetzung	Dichte (gcm^{-3})	C* (Ma-%)	N* (Ma-%)
2.21	2	1050	NH_3	Rutil, TiN(Ti_2N)		-				
2.22[4]	1	800	Ar		1	1300	Ti_6O_{11}	2,48		

* Bestimmung nach der Pyrolyse

1 Langsamere Heizraten: von RT bis 230 °C mit einer Heizrate von 5 $Kmin^{-1}$, anschließend mit 0,5 $Kmin^{-1}$ bis 350 °C

2 12 h Haltezeit bei 350 °C und 1 h Haltezeit bei 600 °C

3 Ermittelt Anhand von [24]

4 Basiert auf (N,O,V)-1-Precursor

Tabelle 31: Übersicht der (O,O)-1a-basierten PDC Ti_nO_{2n-1}/TiO_2-Nanopulver und -Bulkmaterialien

Nr.	Precursor-gehalt	TiO_2	Pyrolyse-prog.	Pyrolyse-temp. (°C)	SPS-Prog.	SPS-Temp. (°C)	Phasenzusammensetzung	Dichte (gcm^{-3})	C* (Ma-%)
3.1	-	Anatas-200	-	-	1	1100	Rutil	4,16	
3.2	-	Anatas-200	-	-	1	1300	Rutil, TiO_x^{+}	4,18	
3.3	-	Anatas-200	-	-	1	1500	Ti_8O_{15}, Ti_7O_{13}	4,14	
3.4	-	Anatas-200	-	-	[a]	1500	Ti_8O_{15}, Ti_7O_{13}		
3.5	-	Anatas-200	-	-	[a]	1500	Rutil, Ti_8O_{15}		
3.6	57	Anatas-200	1	800	1	1100	Rutil, TiO_x^{+}	3,24	5,4
3.7	57	Anatas-200	1	800	1	1300	Rutil, Ti_8O_{15}, Ti_9O_{17}, $TiO_{1,96}$, $TiO_{1,945}$, $TiO_{1,93}$[1]	3,38	4,37
3.8	57	Anatas-200	1	800		1500	Ti_5O_9, Ti_4O_7	3,58	
3.9	57	Anatas-200	1	800		1400	Ti_7O_{13}, Ti_8O_{15}, Ti_9O_{17}	3,18	
3.10	25	Anatas-200	1	800		1300	Rutil, $TiO_{1,96}$[1], $TiO_{1,945}$[1]	3,92	1,24
3.11	25	Anatas-200	1	800		1500	Ti_7O_{13}, Ti_8O_{15}, Ti_6O_{11}	4,05	
3.12	40	Anatas-200	1	800		1300	Rutil , $TiO_{1,96}$, $TiO_{1,945}$, $TiO_{1,93}$[1]	3,67	3,3
3.13	40	Anatas-200	1	800		1500	Ti_6O_{11}, Ti_5O_9	3,84	
3.14	57	Anatas-200	1	800		1300	Rutil, $TiO_{1,96}$[1], $TiO_{1,945}$[1], $TiO_{1,93}$[1]	3,38	6
3.15	57	Anatas-200	1	800		1500	Ti_5O_9, Ti_4O_7	3,34	
3.16	57	Rutil-200	1	800		1300	Rutil, $TiO_{1,96}$[1], $TiO_{1,945}$[1], $TiO_{1,93}$[1], $Ti_{10}O_{19}$, Ti_9O_{17}	3,35	
3.17	57	Rutil-200	1	800		1500	Ti_5O_9, Ti_4O_7	3,53	

Nr.	Precursor-gehalt	TiO_2	Pyrolyse-prog.	Pyrolyse-temp. (°C)	SPS-Prog.	SPS-Temp. (°C)	Phasenzusammensetzung	Dichte (gcm^{-3})	C* (Ma-%)
3.18	40	Anatas-20	1	800		1300	Rutil, $TiO_{1,96}$[1], $TiO_{1,945}$[1]	3,42	
3.19	40	Anatas-20	1	800		1500	Ti_6O_{11}, Ti_5O_9	3,25	
3.20	40	Rutil-200	1	800		1300	Rutil, $TiO_{1,93}$[1]	3,65	
3.21	40	Rutil-200	1	800		1500	Ti_6O_{11}	3,79	

* Bestimmung nach der Pyrolyse

\+ Mittels publizierten Werten [11, 24] keine Zuordnung möglich, vermutlich im Phasenbereich zwischen $TiO_2 - TiO_{1,96}$

1 Ermittelt Anhand von [11]

(a) Versuch fand in Heißpresse statt

Tabelle 32: Übersicht der (N,O) 1b basierten PDC Ti_nO_{2n-1}/TiO_2-Nanopulver und -Bulkmaterialien

Nr.	Precursor-gehalt	TiO_2	Pyrolyse -prog.	Pyrolyse -temp. (°C)	Pyrolyse-atmosphäre	SPS-Prog.	SPS-Temp. (°C)	Phasenzusammensetzung	Dichte (gcm^{-3})
4.8	40	Anatas-200	1	800	Ar	1	1300	TiO_2, TiO_x+	4.06
4.9	40	Anatas-200	1	800	Ar	1	1500	Ti_6O_{11}, Ti_7O_{13}, Ti_8O_{15}, Ti_5O_9	4.07
4.12	57	Anatas-200	1	800	Ar	1	1500	Ti_6O_{11}, Ti_5O_9, Ti_7O_{13}, Ti_8O_{15}	3.69
4.29	40	Anatas-200	2	900	Ar	1	1500	Ti_9O_{17}, Ti_8O_{15}, Ti_7O_{15}, Ti_6O_{11}, Ti_5O_9, Ti_4O_7	3.99
4.31	40	Anatas-200	2	1050	Ar	1	1500	Ti_8O_{15}, Ti_7O_{15}, Ti_6O_{11}, Ti_5O_9	3.95

\+ Mittels publizierten Werten [11, 24] keine Zuordnung möglich, vermutlich im Phasenbereich zwischen $TiO_2 - TiO_{1.96}$

Tabelle 33: Übersicht der Vergleichsexperimente (Pulver)

Nr.	C-Precursor	C-Anteil (Ma-%)	TiO_2	Pyrolyse-prog.	Pyrolysetemp. (°C)	Pyrolyse-atmosphäre	Phasenzusammensetzung
5.1	Optapix	2,5	Anatas-200	1	1050	Ar	Anatas
5.2	Optapix	15	Anatas-200	1	1050	Ar	Anatas, $TiO_{1,945}$[1], $TiO_{1,93}$[1]
5.3	Carbon Black	2,5	Anatas-200	1	1050	Ar	Anatas, Rutil, TiO_x[+]
5.4	Carbon Black	15	Anatas-200	1	1050	Ar	Rutil, Anatas, $TiO_{1,96}$[1]

1 Ermittelt Anhand von [11]

+ Mittels publizierten Werten [11, 24] keine Zuordnung möglich, vermutlich im Phasenbereich zwischen TiO_2 – $TiO_{1,96}$

Anhang F – Hypothetische Precursorstruktur und Precursoruntersuchungen

Rechenbeispiel zur Berechnung von i und g mit k = 4 und z = 3

$$w_{Prec}(C) = \frac{M(C_{Prec}) \cdot n(C_{Prec})}{M_{Prec} \cdot n(Prec)} \cdot 100\% = \frac{M(C_{Prec})}{M_{Prec}} \cdot 100\%$$

$n(C_{Prec}), n(Prec) = 1\ \text{mol}$

(1) $M(C_{Prec}) = M(C_{Gly}) + M(C_{Iso}) = 3 \cdot g \cdot M(C) + 3 \cdot i \cdot M(C)$

$M(C) = 12{,}011\ \text{gmol}^{-1}$

$$g = \left(\frac{k-i}{z}\right) = \left(\frac{4-i}{3}\right)$$

$k = 4, z = 3$

(2) $M_{Prec} = M(Ti) + i \cdot M(Iso_{geb}) + g \cdot (M(Gly_{ungeb}) - M(H) \cdot z)$

$$= 47{,}88\ \text{gmol}^{-1} + i \cdot 59{,}088\ \text{gmol}^{-1} + \left(\frac{4-i}{3}\right) \cdot (92{,}094\ g\text{mol}^{-1} - 1{,}008\ g\text{mol}^{-1} \cdot 3)$$

$M(Ti) = 47{,}88\ \text{gmol}^{-1}$

$M(Iso_{geb}) = 59{,}088\ \text{gmol}^{-1}$

$M(Gly_{ungeb}) = 92{,}094\ g\text{mol}^{-1}$

$M(H) = 1{,}008\ g\text{mol}^{-1}$

$$w_{Prec}(C) = \frac{\left(3 \cdot \left(\frac{4-i}{3}\right) + 3 \cdot i\right) \cdot 12{,}011\ \text{gmol}^{-1}}{47{,}88\ \text{gmol}^{-1} + i \cdot 59{,}088\ \text{gmol}^{-1} + \left(\frac{4-i}{3}\right) \cdot (92{,}094\ \text{gmol}^{-1} - 1{,}008\ \text{gmol}^{-1} \cdot 3)} \cdot 100\%$$

$w_{Prec}(C) = 38{,}5\ \%$, Einheiten kürzen sich weg

$$38{,}5 = \frac{(4 - i + 3 \cdot i) \cdot 12{,}011}{47{,}88 + i \cdot 59{,}088 + 122{,}792 - i \cdot 30{,}698 - 4{,}032 + i \cdot 1{,}008} \cdot 100$$

$$38{,}5 = \frac{48{,}044 + i \cdot 24{,}022}{166{,}64 + i \cdot 29{,}398} \cdot 100$$

$$38{,}5 \cdot (166{,}64 + i \cdot 29{,}398) = 4804{,}4 + i \cdot 2402{,}2$$

$$38{,}5 \cdot (166{,}64 + i \cdot 29{,}398) - i \cdot 2402{,}2 = 4804{,}4$$

$$6415{,}64 + i \cdot 1131{,}823 - i \cdot 2402{,}2 = 4804{,}4$$

$$i = \frac{4804{,}4 - 6415{,}64}{1131{,}823 - 2402{,}2} = \underline{1{,}3}$$

$$g = \left(\frac{k-i}{z}\right) = \left(\frac{4-1{,}3}{3}\right) = \underline{0{,}9}$$

Herleitung Gleichung (38) - y im Pyrolyseprodukt TiO_xC_y

Zur Berechnung der Summenformeln der Pyrolyseprodukte TiO_xC_y wird die Anzahl an Kohlenstoff y im Pyrolyseprodukt TiO_xC_y benötigt. Dabei setzt sich TiO_xC_y aus einem TiO_x mit x = 2; 1,5; 1,66; 1,75 und $y \cdot C$ zusammen (Gleichung (55)). Dabei entspricht der stöchiometrische Faktor y der Stoffmenge des Kohlenstoffs: $y \triangleq n(C)$. Ebenfalls ist x laut Gleichung (56) die Stoffmenge des Sauerstoffs $x \triangleq n(O)$. Aus Gleichung (55) und (56) folgt zudem, dass $n(TiO_x)$ und $n(Ti)$ mit dem stöchiometrischen Faktor eins übereinstimmt. Aus den bekannten Zusammenhängen (Gleichung (57) und (58)) ergibt sich für $w_{PP}(C)$ die Gleichung (59). Nach Umstellen der Gleichung (59) nach y wird die Gleichung (38) im Kapitel 5.1.2 erhalten.

$$\mathrm{TiO_xC_y} \rightarrow \mathrm{TiO_x} + \mathrm{y} \cdot \mathrm{C} \tag{55}$$

$$\mathrm{TiO_x} \rightarrow \mathrm{Ti} + \mathrm{x} \cdot \mathrm{O} \tag{56}$$

$$w(\mathrm{TiO_xC_y}) = w(\mathrm{TiO_x}) + w_{\mathrm{PP}}(\mathrm{C}) \tag{57}$$

$$w_{\mathrm{PP}}(\mathrm{C}) = \frac{m(\mathrm{C})}{m(\mathrm{TiO_x}) + m(\mathrm{C})} = \frac{M(\mathrm{C}) \cdot n(\mathrm{C})}{M(\mathrm{TiO_x}) \cdot n(\mathrm{TiO_x}) + M(\mathrm{C}) \cdot n(\mathrm{C})}$$

$$= \frac{M(\mathrm{C}) \cdot n(\mathrm{C})}{M(\mathrm{Ti}) \cdot n(\mathrm{Ti}) + M(\mathrm{O}) \cdot n(\mathrm{O}) + M(\mathrm{C}) \cdot n(\mathrm{C})} \tag{58}$$

$$w_{\mathrm{PP}}(\mathrm{C}) = \frac{M(\mathrm{C}) \cdot \mathrm{y}}{M(\mathrm{Ti}) + M(\mathrm{O}) \cdot \mathrm{x} + M(\mathrm{C}) \cdot \mathrm{y}} \tag{59}$$

Zuordnung der Banden im FT-IR-Spektrum von Glycerol, TTIP und (O,O)-1a-Precursor

Tabelle 34: **Charakteristische Banden im IR-Spektrum des Glycerols, Titantetraisopropanolats (TTIP) und (O,O)-1a-Precursors**

IR-Banden (cm^{-1})			Schwingungen
Glycerol	TTIP	(O,O)-1a-Precursor	
3289			ν(O-H)
	2967	2966	ν_{as} (CH_3)
2936	2929	2923	ν_{as}(CH_2)
2886	2865	2862	ν_s (CH_3)
1456	1463	1463	δ_{as} (CH_3)
1423	1449	1447	δ_{as} (CH_3)
	1375	1374	δ_s (CH_3)
	1362	1360	δ_s (CH_3)
1334	1331	1325	δ(C-H), δ(O-H)
1206		1218	δ(O-H), ν(O-H)
	1161	1162	δ(CH_3)
1109	1115	1116	δ(CH_3), ν_{as}(Ti-O)
1033		1044	δ(C-H)
993	988	994	ν(C-O), ν_{as}(Ti-O)
850	848	852	ν_s(CCC), ν(Ti-O)
	825	816	ν_s(CCC), ν(Ti-O)

Exemplarische Auswertung des ^{1}H-NMR-Spektrums vom (N,O)-1b-Precursor

Exemplarisch für die Problematik der Auswertung der ^{1}H-NMR-Spektren der Precursoren ist in Abbildung 78 das ^{1}H-NMR-Spektrum der (N,O)-1b-Precursors vergleichend mit den eingesetzten Ausgangsstoffen 2-Aminoethanol, 2-Methoxyethanol und Titantetraisopropanolat aufgezeigt. Dabei ist aufgrund der breiten Signale keine klare Zuordnung der ^{1}H-Kerne bzw. deren Verschiebung durch Koordinierung des Glycerols möglich. Es ist zu entnehmen, dass nur noch eine geringe Menge an Titantetraisopropanolat im Precursor vorliegt und das freigesetzte Isopropanol vollständig abgetrennt wurde. Das Methoxyethanol liegt nicht mehr neben dem Precursor ungebunden vor, jedoch kann nicht ausgeschlossen werden, dass Methoxyethanol am Titan koordiniert ist oder doch vollständig abgetrennt wurde.

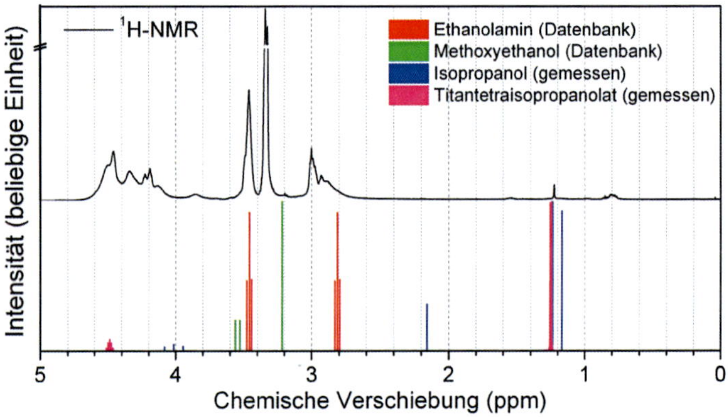

Abbildung 78: ^{1}H-NMR-Spektrum des (N,O)-1b-Precursors

Anhang G – Elektronenstrahl-induziertes Kristallitwachstum während der TEM-Analyse

In Abbildung 79 verdeutlichen TEM-Aufnahmen eines Untersuchungsausschnittes vor und nach hochauflösenden Aufnahmen die Veränderung dieses Bereiches.

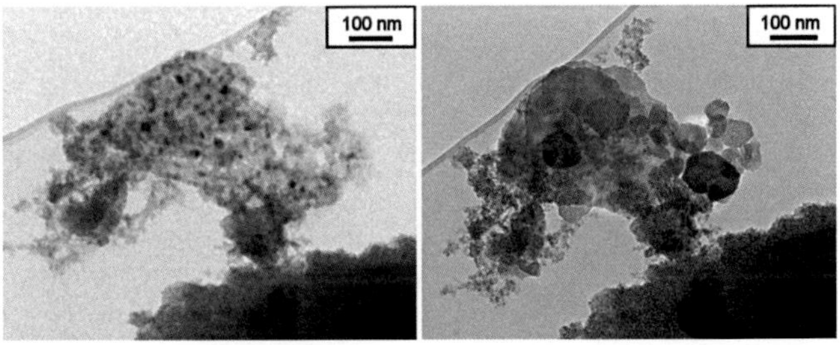

Vor der Untersuchung **Nach der Untersuchung**

Abbildung 79: Strukturänderung während der TEM-Analyse

Um diese Veränderungen besser zu quantifizieren sind TEM-Aufnahmen mit unterschiedlicher Vergrößerung einer Pulveranordnung durchgeführt wurden (Abbildung 80), deren unterschiedliche Bereiche wie folgt gekennzeichnet sind: mit „A" wird der mittlere Teil des Agglomerats, der im Ausgangszustand auf keine nanokristalline Strukturen hindeutet, mit „P" das große Partikel und mit „Ü" ein kleiner Übergangsbereich zwischen „A" und „P" bezeichnet. Aufgrund von Kontrastunterschieden ist anzunehmen, dass der Übergangbereich Ü sowie das große Partikel P bereits zu Beginn der Untersuchung eine nanokristalline Struktur aufweisen. Bei der Erhöhung der nominellen Vergrößerung von 55000× (a) auf 75000× (Abbildung 80b, c, d) wird die Existenz einer nanokristallinen Struktur im Bereich von A deutlich erkennbar (gekennzeichnet durch Pfeile). Da der zeitliche Abstand zwischen den Aufnahmen 5c und 5d nur 60 Sekunden betrug, ist zu vermuten, dass die Erhöhung der Strahlintensität beim Umschalten auf die höhere Vergrößerung die Strukturver-änderung ausgelöst hat. Im Bereich Ü hat dagegen keine signifikante Änderung der Struktur stattg-funden.

Anhand dieser Untersuchungen werden hochauflösende Aufnahmen nur möglichst kurz und schnell durchgeführt. Die TEM-Untersuchungen erfolgen von niedriger zu hoher Vergrößerung. Nach hochauflösenden Aufnahmen wird stets der Messort gewechselt. Dies soll die nötige Minimierung des Energieeintrages bewirken und die Wiedergabe von unveränderten Strukturen erlauben.

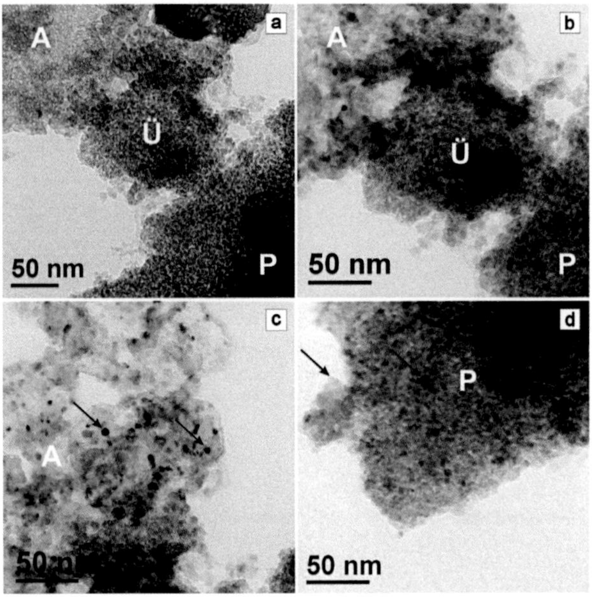

Abbildung 80: TEM-Aufnahmen eines Pulverbereichs mit nominellen Vergrößerungen von 55000× (a) und 75000× (b, c, d)

Anhang H – Sintern

Druck- und Verdichtungsänderung in Abhängigkeit der Pyrolysetemperatur

Mit dem Einsatz verschieden pyrolysierter PDC Ti_nO_{2n-1}-Nanopartikel sind bereits während des Sinterns Unterschiede bezüglich Druckänderung (Abbildung 81) und Verdichtungskurve (Abbildung 82) nachzuweisen. Dabei ist der Druckanstieg und die damit verbundene Ausgasung während der SPS-Behandlung umso stärker, je geringer die Pyrolysetemperatur des Nanopulvers war. Zum Teil verlagert sich die Zersetzung des Precursors von der Pyrolyse in den Sinterprozess.

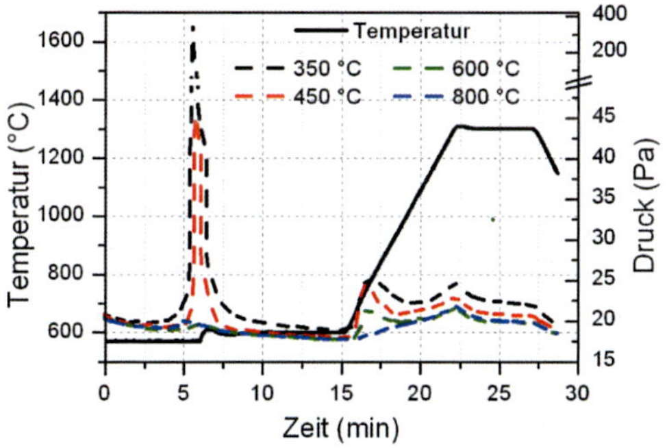

Abbildung 81: Druckänderung während des Sinterns in Abhängigkeit der Pyrolysetemperatur

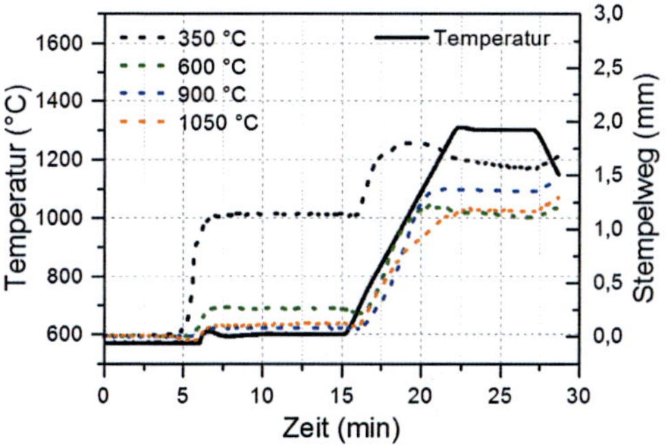

Abbildung 82: Verlauf des Stempelweges (Verdichtungskurve) beim Sintern in Abhängigkeit der Pyrolysetemperatur

Abhängigkeit der Phasenausbildung von der Sinterdauer

Das Erhöhen der Haltezeit von 5 min auf 30 min und auf 4 h bei einer Sintertemperatur von 1500 °C verursacht eine verstärkte Verminderung des Sauerstoffgehaltes unter Bildung der Phasen Ti_4O_7, Ti_3O_5 (5 min, Nr. 1.7b); LM-Ti_3O_5, Ti_3O_5 (30 min, Nr. 1.9b) bis hin zu LM-Ti_3O_5, Ti_2O_3 (4 h, Nr. 1.10b), wie in den Diffraktogrammen in Abbildung 83 zu sehen ist.

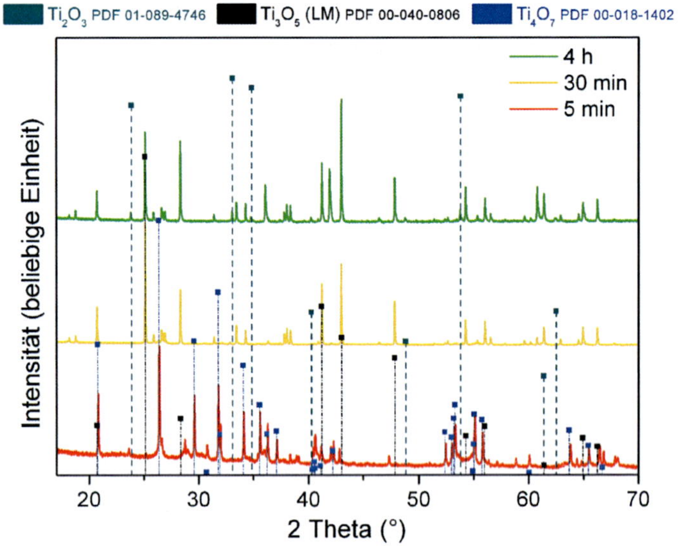

Abbildung 83: Abhängigkeit der Phasenzusammensetzung von der Sinterdauer

Anhang I – Einfluss der Pyrolysebedingungen

Phasenzusammensetzung in Abhängigkeit der Sintertemperatur

Beim Sintern erfolgt ein zweiter Reaktionsschritt.

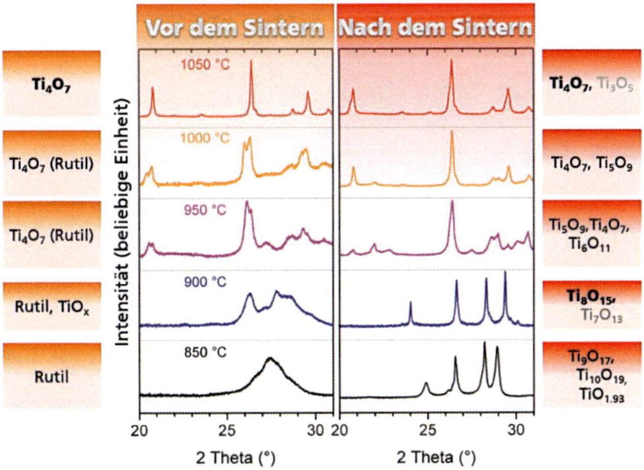

Abbildung 84: Phasenänderung in Abhängigkeit der Pyrolysetemperatur

Beeinflussung der Bulkmaterialien durch unterschiedliche Pyrolyseatmosphären

Tabelle 35: Beeinflussung der Pyrolyseatmosphäre auf bestimmte Eigenschaften des (N,O)-1b-Bulkmaterials

	2.4b	**2.15b**
Atmosphäre	Ar	Ar/5 % H_2
Gasfluss (lh^{-1})	5	15
Phasenzusammen-setzung	Ti_8O_{15}, Ti_9O_{17}	Ti_8O_{15}, Ti_9O_{17}
C-Anteil* (Ma-%)	11,6	10,1
Dichte (gcm^{-3})	2,84	2,9
Gefüge	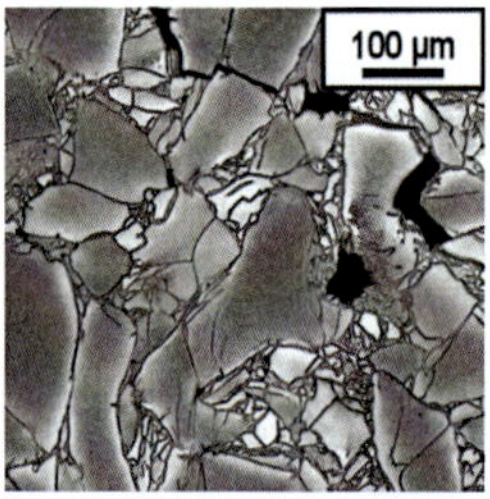	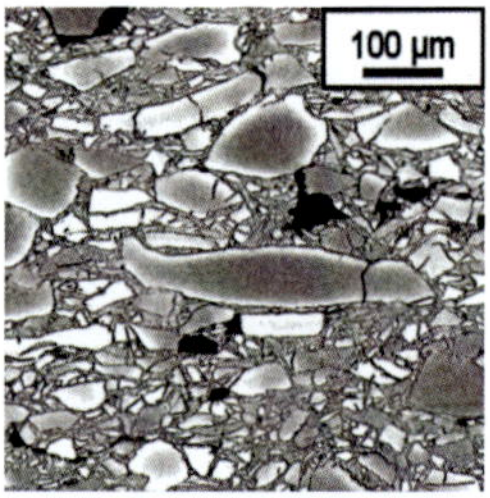

* Vor dem Sintern

Diffraktogramm der in Ammoniak bei 800 °C-pyrolysierten und 1300 °C-gesinterten (N,O)-1b-Bulkprobe. (Nr. 2.24b)

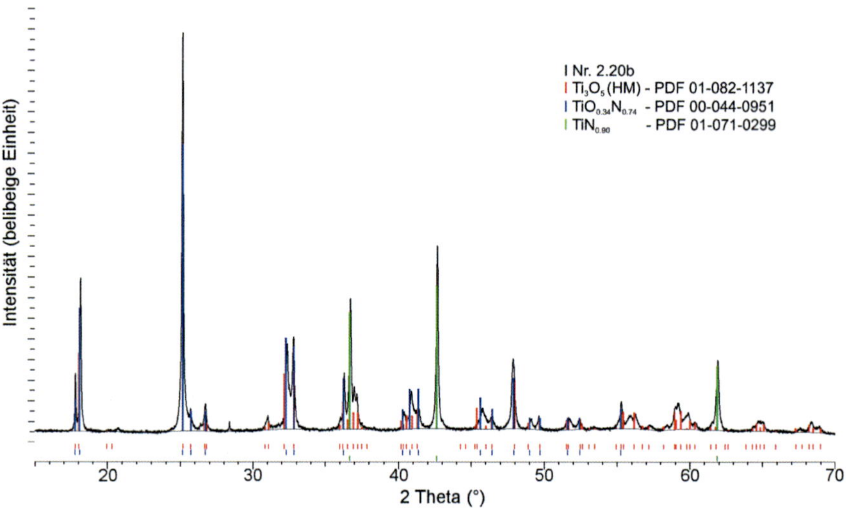

Abbildung 85: Diffraktogramm der in Ammoniak pyrolysierten und gesinterten (N,O)-1b-Bulkprobe (Nr. 2.24b)

Anhang K – Thermoelektrische Eigenschaften

Thermoelektrische Eigenschaften von den in dieser Arbeit hergestellten PDC Ti_4O_7 und vergleichbaren TiO_x aus der Literatur

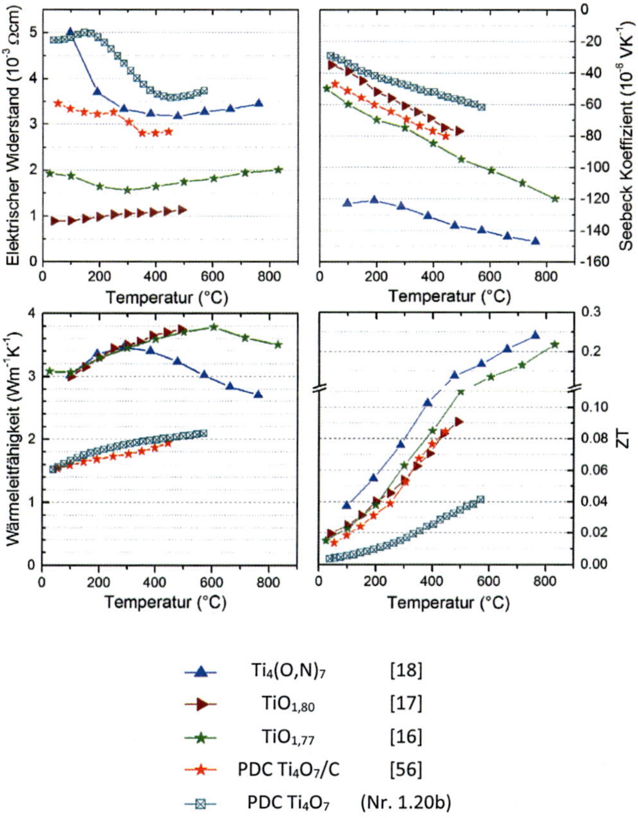

Abbildung 86: Thermoelektrische Eigenschaften als Funktion der Temperatur von den in dieser Arbeit hergestellten PDC Ti_4O_7 (⊠, Nr. 1.20b) und vergleichbaren TiO_x aus der Literatur

Anhang L – In-situ Einbau

Untersuchung des Vanadium-haltigen PDC Ti_6O_{11} (Nr. 2.22b)

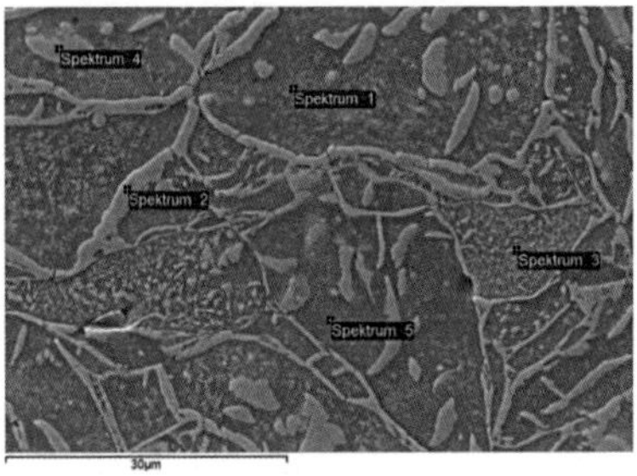

Spektrum	V (Ma-%)	V (Mol-%)
Spektrum 1	3,08	1,29
Spektrum 2	3,65	2,04
Spektrum 3	3,47	1,67
Spektrum 4	3,66	2,03
Spektrum 5	2,51	0,98
Durchschnitt	3,27	1,54
Standardabweichung	0,49	0,23

Abbildung 87: EDXS-Untersuchung des Vanadium-haltigen PDC Ti_6O_{11} (Nr. 2.22b)

Anhang M – PDC Ti_nO_{2n-1}/TiO_2

Original-Aufnahmen der PDC Ti_nO_{2n-1}/TiO_2-Gefüge in Abhängigkeit der Sintertemperatur

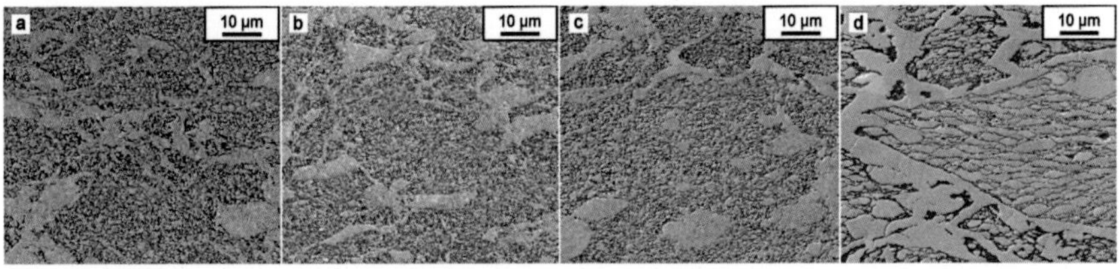

a: 1100 °C (Nr. 3.6b) b: 1300 °C (Nr. 3.7b) c: 1400 °C (Nr. 3.9b) d: 1500 °C (Nr. 3.8b)

Abbildung 88: Original-Aufnahmen der PDC Ti_nO_{2n-1}/TiO_2-Gefüge in Abhängigkeit der Sintertemperatur

Original-Aufnahmen der PDC Ti_nO_{2n-1}/TiO_2-Gefüge in Abhängigkeit der eingesetzten TiO_2-Pulver

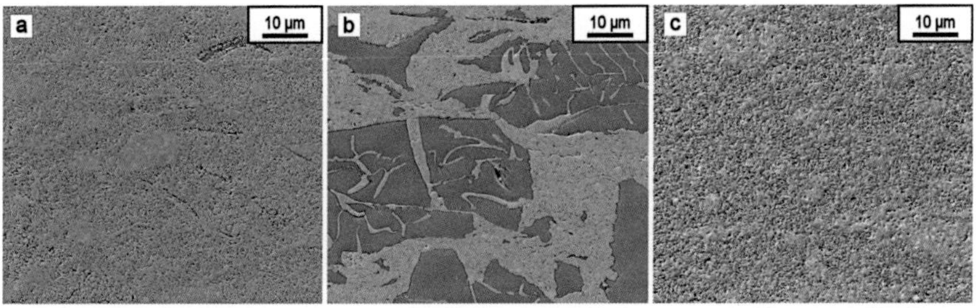

a: Rut-200 (Nr. 3.20b) b: Ana-20 (Nr. 3.18b) c: Ana-200 (Nr. 3.12b)

Abbildung 89: Original-Aufnahmen der von 1300 °C-gesinterten (O,O)-1a-basierten PDC Ti_nO_{2n-1}/TiO_2-Proben in Abhängigkeit der Gefügeausbildung vom eingesetzten TiO_2-Pulver

Versicherung

Hiermit versichere ich, dass ich die vorliegende Arbeit ohne unzulässige Hilfe Dritter und ohne Benutzung anderer als der angegebenen Hilfsmittel angefertigt habe; die aus fremden Quellen direkt oder indirekt übernommenen Gedanken sind als solche kenntlich gemacht. Die Arbeit wurde bisher weder im Inland noch im Ausland in gleicher oder ähnlicher Form einer anderen Prüfungsbehörde vorgelegt.

Die vorliegende Dissertation wurde unter Betreuung von Herrn Prof. Dr. Juri Grin und Prof. Dr. Alexander Michaelis in der Zeit Oktober 2009 bis Februar 2015 am Fraunhofer-Institut für keramische Technologien und Systeme in Dresden angefertigt.

Es haben keine früheren erfolglosen Promotionsverfahren stattgefunden.

Ich erkenne die Promotionsordnung der TU Dresden der Fakultät Mathematik und Naturwissenschaften vom 23.02.2011 in geänderter Fassung vom 15.06.2011 und 18.06.2014 an.

Unterschrift